Sven-Oliver Funke

Influencer-Marketing

Strategie, Briefing, Monitoring

Rheinwerk
Computing

Liebe Leserin, lieber Leser,

YouTube, Twitter, Facebook, Instagram und Co. sind die Massenmedien von heute. Und die aktiven YouTuber, Blogger und Podcaster die neuen Meinungsmacher. Was sie für gut befinden, gefällt meist auch ihren, oft jungen Followern.

Dieses Buch hilft Ihnen dabei, mit dem richtigen Influencer alte und neue Zielgruppen zu erreichen und an Ihre Marke zu binden. Sie erfahren alles, was Sie für eine erfolgreiche Zusammenarbeit mit Influencern wissen müssen. Angefangen bei der Auswahl eines Influencers, der zu Ihrer Marke passt, über die Planung und Durchführung der Kampagne bis zur Auswertung des Erfolgs anhand von KPIs. Rechtliche Aspekte wie das Vermeiden von Schleichwerbung sind dabei ebenso im Blick wie der Ausschluss von Fake-Influencern und das Thema Kosten.

Nutzen Sie die in diesem Buch vorgestellten Beispiele aus aktuellen Kampagnen als Inspiration für Ihre eigene Influencer-Kampagne. Lassen Sie sich das virale Potenzial von Case-Filmen nicht entgehen. Und vor allem: Seien Sie vorbereitet, falls etwas schief geht. Hier erfahren Sie auch, wie Sie reagieren, falls der Influencer ein Produkt schlecht bespricht oder er in die Kritik gerät.

Zum Schluss ein Hinweis in eigener Sache. Dieses Buch wurde mit großer Sorgfalt geschrieben, lektoriert und produziert. Ich hoffe, dass es für Sie nützlich ist und Ihre Fragen zum Thema beantwortet. Falls Sie Anregungen haben, Lob oder Kritik äußern wollen, wenden Sie sich an mich. Ich freue mich auf Ihre Rückmeldung.

Ihr Stephan Matteschecck
Lektorat Rheinwerk Computing

stephan.matteschecck@rheinwerk-verlag.de
www.rheinwerk-verlag.de
Rheinwerk Verlag · Rheinwerkallee 4 · 53227 Bonn

Auf einen Blick

Wir hoffen, dass Sie Freude an diesem Buch haben und sich Ihre Erwartungen erfüllen. Ihre Anregungen und Kommentare sind uns jederzeit willkommen. Bitte bewerten Sie doch das Buch auf unserer Website unter **www.rheinwerk-verlag.de/feedback**.

An diesem Buch haben viele mitgewirkt, insbesondere:

Lektorat Stephan Mattescheck, Anne Scheibe
Fachgutachten Jessika Löwen
Korrektorat Isolde Kommer, Großerlach
Herstellung Norbert Englert
Typografie und Layout Vera Brauner
Einbandgestaltung Eva Schmücker
Coverbild Shutterstock: 116973655 © Rudchenko Liliia
Satz SatzPro, Krefeld
Druck Media-Print Informationstechnologie, Paderborn

Dieses Buch wurde gesetzt aus der Linotype Syntax (9,25/13,25 pt) in FrameMaker.
Gedruckt wurde es auf chlorfrei gebleichtem Offsetpapier (90 g/m²).
Hergestellt in Deutschland.

Bibliografische Information der Deutschen Nationalbibliothek:
Die Deutsche Nationalbibliothek verzeichnet diese Publikation in der Deutschen Nationalbibliografie; detaillierte bibliografische Daten sind im Internet über *http://dnb.d-nb.de* abrufbar.

ISBN 978-3-8362-6409-9

1. Auflage 2019

Informationen zu unserem Verlag und Kontaktmöglichkeiten finden Sie auf unserer Verlagswebsite **www.rheinwerk-verlag.de**. Dort können Sie sich auch umfassend über unser aktuelles Programm informieren und unsere Bücher und E-Books bestellen.

Inhalt

Geleitwort

Bianca Heinecke aka »BibisBeautyPalace« bringt einen Duschschaum heraus, der regelmäßig mit Rekordverkaufszahlen punktet. Die Bloggerboxen von *dm* sind innerhalb von wenigen Stunden ausverkauft. Und wenn Cameron Dallas von seinen Fans vor einem Hotel gesehen wird, wird schon auch mal die ganze Straße von begeisterten Fans belagert.

Influencer haben viel mehr als nur Reichweite – sie haben echte Fans, genießen Glaubwürdigkeit und haben meist eine enge Bindung zu ihren Followern. Das macht Influencer für Marken zu derart spannenden Partnern!

Spannend sind dabei nicht nur die oben genannten Größen der Branche. Gerade in Nischenthemen gibt es Influencer, die nicht allgemein bekannt sind, die aber mit Fachwissen und Nähe zu ihrer Zielgruppe glänzen. Oder Influencer, die (noch) keiner kennt, die aber mit teilweise bis zu 300 % Wachstum pro Woche bald zu den ganz Großen gehören werden – und die gilt es zu finden! Denn die 10.000 Fans eines Micro-Influencers sind für die Marke in der Nische viel wertvoller als 100.000 Fans mit unspezifischen Interessen. Und die Influencer mit den gigantischen Wachstumsraten, die noch keiner kennt? Das sind die ganz Großen von morgen! Die, an die Sie ran wollen, bevor sie auch Ihr Nachbar aus der Bildzeitung kennt.

Dafür brauchen Sie die richtigen Partner und entsprechendes Vorwissen! Denn: Der Markt boomt, doch wie das immer ist, wenn ein Thema monetär spannend wird, treten allerhand Geschäftspartner auf den Plan, die mit Professionalität wenig am Hut haben. Es entstehen Kampagnen, die mehr Schaden anrichten, als dass sie helfen, und in den Perlen des Influencer-Marketings zur Lachnummer werden.

Wie finde ich mich als Marketer nun in diesem neuen Thema zurecht? Wie finde ich die richtigen Influencer? Und wie finde ich die die richtigen Partner? Welche KPIs bei einer Kampagne sollte ich wirklich im Blick haben? Welche Fallsticke gilt es zu umschiffen, und was tue ich, wenn meine Kampagne kurz vor einer Kommunikationskrise steht?

Sven-Oliver Funkes Buch »Influencer-Marketing« ist ein praxisnaher Leitfaden, der mit Beispielen aus echten Kampagnen punktet und damit einen guten Einblick in das Thema Influencer-Marketing liefert. Von der Planung und Konzeption der Kampagne über die richtige Auswahl der Influencer bis hin zu Durchführung und Messbarkeit werden alle Etappen einer Kampagne betrachtet. Der Umgang mit Problemen wird ebenso wenig ausgeklammert wie das momentan heiß diskutierte Thema der rechtlich sauberen Kennzeichnung von Kampagnen, bei dem Fehler einen schnell einmal teuer zu stehen kommen können.

Auch das Thema Pricing im Influencer-Marketing sowie die Vergleichbarkeit mit anderen Werbeformen finden ihren Platz.

Damit gehört dieses Buch nicht nur ins Regal eines jeden Marketers, der sich mit dem Start einer Influencer-Kampagne trägt, es ist vor allem vielseitiges praxisnahes Nachschlagewerk für alle Fragen, die vorab oder im Laufe einer Kampagne aufkommen.

Ich freue mich, dass wir mit *HitchOn* einige der Best-Practice-Beispiele beitragen durften, und wünsche Ihnen viel Spaß beim Lesen, aber natürlich noch viel mehr bei der Umsetzung Ihrer ersten eigenen Influencer-Kampagne.

Starten Sie durch!

Viele Grüße und viel Erfolg

Sarah Kübler
Gründerin und Geschäftsführerin
HitchOn GmbH
s.kuebler@hitchon.de

Auf in die Welt der Influencer!

Reich und berühmt zu sein, ist der Traum vieler Menschen. Reich an Einfluss und damit auch zumindest ein bisschen berühmt sind heute zahlreiche Menschen im Netz – die Influencer!

Sie haben davon gehört, dass zahlreiche Unternehmen mittlerweile mit Influencern zusammenarbeiten, um deren Reichweite im Netz für das Marketing rund um Produkt und Marke zu nutzen? Und jetzt haben Sie sich überlegt, sich das Thema Influencer-Marketing auch mal zu Herzen zu nehmen? Herzlichen Glückwunsch und willkommen in der Welt der Influencer!

Wie Sie bei der Lektüre dieses Buches noch erfahren werden, ist Influencer-Marketing eigentlich nichts Neues. Dass es aber mittlerweile selbst Lieschen Müller von nebenan zum weltbekannten Social-Media-Star schaffen kann, ist hingegen schon etwas Neues. Da es nun unzählige Lieschen Müllers gibt, die täglich mit ihren tausenden oder Millionen Followern in den sozialen Netzwerken kommunizieren, haben Unternehmen erkannt, dass sich diese »authentische Reichweite« gegen Bezahlung erfolgversprechend im Marketing nutzen lässt.

Mit diesem Buch möchte ich Ihnen das Thema Influencer-Marketing näherbringen. Dabei war es mir beim Schreiben stets ein Anliegen, das Thema aus einem seriösen Blickwinkel zu betrachten – einem Blickwinkel, der die Beziehung zwischen Influencern, Followern und Unternehmen in den Vordergrund stellt. Die zahlreichen für Sie zusammengestellten Beispiele sollen Ihnen dabei helfen, ein möglichst gutes Gefühl für Influencer und die Zusammenarbeit mit ihnen zu erhalten.

In **Kapitel 1** gebe ich Ihnen zunächst einen generellen Einblick in das Influencer-Marketing und seine Entwicklung. Darüber hinaus erfahren Sie, welche Chancen und Risiken die Zusammenarbeit mit Influencern für Unternehmen haben kann.

Im Anschluss beleuchte ich in **Kapitel 2** noch etwas genauer, was erfolgreiches Influencer-Marketing ausmacht und in welchen Phasen es sich einsetzen lässt.

Damit Sie mit Ihrer eigenen Planung loslegen können, folgt in **Kapitel 3** ein genauerer Einblick, mit welchen Marketing-Zielen sich Influencer-Marketing verbinden lässt. In diesem Kontext müssen Sie sich natürlich auch darüber Gedanken machen, auf welche Art Sie mit Influencern überhaupt zusammenarbeiten möchten oder wie Sie Ihre eigenen Kanäle einbinden.

In **Kapitel 4** steht eine große Herausforderung an: Die Auswahl der Influencer. Wie lassen sie sich unterscheiden, was für Typen gibt es, und ticken Influencer unterschiedlich, je nach Follower-Anzahl? Hier finden Sie auch eine Checkliste, die Sie bei der Influencer-Auswahl unterstützt.

Sind Sie bereits aufgeregt, die ersten Influencer zu kontaktieren? Nicht so schnell: Lesen Sie erst in **Kapitel 5**, wie Sie Influencer am besten ansprechen und mit wem Sie wahrscheinlich zuerst in Kontakt kommen. So sind Sie bestens darauf vorbereitet, das erste Gespräch in Gang zu bringen.

Wenn Sie dann Influencer angesprochen haben und ein grundsätzliches Interesse zur Zusammenarbeit besteht, geht es in **Kapitel 6** an das Briefing: Auch hier hilft Ihnen eine Checkliste, das perfekte Influencer-Briefing auszuarbeiten. Darüber hinaus lernen Sie zahlreiche Video-, Foto-, und Textformate kennen, die sich im Netz eingebürgert haben.

Vielleicht haben Sie schon einmal von den neuen »Einfluss-Reichen« gehört: Influencer sind reich an Einfluss, und den lassen sie sich auch fair versilbern – was den ein oder anderen durchaus zu einem »gehobenen Lebensstil« befähigt. In **Kapitel 7** erfahren Sie, was Influencer-Marketing kostet und welche Vergütungsvarianten üblich sind.

Wer wissen will, was die Influencer-Kooperationen überhaupt gebracht haben, sollte unbedingt im Anschluss an jede Kooperation oder Kampagne eine Auswertung vornehmen. Kennzahlen und Bewertungskriterien finden Sie deshalb in **Kapitel 8**.

Kapitel 9 hält ein besonderes Schmankerl für Sie bereit: Kooperationen, die aus meiner Sicht besonders gelungen sind und die zum Nachahmen unbedingt zu empfehlen sind!

Im Influencer-Marketing geht selten etwas wirklich gravierend schief. Wenn doch, erfahren Sie in **Kapitel 10**, was dann zu tun ist.

Ich freue mich, dass Rechtsanwalt Christian Solmecke sich dazu bereit erklärt hat, in **Kapitel 11** das Thema Influencer-Marketing aus rechtlicher Sicht zu betrachten. Ich kann Ihnen nur nahelegen, dieses Kapitel genau zu studieren, um die zahlreichen rechtlichen Fallstricke zu vermeiden!

Bevor ich Sie jetzt in die Lektüre entlasse, möchte ich ein paar Menschen danken, ohne die dieses Buch nicht entstanden wäre. Da sei zunächst Stephan Mattescheck gedankt, der nach dem Buch »Video ist King!« auch diesmal Vertrauen in mich als

Autor hatte und sich für das Thema Influencer-Marketing begeistern ließ. Vielen Dank für sehr viel Geduld! Ebenso danken möchte ich Sarah Kübler von der Agentur HitchOn für die durch langjährigen Austausch entstandene Zusammenarbeit in diesem Buch – einige besonders ausführlich beleuchtete Beispiele stammen aus der Agenturarbeit von HitchOn. Ebenfalls unbedingt zu erwähnen sind Lena Fiebig und Jessika Löwen, die stets bei Fragen ansprechbar waren: Jessika, deine Engagement Rate geht mit langen Telefonaten und dem Fachgutachten zum Buch absolut durch die Decke! Natürlich gibt es noch viele weitere Menschen, die in irgendeiner Form etwas zum Buch beigetragen haben, wie zum Beispiel die Interviewpartner oder auch die Unternehmen, deren Cases genauer beleuchtet werden durften. Einen besonderen Dank möchte ich meiner Partnerin Lisa aussprechen, die meine über Wochen andauernde Schreiblaune aushalten musste: Dieses Buch ist für dich.

Ich hoffe, dieses Werk trägt dazu bei, dass ich viele weitere spannende Influencer-Kooperationen im Netz entdecken darf. Schreiben Sie mir an *info@sven-oliver-funke.de* oder über XING/LinkedIn, wenn Sie Hilfe bei der Umsetzung benötigen oder mir davon erzählen möchten, was Sie umgesetzt haben! Ich bin gespannt!

Sven-Oliver Funke
Neuberg

P.S.: Um den Lesefluss zu erhalten, habe ich an einigen Stellen darauf verzichtet, stets männliche und weibliche Formen des Wortes »Influencer« zu verwenden.

1 Einführung

Die Menschen orientieren sich schon lange nicht mehr in dem gleichen Maß an Promis wie noch vor einigen Jahren. Stattdessen vertrauen sie auf Empfehlungen ihrer Kontakte, die sich als Experten für eine spezifische Nische darstellen.

Der wohl bekannteste Roboter von Simone Giertz ist der Frühstücksroboter. Er schüttet am Frühstückstisch Müsli in eine Schale, gibt Milch hinzu und befördert das Gemisch schließlich mit Hilfe eines Löffels in den Mund des Probanden. Dass dabei nicht immer alles gut geht, ist bei Simones Robotern gewollt: Sie selbst nennt ihre Erfindungen »Shitty Robots« und filmt ihre Kreationen, um sie auf ihrem YouTube-Kanal zu veröffentlichen. Weit über eine Million Menschen haben ihren Kanal abonniert. Das Video vom Frühstücksroboter haben rund zweieinhalb Millionen Menschen gesehen. Ihre dadurch erlangte Internet-Berühmtheit hat der YouTuberin unter anderem einen TED-Talk und in Schweden eine eigene Fernsehsendung beschert, in der sie kreative Lösungen für Alltagsprobleme vorstellt.

Simone ist nur ein Beispiel von unzähligen sogenannten »Influencern«. Damit werden Menschen bezeichnet, die im Internet mit ihren Inhalten wie Fotos, Videos oder Texten eine große Menge Menschen erreichen können. Sie veröffentlichen nicht nur Inhalte zu einem bestimmten Themenkomplex, sondern geben meist auch Einblicke in ihr privates Leben. Viele Influencer sind auf gleich mehreren Social-Media-Plattformen wie YouTube oder Instagram aktiv und nutzen die Vorteile der einzelnen Plattformen für unterschiedliche Inhalte. So veröffentlicht Simone auf Instagram nicht nur Behind-The-Scenes-Fotos, sondern hält ihre Fans dort auch über die OP ihres Hirntumors auf dem Laufenden. Influencer erscheinen deshalb viel nahbarer als Stars und Sternchen aus TV und Co., was die Bindung zu Abonnenten und Followern wesentlich erhöht.

Wie Simone bedienen viele Influencer eine bestimmte Nische und erreichen eine häufig sehr eng definierte Zielgruppe – die allerdings deshalb nicht klein sein muss. Wer in Deutschland über Influencer spricht, landet häufig zuerst bei der YouTuberin Bianca Heinicke, alias »BibisBeautyPalace«. Sie ist als größte deutsche YouTuberin mit über fünf Millionen YouTube-Abonnenten für viele der Inbegriff einer perfekten Vermarktungsstrategie. Schminktutorials und Jugendthemen haben zu Anfang ihren Kanal geprägt. Heute machen sie umfassende Einblicke in das Privatleben mit ihrem Freund authentisch für eine vor allem junge Zielgruppe. Ihre

Abonnenten sind so treu, dass ein zweiter von ihrem Freund erstellter YouTube-Kanal schlagartig innerhalb von drei Tagen rund 700.000 Abonnenten gewinnen konnte – und das zu einer Zeit, als Bibi selbst erst halb so viele Abonnenten hatte wie heute.

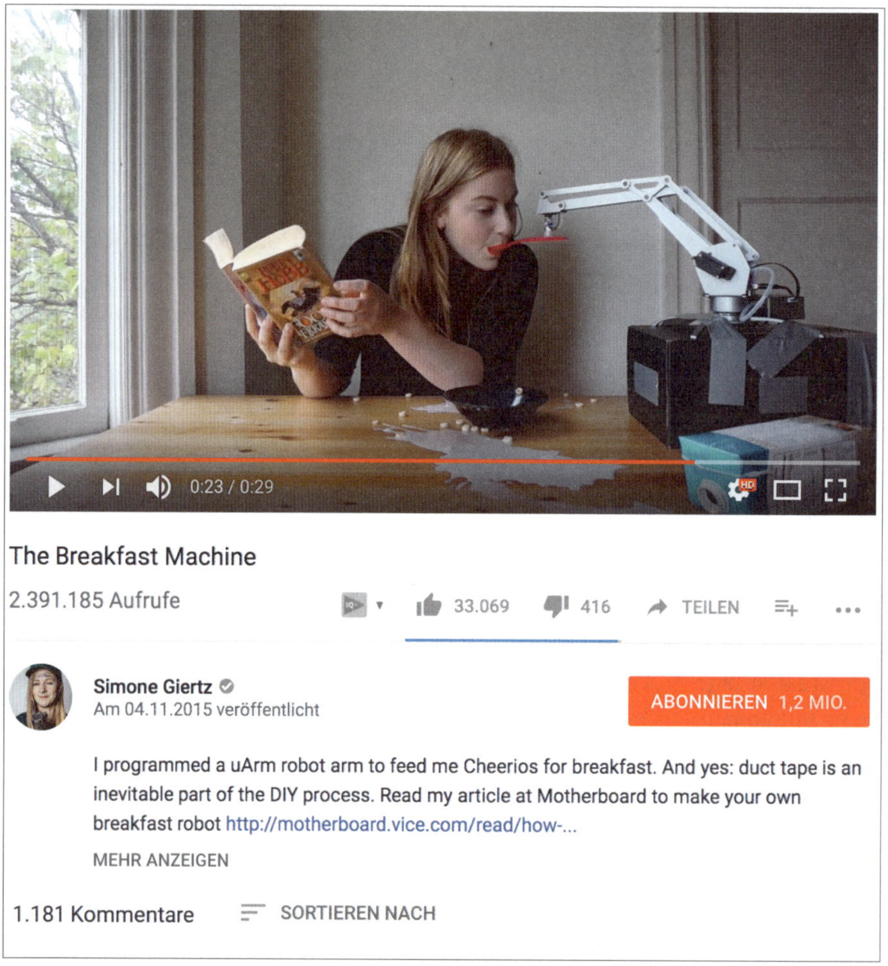

Abbildung 1.1 Der Frühstücksroboter ist der wohl bekannteste Roboter von Simone Giertz (https://www.youtube.com/watch?v=E2evC2xTNWg).

Wer so viele Menschen einer recht genau definierten Zielgruppe erreicht und bei dieser Zielgruppe eine hohe Glaubwürdigkeit besitzt, ist für Unternehmen und ihre Marken von großem Wert: Ein Duschschaum, den Bibi in einem ihrer Videos vorstellt, ist am nächsten Tag in allen DM-Filialen trotz großer Bestände restlos ausverkauft. Und Bibi ist nur die Spitze des Eisbergs.

1.1 Was ist Influencer-Marketing überhaupt?

Sie haben einen Instagram-Account mit ein paar Hundert Followern und teilen mit diesen von Zeit zu Zeit visuelle Eindrücke Ihres Alltags? Glückwunsch, dann sind Sie bereits Influencer! Eine im Jahr 2015 von der Hochschule Macromedia und der Agentur Webguerillas erstellte Studie mit dem Titel »Markenempfehlungen in sozialen Medien« geht sogar so weit zu sagen, dass in Deutschland 4,6 Millionen »Influencer« existieren: Stark vernetzt und täglich in den sozialen Netzwerken aktiv, identifizieren sie sich stark mit den Marken, denen sie folgen, und empfehlen sie innerhalb ihres Netzwerks weiter.

Bereits vor über 100 Jahren, am 8. Juni 1918, erschien im Magazin *The Country Gentleman* eine seitenfüllende Anzeige, die Sie in Abbildung 1.2 sehen. Das 1853 von James Oliver gegründete Unternehmen Oliver Chilled Plow Works wirbt in dieser Anzeige mit einer bekannten Persönlichkeit: Henry Ford, abgebildet in einer Zeichnung auf einem Traktor sitzend. Diese »Kooperation« zwischen Oliver Chilled Plow Works sowie Henry Ford & Son findet hier Ausdruck in der Person Henry Fords als Testimonial.

Eigentlich ist Influencer-Marketing in seinen Grundzügen also nichts Neues: Eine bekannte Persönlichkeit macht direkt oder indirekt Werbung für ein Produkt oder ein Unternehmen und erhält dafür eine Gegenleistung. So oder so ähnlich haben bereits in der Vergangenheit Sportler, Hollywood-Stars, Künstler und viele andere Menschen mit ihrer Berühmtheit Geld verdient. Auch diese Menschen könnte man problemlos als »Influencer« bezeichnen – als Menschen, die andere Menschen in ihrer Kaufentscheidung beeinflussen, weil sie sich selbst mit Marken und Produkten umgeben. Den Unterschied jedoch macht ein ganz entscheidender Punkt: die Hürde, mit der man zum »Influencer« wird. So war es bisher wesentlich schwieriger, in den klassischen Medien eine so große Bekanntheit zu erlangen, dass man eine »Influencer-Rolle« zugeteilt bekam.

Heute hat sich die Medienlandschaft allerdings stark gewandelt: Die Gatekeeper-Rolle der Medien ist geschwunden, während einst durch Web 2.0 und nun durch soziale Netzwerke praktisch jeder Inhalte publizieren kann. Ein Smartphone mit Internetverbindung reicht, um Texte, Bilder und Videos in die Welt zu streuen. Facebook, Instagram, Twitter, YouTube und Co. sind die Distributionsplattformen der Wahl. Und auch ein eigener Blog ist schnell kostenlos erstellt. Auf der anderen Seite stehen Millionen und Milliarden von Nutzern, die sich in den sozialen Netzwerken tummeln und nach für sie interessanten Inhalten suchen. Sie sind bereit, für relevante Inhalte Werbung zu akzeptieren oder für die Inhalte direkt zu bezahlen (beispielsweise auf Twitch oder via Patreon), sodass die Ersteller der Inhalte entlohnt werden können.

Abbildung 1.2 Henry Ford war bereits am 8. Juni 1918 Testimonial auf einer Anzeige im The Country Gentleman für »Oliver Chilled Plow Works« zu sehen.
Quelle: https://www.flickr.com/photos/dok1/4487114438/ (CC 2.0)

Wenn man heute in Schulen geht und fragt, was die Schüler später werden möchten, hört man nicht selten Begriffe wie »YouTuber« oder »Influencer«. Vielen Eltern mögen bei diesen Worten graue Haare wachsen, doch ist dieser Wunsch die Quintessenz aus einer funktionierenden Vermarktung der Internetpersönlichkeiten. Multichannel-Netzwerke, Influencer-Agenturen und Künstlermanagements haben sich auf die neue Zielgruppe eingestellt und sprechen ganz selbstverständlich sowohl die Sprache der Plattformen als auch die der Influencer. Sie hantieren mit Begriffen wie Reichweite, Engagement Rate oder Like-Dislike-Ratio. Und auch in Werbeagenturen und Unternehmen findet ein Umdenken statt: »Vielleicht ist dieses Influencer-Marketing ja etwas für uns?«, wird da diskutiert. Sehr häufig findet sich in Stellenausschreibungen für Online-Manager mittlerweile die Ergänzung »Aufbau des Influencer-Marketings«. Die neue Marketingdisziplin ist also in aller Munde, und das zu Recht!

Influencer-Marketing ist so beliebt, dass sich etwa die Hälfte aller in den letzten Jahren von mir betreuten Bachelorarbeiten irgendwie mit dem Thema beschäftigt hat. Die Studenten waren sich in den Diskussionsrunden meiner Vorlesungen einig: Man kann »talentfrei« zum Influencer werden, wenn man sich nur genug Arbeit damit macht. Ob diese Aussage immer so stimmt, mag dahingestellt sein. Sie zeigt aber: Es gibt zumindest bei jungen Menschen ein Bewusstsein dafür, dass praktisch jeder in der Lage ist, eine gewisse Reichweite und Bekanntheit im Internet zu erlangen.

Was genau ist Influencer-Marketing nun? Influencer-Marketing beschreibt alle Wege der Einbindung von bekannten Internetpersönlichkeiten, um die eigene Marke oder die eigenen Produkte zu bewerben. Die Möglichkeiten reichen von den verschiedenen Arten der Produktplatzierungen über Empfehlungsmarketing mit Affiliate-Background bis hin zur Buchung der Influencer als Experten oder Testimonials. Influencer-Marketing setzt dabei auf die Bekanntheit von Influencern und deren besondere Beziehung zu ihren Followern und Abonnenten. Die dort sehr häufig auftretende enge Beziehung ist der eigentliche Wert des Influencer-Marketings.

Bevor die Zusammenarbeit zwischen Unternehmen und Influencern in den Verantwortungsbereich des Marketings gefallen ist, war die Suche nach Multiplikatoren meist Sache von PR- und Kommunikationsabteilungen. Hier kümmerte man sich beispielsweise um die sogenannten Blogger Relations und lud dabei zu Produktvorstellungen oder im Rahmen von Pressereisen wichtige Blogger ein. Auch hier gab es bereits Produktsamples, die verteilt wurden.

Dass Influencer nun einen Baustein im Marketing bilden, ist insbesondere ihrer Popularität geschuldet. Heute sind sie nicht mehr nur Multiplikatoren für eine Marketingbotschaft, sondern werden in einem größeren Rahmen in die Kampagnenkonzeption eingebunden. Es zählt nicht mehr nur, Produktsamples zu verteilen und reichweitenstarke Accounts einzuladen, es sollen vielmehr ganze Kampagnen mit intensiver Einbindung der Follower eines Influencers konzipiert werden. Die Herausforderung: Authentisch bleiben, sowohl als Marke im Rahmen der Kampagne, aber auch als Influencer. Er oder sie weiß, wie mit den eigenen Followern zu kommunizieren ist. Eine Marke muss sich hier für den Erfolg einer Zusammenarbeit auch mal zurücknehmen können.

Und noch ein Aspekt steht für das Influencer-Marketing: In den sozialen Netzwerken werden die Produkte oder Leistungen eines Unternehmens ohnehin diskutiert, egal ob das Unternehmen Influencer-Marketing betreibt oder nicht. Influencer-Marketing ist deshalb ganz klar auch Beziehungsmanagement: Eine Präsenz bei der Zielgruppe stärkt das Bewusstsein für die Markenwerte und lenkt die Kommunikation. Einige in den Communitys besonders angesehene Influencer sind hier Ansprechpartner für Unternehmen. Sie transportieren Markenwerte und kommunizieren sie an ihre Follower. So gesehen kann ein im Influencer-Marketing langfristig denkendes Unternehmen in Krisenzeiten auf eine gute Beziehung zu seinen Kunden zählen und mehr Fürsprecher aktivieren.

1.2 Wer sollte dieses Buch lesen?

Influencer-Marketing klingt erst einmal einfach und unkompliziert? Sicherlich können Sie einfach loslegen und mit Influencern in Kontakt treten, aber dann werden Sie schnell an bestimmte Grenzen kommen. In der Disziplin des Influencer-Marketings haben sich bestimmte Vorgehensweisen etabliert. Es gibt Begriffe, die Sie kennen müssen, wenn Sie mit Influencern oder anderen aus der Branche verhandeln möchten. In den letzten Jahren wurden zahlreiche Kooperationen mit Influencern ausprobiert – manche haben erfolgreich funktioniert, andere überhaupt nicht. Darunter sind sogar Strategien, die dem Ansehen der kooperierenden Marke geschadet haben. Und dann gibt es da noch die rechtlichen Einschränkungen, bevor die Arbeit mit Influencern zum Beispiel am Ende zur Schleichwerbung wird.

Wenn Sie Influencer-Marketing seriös, erfolgreich und im Idealfall sogar langfristig betreiben möchten, führt Sie dieses Buch in alle wichtigen Aspekte des Influencer-Marketings ein. Dabei ist es zunächst unerheblich, ob Sie in einer Marketing- oder PR-Abteilung eines Unternehmens arbeiten oder Influencer-Marketing im Rahmen Ihrer Agenturarbeit einsetzen möchten. Auch wenn dieses Buch nicht explizit für Influencer geschrieben ist, kann es sicherlich auch diese bei der Professionalisierung ihrer Arbeit unterstützen.

Sie sollten dieses Buch hingegen nicht lesen, wenn Sie folgende Aussagen für sich treffen und sich auch nicht von diesen abbringen lassen möchten:

- *»Influencer – das sind doch alles nur Menschen, die ihr Leben auf Instagram inszenieren.«*

  Es gibt tatsächlich einige Menschen, die auf Instagram ihr Leben inszenieren und damit von Beginn an eine Influencer-Karriere anstreben. Auf der Plattform existieren aber auch unzählige Influencer, die eine bestimmte Nische bedienen und nicht vom Kommerz getrieben sind. Einmal ganz davon abgesehen: Influencer gibt es nicht nur auf Instagram!

- *»Influencer sind für mich nur Zahlen.«*

  Soziale Medien haben gegenüber klassischen Medien einen großen Vorteil: Sie bieten Einblicke in sehr genaue Statistiken. So lässt sich die Aufmerksamkeit anhand von Likes/Dislikes, Kommentaren oder Watchtime messen und bestimmen, wie alt die Zielgruppe ist, woher sie kommt und vieles mehr. Diese Daten sollten auch für die Konzeption einer Influencer-Kampagne herangezogen werden, um nicht die falsche Zielgruppe anzusprechen. Einen Influencer aber nur auf seine Statistiken zu reduzieren und die Anzahl der Follower als alleinige Messgröße heranzuziehen, wäre genau der falsche Ansatz im Influencer-Marketing.

- *»Unser Marketing-Budget soll dieses Jahr für Influencer verpulvert werden. Für ein bisschen Geld halten diese Influencer doch alles in die Kamera, und wir erzielen eine große Reichweite.«*

  Ein Influencer, der Kooperationen nur eingeht, weil er dafür viel Geld erhält, kann sich in den wenigsten Fällen lange über Wasser halten. Wesentlicher Bestandteil des Influencer-Marketings ist die Suche nach wirklich passenden Influencern (Stichwort Markenfit). Erfolgreiche Influencer wissen, dass ihre Authentizität leidet, wenn sie Kooperationen nur eingehen, weil ein Unternehmen ihnen dafür viel Geld anbietet.

Wie bereits erwähnt, kann dieses Buch sicherlich auch Influencern bei ihrer Professionalisierung weiterhelfen. Wenn Sie jedoch für sich sagen, »Ich möchte Influencer werden und suche nach einem Erfolgs-Guide«, dann ist dieses Buch aufgrund seiner Ausrichtung nicht die richtige Wahl.

1.3 Ist Influencer-Marketing auch für B2B-Unternehmen geeignet?

Wenn über Influencer-Marketing gesprochen wird, rücken in erster Linie die Gesichter der beliebten Social-Media-Plattformen ins Blickfeld. Sie alle bedienen zumeist einen B2C-Markt: Unternehmen X möchte Produkt Y an einen Endkunden verkaufen und setzt dabei auf Influencer-Marketing. Das heißt allerdings nicht, dass

Influencer nicht auch im B2B-Geschäft funktionieren können. Im Gegenteil: Zum Beispiel führt das Business-Netzwerk LinkedIn die Bezeichnung »Influencer« sogar für Persönlichkeiten, die regelmäßig auf der Plattform Inhalte publizieren. Ihnen folgen sehr viele Menschen aus dem B2B-Sektor, die in ihren Entscheidungen dadurch beeinflusst werden können. Die Medienvielfalt reicht dabei von Textbeiträgen über Fotos bis hin zu Videos. In Abbildung 1.3 sehen Sie einen Beitrag, der von Bill Gates auf LinkedIn veröffentlicht wurde.

Can this cooler save kids from dying?

Veröffentlicht am 13. Juni 2018

Bill Gates in fluencer | ✓ Sie folgen
Co-chair, Bill & Melinda Gates Foundation
107 Artikel

26.113 767 1.568

Two of the things I love most about my job are getting to see amazing innovations and talk to remarkable people. During a recent trip to New York, I got to check both boxes. I met a woman named Papa Blandine Mbwey who is using a revolutionary new invention to help more kids get vaccinated.

Blandine has worked as a vaccinator in a remote part of the Democratic Republic of the Congo for over a decade. Most days, she travels on foot to villages all over her region so she can vaccinate kids who live too far from a health clinic to make the trip themselves.

Blandine's job is complicated by a simple fact: vaccines must be kept between 2 and 8° C. If they get too warm, they spoil. If they get too cold, the water in them freezes, and they can

Abbildung 1.3 Bill Gates, der regelmäßig längere Textbeiträge veröffentlicht, ist nur einer von unzähligen Influencern auf LinkedIn.

Auch in anderen sozialen Netzwerken gibt es Personen, die im B2B-Sektor als Meinungsführer auftreten. Immer mehr von ihnen nutzen auch für berufliche Zwecke Twitter oder Instagram. So wird ein Mitarbeiter mal eben zum Influencer und trägt häufig ganz unbewusst zum Employer Branding bei. Wer zum Beispiel auf seinem Instagram-Account aus dem Alltag einer Designagentur berichtet, bringt seine Follower gegebenenfalls dazu, sich auf vakante Stellen zu bewerben. Und wer als Handwerker YouTube-Videos dreht und dabei Produkte für den professionellen Einsatz präsentiert, hat Einfluss auf andere Handwerker, die auf der Videoplattform nach einer Lösung suchen oder dem Account regelmäßig folgen.

B2B-Influencer werden häufig als Branchenexperten, Redner auf Konferenzen oder Autoren auftreten. Die wenigsten von ihnen werden sich als Influencer bezeichnen. Auch gilt es, die Kennzahlen im B2B-Influencer-Marketing anders zu bewerten: Hier zählt viel weniger die Zahl der Follower, sondern verstärkt die Qualität der Kontakte. Schließlich wollen Sie nach Möglichkeit die Entscheider direkt beeinflussen. Influencer-Marketing ist also auch für B2B eine interessante Methode.

1.4 Gute Gründe für Influencer-Marketing: Was sind Ihre Chancen durch Influencer-Marketing?

1.4.1 Glaubwürdigkeit

Wer einem Influencer regelmäßig in den sozialen Netzwerken folgt, ist von seiner Glaubwürdigkeit überzeugt. Die Meinung des Influencers hat somit besonders großes Gewicht, je enger sich ein Follower dem Influencer verbunden fühlt. Eine enge Verbundenheit wird in diesem Kontext auch parasoziale Beziehung genannt: Während der Influencer nur einige wenige seiner vielen Follower kennen kann und dadurch auch keinen Einblick in das Leben der Follower hat, wissen eben diese sehr viel über den Influencer. Sie kennen neben seiner Meinung zu einem bestimmten Thema häufig auch seinen Tagesablauf oder andere persönliche Informationen. Regelmäßig erscheinende Inhalte formen ein Bild in der Wahrnehmung der Zielgruppe. Es entsteht dadurch schnell das Gefühl, den Influencer als einen guten Freund zu haben – wenngleich diese Freundschaft natürlich sehr einseitig ist. Und trotzdem ist dieser Umstand sehr wichtig, denn: Was Freunde empfehlen, darauf legt man ein besonderes Augenmerk bei anstehenden Kaufentscheidungen.

1.4.2 Influencer haben enormen Einfluss auf Kaufentscheidungen

Die Hamburger Agentur Faktenkontor und das Marktforschungsunternehmen Toluna haben in einer Ende 2016 durchgeführten Studie festgestellt, dass 13 Prozent aller Internetnutzer in Deutschland innerhalb eines Jahres Produkte gekauft haben, weil sie von einem YouTuber empfohlen wurden.[1] In der Zielgruppe der 14- bis 19-Jährigen sind es der Studie nach sogar 50 Prozent, die sich für Produkte entschieden haben, weil sie von einem Influencer empfohlen wurden. Andere Studien kommen zu ähnlichen Ergebnissen. Damit ist klar: Influencer haben einen enormen Einfluss auf Kaufentscheidungen, was sich Unternehmen durch Influencer-Marketing zunutze machen können.

1.4.3 Erreichbarkeit junger Zielgruppen, die immer weniger TV konsumieren

Junge Menschen sind zunehmend schwieriger über klassische Medien wie Fernsehen, Radio und Zeitung erreichbar. Hingegen sind die Internetnutzung und die Nutzung von sozialen Netzwerken bei den unter 30-Jährigen besonders groß. Die ARD/ZDF-Onlinestudie untersucht diesen Trend seit etlichen Jahren und kann regelmäßig einen Rückgang der TV-Nutzungsdauer verzeichnen, während die Internetnutzung stets zunimmt. Bezogen auf Bewegtbild stellen Wolfgang Koch und Beate Frees für die Studienreihe »Medien und ihr Publikum« für das Jahr 2017 fest: »Bei unter 30-Jährigen ist Video-on-Demand fest im Alltag verankert. So gucken 88 Prozent mindestens wöchentlich Bewegtbild-Formate gegenüber 56 Prozent in der Gesamtbevölkerung. Mit 72 Prozent schauen die jüngeren Altersgruppen in erster Linie bei Videoportalen, aber auch Videos auf Communitys wie Facebook (48 %) und bei Streamingdiensten (45 %).« Nicht weniger beeindruckend ist die tatsächliche Nutzungsdauer des Internets, auch wenn das »Internet« aufgrund der geänderten Methodik nun als Trägermedium betrachtet wird: »14- bis 29-Jährige nutzen das Internet mehr als viereinhalb Stunden pro Tag, 30- bis 49-Jährige rund drei Stunden.«

Wer junge Menschen heute also noch mit seiner Markenbotschaft erreichen möchte, ist gezwungen, soziale Netzwerke in die Marketingstrategie einzubinden. Eine eigene Präsenz ist dabei ebenso wichtig wie eine Strategie, um die Zielgruppen überhaupt erreichen zu können. Influencer-Marketing kann hier einen entscheidenden Beitrag leisten, da insbesondere die jungen Zielgruppen der 14- bis 29-Jährigen die reichweitenstarken Accounts als »Freunde von nebenan« betrachten. Authentische Influencer werden als die »coolen Kids« betrachtet und sind in diesem Kontext stark beeinflussend.

---

1 Siehe auch: *https://www.wuv.de/specials/influencer_marketing/influencer_so_wirksam_wie_fernsehwerbung*

1.4.4 Influencer-Marketing erhöht die Reichweite, Influencer sind Multiplikatoren

Sie haben zwar einen eigenen Social-Media-Auftritt und posten dort regelmäßig Inhalte, können Ihre Reichweite aber nicht so stark ausbauen? Oder Sie haben eine tolle Kampagne geplant, die nun gesehen werden soll? Die Zusammenarbeit mit passenden Influencern kann hier ein guter Ansatz sein, denn Influencer sind Multiplikatoren. Sie erreichen regelmäßig ein großes Publikum und können so helfen, die Sichtbarkeit einer Kampagne oder eines Unternehmens zu vergrößern.

Dabei gibt es vielfältige Wege: Im November 2015 veröffentlichte Edeka einen Weihnachtsclip unter dem Titel #heimkommen auf YouTube. Der Clip wurde nach kurzer Zeit unter anderem auf Twitter von BibisBeautyPalace mit mehreren Millionen Nutzern geteilt (siehe Abbildung 1.4) und trug so zur Sichtbarkeit des Videos bei. Zu beachten ist bei dem genannten Beispiel allerdings: Ob eine Kooperation zwischen Influencer und Unternehmen stattgefunden hat, bleibt an dieser Stelle unklar.

Abbildung 1.4 Tweets wie der von Bianca Heinicke tragen insbesondere zu Beginn einer Kampagne zur schnellen Verbreitung bei.

1.4.5 Influencer-Marketing erhöht das Suchmaschinen-Ranking (SEO)

Mittlerweile sollte klar sein, dass Influencer eine große Reichweite besitzen und zumeist in mehreren sozialen Netzwerken und darüber hinaus im Internet aktiv sind. Die meisten ihrer Inhalte sind deshalb in Suchmaschinen wie Google und YouTube, aber zum Beispiel auch auf der Empfehlungsseite von Instagram sehr hoch gerankt. Wenn ein Influencer ein Produkt in seine Inhalte einbindet, können diese Inhalte sehr leicht gefunden werden. Im Rahmen von Influencer-Marketing kann ein Unternehmen aktiv Einfluss darauf nehmen, dass die Produkte von Influencern genutzt oder getestet werden. Influencer-Marketing kann also auch im Rahmen von SEO eine große Rolle spielen.

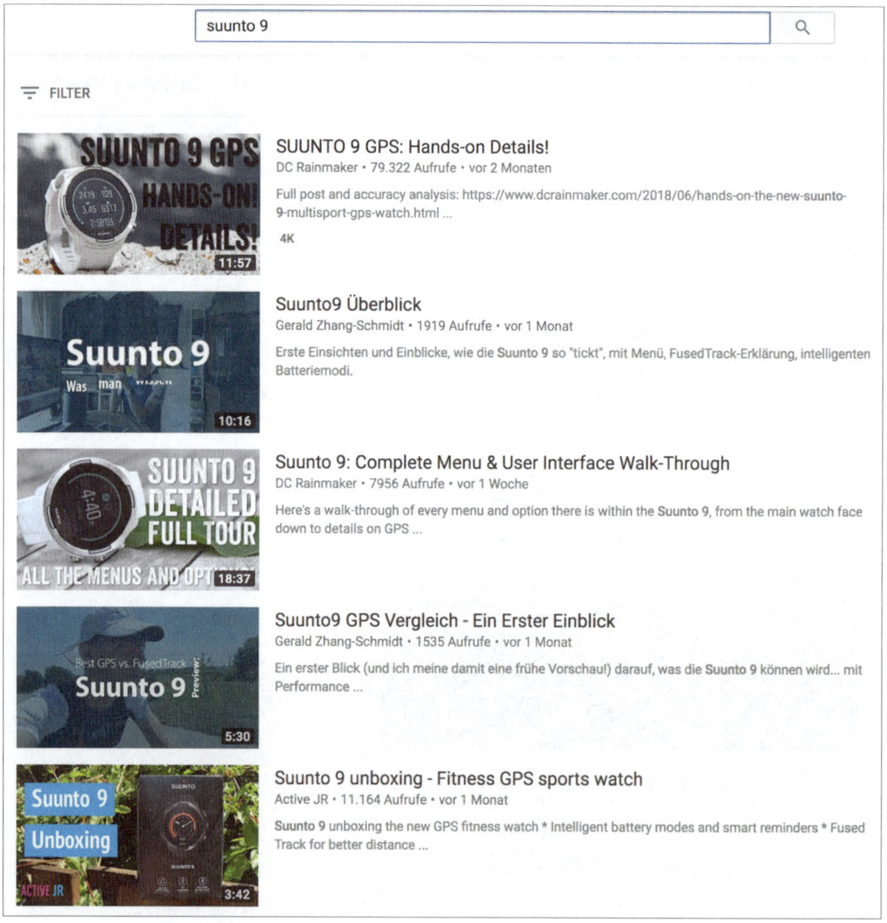

Abbildung 1.5 Die YouTube-Suche nach der GPS-Sportuhr Suunto 9 fördert weit vor dem Herstellervideo Suchergebnisse von entsprechenden Influencern an den Tag.

In Abbildung 1.5 sehen Sie eine Beispielsuche auf YouTube nach der GPS-Sportuhr Suunto 9. Sehr schön erkennbar sind die herstellerfremden YouTube-Kanäle, die sich in den Videos mit der Sportuhr auseinandersetzen. In Abbildung 1.6 ist ergänzend dazu ein Suchergebnis nach dem gleichen Begriff in der Google-Suche zu sehen. Da die Google-Suche auch YouTube-Videos in die Suche einbindet, werden die dort gefundenen Ergebnisse auf Seite 1 der Google-Suchergebnisse angezeigt.

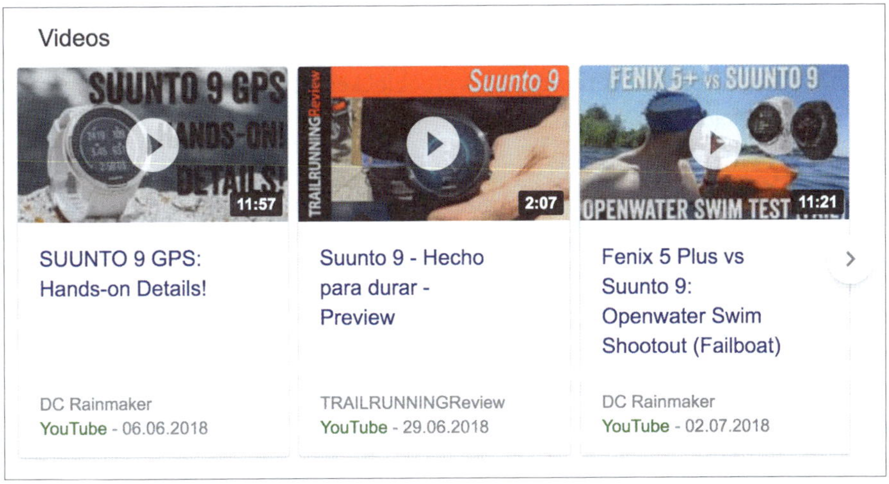

Abbildung 1.6 Je nach Plattform erscheinen die Inhalte von Influencern auch in der Google-Suche. Hier werden zum Suchbegriff passende YouTube-Videos in der Google-Suche vorgeschlagen.

1.4.6 Influencer lassen sich nicht durch Werbeblocker ausblenden

Onlinewerbung in Form von Anzeigen als Bannerwerbung oder auch Pre-, Mid- und Postroll-Werbespots auf Videoplattformen versucht, stets im besten Blickfeld des Nutzers platziert zu sein. So lassen sich viele Werbespots nicht einfach überspringen, sondern müssen angesehen werden, bevor das eigentliche Video startet. Einige News-Seiten gehen mittlerweile auch dazu über, dass der Nutzer sich standardmäßig zunächst einen Werbespot ansehen muss, bevor er den eigentlichen Inhalt zu Gesicht bekommt. Dass der Nutzer sich deshalb Strategien überlegt, um diesem Werbezwang zu entgehen, ist verständlich. Und das Ausblenden solcher Werbung ist ein Kinderspiel: Ein kleines Browser-Add-on in Form eines Werbeblockers, und schon ist die meiste Werbung Geschichte. Entsprechende Plugins durchforsten den Quellcode und sorgen dafür, dass Werbung gar nicht erst geladen wird.

Was den Nutzer freut, ärgert den Wertbetreibenden und die Plattformbetreiber. Auch wenn der Werbetreibende für unterdrückte Werbung nicht zahlen muss, seine potenzielle Reichweite sinkt dennoch. Den Plattformbetreiber ärgert es hingegen umso mehr: Er verliert im Augenblick der Werbeunterdrückung die Möglichkeit, seine Inhalte zu monetarisieren.

Influencer-Marketing hat einen großen Vorteil: Wer einem Influencer in den sozialen Netzwerken folgt, macht das, um regelmäßig seine Inhalte angezeigt zu bekommen. Ist eine Kooperation zwischen Influencer und Unternehmen authentisch, gliedert sich diese in die sonst üblichen Inhalte ein und fällt nicht negativ auf. Selbst wenn die Kooperation wie rechtlich gefordert als eine solche ordentlich gekennzeichnet ist, hat sie einen wesentlich geringeren Werbecharakter. Influencer-Marketing lässt sich also nicht nur durch Werbeblocker nicht ausblenden: Der Nutzer hat auch gar kein Interesse daran!

1.4.7 Influencer erreichen spitze Zielgruppen

Influencer behandeln Themen sehr spezifisch und sprechen damit eine bestimmte Zielgruppe an. Insbesondere Influencer kleiner und mittlerer Größe erreichen sehr spitze Zielgruppen. Sie sind deshalb besonders lohnenswert für Marken-Kooperationen, da Sie als Unternehmen ein möglichst genaues Targeting anstreben.

Targeting und Streuverlust

Unter Targeting versteht man im Online-Marketing die möglichst genaue Zielgruppenansprache. Je besser das Targeting ist, umso weniger Streuverlust fällt an. Als Streuverlust bezeichnet man alle erreichten Personen, die nicht zur vorgesehenen Zielgruppe gehören.

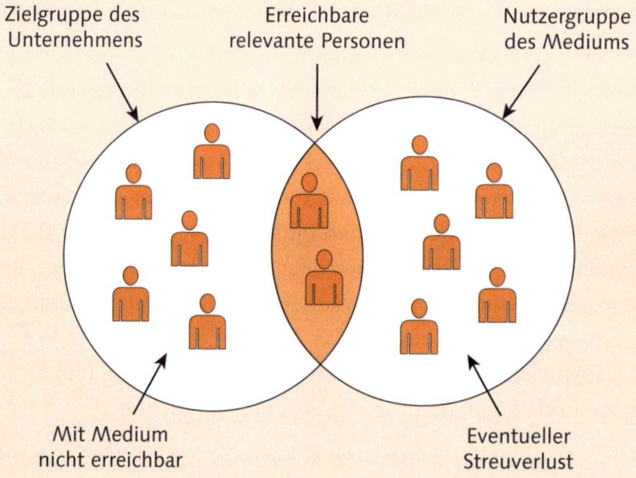

Abbildung 1.7 Die Zielgruppe eines Unternehmens sollte möglichst stark in der Zielgruppe des Mediums vertreten sein, um den Streuverlust gering zu halten.

1.4.8 Influencer wissen, wie man Storys erzählt

Die großen Reichweiten von Influencern kommen nicht von ungefähr: Influencer sind wahre Storytelling-Künstler! Sie beherrschen die Sprache ihrer Zielgruppe und wissen, wie Geschichten für ihre spezifische Zielgruppe am besten erzählt werden können.

Storytelling

Unter dem Begriff Storytelling versteht man verschiedenste Frameworks, um Informationen in einen erzählerischen Kontext einzubinden und sie dadurch greifbarer zu vermitteln. Das englische Wort Storytelling bedeutet letztendlich nichts anderes als seine deutsche Übersetzung: Es handelt sich dabei um die Fähigkeit, »Geschichten zu erzählen«. Menschen erzählen sich seit Tausenden von Jahren Geschichten, um Informationen zu vermitteln und sie erlebbar zu machen. Auch im Marketing ist es sehr wichtig, die Kunst des Geschichtenerzählens zu kennen, um Marken und Produkte anschaulich darzustellen.

Dank ihrer hervorragenden Storytelling-Skills stellen Influencer Produkte in einen Kontext, der zumeist aus ihrer eigenen Markenwelt besteht. Wie Sie im weiteren Verlauf dieses Buches noch mehrfach hören werden, sind Influencer auch selbst Marken, die sich häufig sehr stark durch einen Markenkosmos definieren. Ein Produkt, das in diesen Kontext eingebunden wird, wird durch das Storytelling des Influencers in der Wahrnehmung der Zielgruppe auch in den bestehenden Markenkosmos eingefügt.

Während Sie auf Ihren eigenen Social-Media-Kanälen noch so viel Aufwand betreiben können, um Ihre Produkte in einem möglichst guten Licht dastehen zu lassen, machen Influencer Produkte erlebbar. Sie probieren ein Produkt aus und zeigen ihrer Zielgruppe wesentlich glaubwürdiger, wie das Produkt in ihre Lebenswelt passt. Die dargestellten Anwendungsszenarien sind je nach Influencer alles andere als plump: Sie zeigen oft beiläufig auf, warum sich der Kauf eines Produktes lohnt (eine Kennzeichnung der Kooperation ist natürlich trotzdem notwendig!).

1.4.9 Influencer als Fürsprecher stärken die Marken-Community

In fast jedem Unternehmen gibt es Herausforderungen, die zu bestimmten Zeitpunkten auftreten. Da ist es egal, ob ein Kunde im Brötchen eine Schraube gefunden hat und dies publik macht oder ob – wie im Fall von Apple und Steve Jobs – eine wichtige Person im Unternehmen stirbt und die Marke sich selbst in Frage stellt. Und manches Unternehmen mag noch so gute Absichten haben, aber muss sich trotzdem permanenter gesellschaftlicher Kritik stellen – man denke nur an

Energiekonzerne oder manche Automobilhersteller. Influencer als Fürsprecher für ein Unternehmen sind in der Lage, zur Lenkung der Kommunikation beizutragen und die öffentliche Wahrnehmung auch auf positive Aspekte einer Marke zu richten.

Kontinuierliches Influencer-Marketing stärkt also die eigene Marken-Community, und das nicht zuletzt in Krisensituationen. Je mehr Fürsprecher Sie als Unternehmen für sich gewinnen können, umso leichter wird es Ihnen fallen, Krisensituationen erfolgreich zu überstehen oder sogar abzuwenden.

Starke Marken-Communitys helfen aber auch dabei, als Marke überhaupt in das »Relevant Set« des Verbrauchers zu gelangen. Als Relevant Set bezeichnet man diejenigen Marken und Produkte, die eine Relevanz im Bewusstsein des Verbrauchers haben und die er bei Anstehen einer Kaufentscheidung in die engere Wahl zieht. Wer Marken und Produkte bei Menschen wahrnimmt, denen er vertraut (und das ist bei Influencern der Fall), bezieht diese eher in sein Relevant Set ein.

1.5 Welche Risiken birgt Influencer-Marketing?

Zugegeben, Influencer-Marketing kann auch Risiken haben. Das ist insbesondere dann der Fall, wenn Unternehmen das Thema nicht ausreichend ernst nehmen und die Zusammenarbeit mit Influencern nicht gut geplant wird. Influencer-Marketing ist Beziehungsarbeit: Die Zielgruppe, die man in der Zusammenarbeit mit einem Influencer anspricht, ist geprägt von einer Erwartungshaltung gegenüber dem Influencer.

1.5.1 Influencer und Markenfit

Es gibt wahrscheinlich keinen größeren Fehler im Influencer-Marketing als einen schlechten Markenfit. Darunter versteht man, wie gut Influencer und Marke zusammenpassen. Die Hauptfrage dabei ist: Würde der Influencer das Produkt auch nutzen, wenn er selbst darauf gestoßen wäre?

Ein schlechter Markenfit bewirkt, dass eine Kooperation von den Followern des Influencers als unglaubwürdig und nicht authentisch wahrgenommen wird. Verlierer gibt es dann bei allen Beteiligten: Der Influencer wird kritisiert, eine Kooperation nur aufgrund einer guten Bezahlung eingegangen zu sein. Die Marke leidet darunter, falsch wahrgenommen zu werden. Und die Zielgruppe des Influencers steht vor der Frage, ob sie ihrem »Freund« überhaupt noch vertrauen kann.

1.5.2 Ehrliche Kritik des Influencers

Im Influencer-Marketing gibt es ein Wunschdenken, das in der Praxis auch in den allermeisten Fällen funktioniert: Wenn man einem Influencer Geld zahlt oder ihn einlädt, erwartet man eine positive Darstellung der Marke. Dass es auch anders laufen kann, zeigt ein Beispiel des bekannten YouTubers flyinguwe. Er wurde zur Vorstellung eines neuen Computerspiels eingeladen, durfte jedoch vor Ort nicht filmen. In seinen Augen war die Einladung damit wertlos, was er in einem Video ausführlich kommentierte und auf seinem YouTube-Kanal veröffentlichte.[2] Die ehrliche Kritik des YouTubers war so vom Unternehmen sicherlich nicht erwünscht.

In der Zusammenarbeit mit Influencern darf also nicht vergessen werden: Wer Influencer-Marketing nicht beherrscht und sich mit den Influencern nicht auseinandersetzt, muss damit rechnen, dass er sich der Kritik des Influencers stellen muss.[3]

Hingegen müssen sich Unternehmen genereller Kritik durch Influencer auch stellen, wenn sie kein Influencer-Marketing betreiben. Man kann nicht vermeiden, dass über die Marke gesprochen wird – positiv wie negativ. So können Influencer-Kooperationen die Kommunikation in den sozialen Netzwerken lenken, wie in Abschnitt 1.4.9, »Influencer als Fürsprecher stärken die Marken-Community«, beschrieben.

1.5.3 Missverständnisse in der Kommunikation

Immer wieder kommt es vor, dass eine Zusammenarbeit mit Influencern nicht so ausgeht, wie sich ein Unternehmen das eigentlich erhofft hat. Schuld daran sind zumeist Missverständnisse in der Kommunikation. Wichtig ist es deshalb, den Influencer ausreichend zu briefen und ihm vorab zu sagen, wie genau der Rahmen aussehen soll. Dabei kann auch deutlich werden, ob die Kooperation überhaupt sinnvoll ist. Das ist sie nämlich nicht, wenn die von der Marke nicht diskutablen Aspekte nicht zur Einstellung des Influencers passen.

Ebenso wichtig können Freigabe- und Kontrollmechanismen sein. An dieser Stelle sei erwähnt: Einem Influencer ein genaues Drehbuch vorzulegen, ist alles andere als empfehlenswert, alleine schon deshalb, weil dieses niemals die von den Followern gewohnte Sprache des Influencers treffen wird! Sinnvoll hingegen ist es auch

2 Siehe Video unter: *https://www.youtube.com/watch?v=h_8v-Ek09ZY*

3 Dass es auch andersherum gehen kann, zeigt ein Beispiel aus Dublin: Die YouTuberin Elle Darby hatte bei einem Hotel schriftlich angefragt, ob es an einer Kooperation interessiert sei – allerdings ohne die übliche Social-Media-Kommunikation des Hotels vorher ausreichend zu prüfen. Die Absage hatte es in sich und entwickelte sich zu einem Internet-Phänomen. Die ganze Story können Sie unter anderem unter *https://www.stern.de/neon/feierabend/reise/influencerin-wird-von-hotelier-aus-dublin-blossgestellt-7828690.html* nachlesen.

für den Influencer, wenn Sie als Unternehmen nach Fertigstellung der Inhalte nochmal schauen, ob die im Briefing genannten Punkte richtig verstanden wurden.

1.5.4 Fake-Influencer

Wer sich mit Influencer-Marketing beschäftigt, wird sehr schnell auch mit dem Thema Fake-Influencer in Kontakt kommen. Fake-Influencer sind Accounts, die nicht organisch gewachsen sind, sondern für die Follower und Likes auf fragwürdige Weise gekauft wurden. Dahinter stehen sogenannte Bots: Dabei handelt es sich um Programme, die automatisiert Accounts in sozialen Netzwerken anlegen und auf Kommando anderen Accounts folgen oder bestimmte Beiträge liken.

Was sich nach viel Aufwand anhört, ist in der Praxis ein sehr einfacher Vorgang. Nach einem ausführlichen Bericht des WDR (siehe Abbildung 1.8) ist es mit recht geringem finanziellen Einsatz schon möglich, eine respektable Gefolgschaft aufzubauen. In Russland soll es sogar öffentlich zugängliche Automaten geben, an denen man sich Likes und Follower gegen Bezahlung leisten kann.

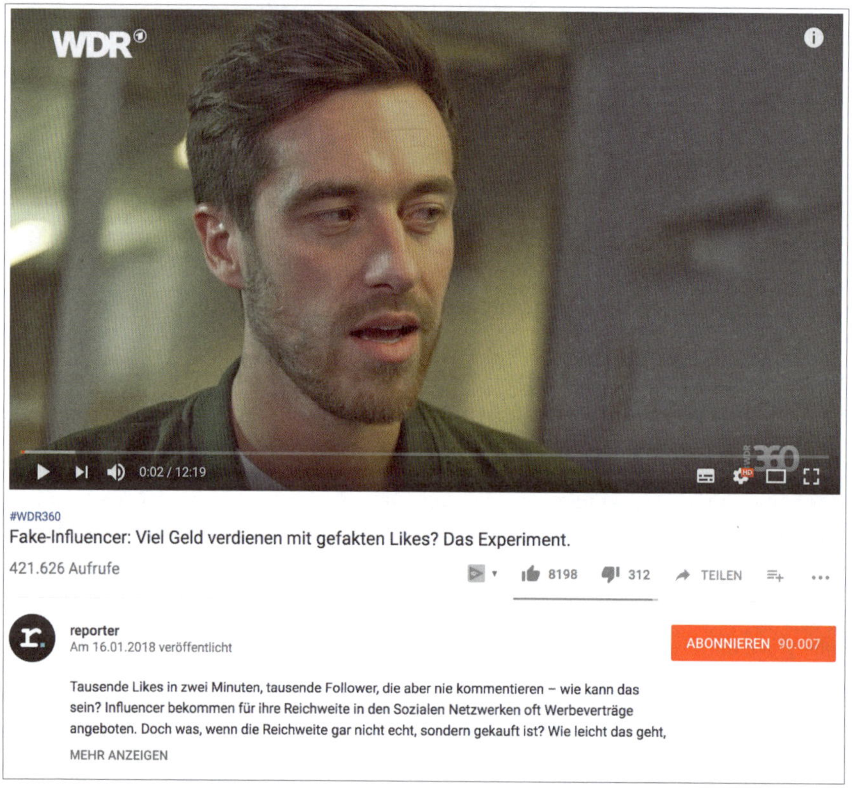

Abbildung 1.8 Der WDR hat ein Experiment gestartet und berichtet darüber, wie leicht man als Fake-Influencer Geld verdienen kann (https://www.youtube.com/watch?v=PocmxRF5D1U).

In der Branche wird auch immer wieder vermutet, dass es durchaus größere Accounts gibt, die sich Likes und Kommentare zukaufen oder zumindest davon betroffen sind, dass Fake-Accounts ihre Beiträge liken und kommentieren. Das ist für die Account-Betreiber auch oft nötig, um nicht ganz so leicht von den Algorithmen der Plattformen enttarnt zu werden. Die verschiedenen Social-Media-Plattformen verbessern ihre Algorithmen zur Erkennung allerdings stetig, und so kommt es von Zeit zu Zeit vor, dass auch große Accounts etliche Follower auf einen Schlag verlieren, weil Fake-Accounts gelöscht wurden.

Tatsächlich ist es jedoch so, dass Fake-Influencer zum einen relativ leicht zu erkennen sind (siehe dazu Abschnitt 4.4, »Fake-Influencer erkennen und meiden«) und zum anderen (von Fake-Likes abgesehen) höchstens in der Arbeit mit Micro-Influencern eine relevante Rolle spielen. Sehr große Accounts können sich als Fake-Influencer kaum »erfolgreich« etablieren. Wer Influencer-Marketing als echtes Beziehungsmanagement betrachtet, wird Fake-Influencern schon aufgrund des persönlichen Kontakts kaum begegnen. Und last but not least: Spätestens eine gute Auswertung fördert schließlich zutage, ob eine eingegangene Kooperation den erwünschten Mehrwert für die Marke erzielt hat.

2 Influencer in einer Welt abseits von Radio, TV und Zeitungen

Tageszeitungen waren früher wie eine Lizenz zum Gelddrucken. Und wer Moderator beim Radio war, avancierte zum »Radio Star«. Doch die Bedeutung dieser Medien hat sich massiv gewandelt – mit umwälzenden Folgen für die Werbeindustrie.

Es ist 19:59 Uhr. Jan Hofer steht bereits an seinem Moderatorentisch bereit, während sich über ihm unzählige Scheinwerfer befinden, die jeden Winkel des über 23 Millionen Euro teuren Hamburger Fernsehstudios perfekt ausleuchten. Sein Blick schweift in Richtung der riesigen Fernsehkamera, vor der ihm ein Teleprompter bereits den Begrüßungstext für die 20-Uhr-Ausgabe der Tagesschau anzeigt. In wenigen Sekunden geht es in der ARD los, und Hofer wird die von seinem Team erarbeiteten Inhalte in gewohnt professioneller Art und Weise präsentieren. Rund fünf Millionen Zuschauer werden parallel dazu vor ihren Fernsehern im Wohnzimmer sitzen und seinen Ausführungen folgen.

400 Kilometer weiter südwestlich sitzt unterdessen die YouTuberin Bianca Heinicke auf dem Fußboden ihrer Kölner Wohnung. Hinter ihr befindet sich ein weißes Ikea-Regal, das mit allerlei Gegenständen gefüllt ist. Auch »Bibi«, wie sie von ihren Zuschauern genannt wird, blickt in eine Kamera. Anders als bei Jan Hofer ist diese Kamera allerdings wesentlich erschwinglicher und kann problemlos über Nacht per Amazon-Bestellung geordert werden. Bibi hat keinen Teleprompter, und die beiden Scheinwerfer, die ihr Wohnzimmer strahlend weiß erhellen, sind kein Vergleich zu Hofers Studiobeleuchtung. Und dennoch kann es Bibi problemlos mit der Tagesschau aufnehmen: Ihr gerade aufgezeichnetes Video wird in wenigen Stunden online gehen und dann in kürzester Zeit von ihren über fünf Millionen YouTube-Abonnenten gesehen werden.

Parallel dazu sitzen Tausende Menschen abends am Küchentisch und überlegen, was sie zum Essen kochen könnten. Anregungen suchen sie immer seltener in Kochbüchern und tatsächlich auch nicht mehr zwangsläufig mit einer Google-Suche, sondern vielmehr zum Beispiel in Kochvideos auf YouTube oder in Bildern auf Instagram. Sie suchen aber nicht nur beim Kochen, sondern in allen möglichen Lebenslagen zu den unterschiedlichsten Fragestellungen nach visuellen und unterhaltenden Inhalten, die sie möglichst angenehm konsumieren können: Wie repariert man einen Wasserhahn, wie lässt sich das Auto-Navi bedienen, oder wie heißt die Mutter von Niki Lauda[1]? Nicht umsonst wird die YouTube-Suche als zweitgrößte Suchmaschine nach Google gehandelt. In anderen Netzwerken gibt es ähnliche Suchfunktionen – bei Instagram zum Beispiel suchen Nutzer über Hashtags nach Inhalten. Wer über diese Suchfunktionen auf Inhalte einer Persönlichkeit trifft, die ihn besonders interessiert, folgt den entsprechenden Accounts sehr häufig für eine längere Zeit.

Dass soziale Netzwerke und Videoplattformen im Internet immer mehr Aufmerksamkeit erhalten, spüren klassische Medien wie das Fernsehen immer stärker. Wie in Abbildung 2.1 zu sehen, sinkt der tägliche TV-Konsum insbesondere in den jungen Zielgruppen von Jahr zu Jahr.

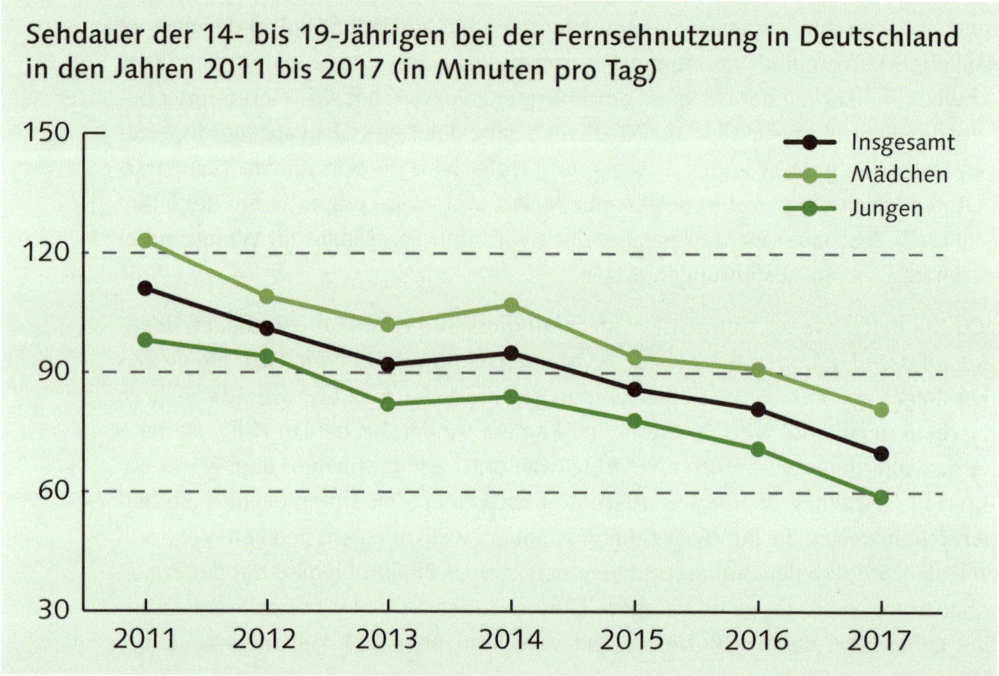

Abbildung 2.1 Klassische Medien wie das Fernsehen werden insbesondere von jungen Zielgruppen immer weniger genutzt.[2]

1 Eine der Top-Suchen bei YouTube, die allerdings auf einen Ballermann-Songtitel zurückzuführen ist, der auch im Netz große Popularität genießt. Netzkultur! ;-)

2 Quelle: *https://de.statista.com/statistik/daten/studie/418959/umfrage/sehdauer-bei-der-fernsehnutzung-von-jugendlichen-in-deutschland*

Andere Medien wie Radio und gedruckte Zeitungen haben mit ähnlichen Rückgängen zu kämpfen. Damit einhergehend nimmt auch die Werbeattraktivität dieser Medien immer weiter ab. Ihre im Vergleich hohen TKP-Preise sind für viele Werbekunden nicht mehr zu rechtfertigen.

Tausender-Kontakt-Preis (TKP)

Der Tausender-Kontakt-Preis (kurz TKP) ist eine Kennzahl im Marketing. Er beschreibt, wie hoch die eingesetzten Kosten sind, um über ein spezifisches Medium 1.000 Menschen mit einer Werbebotschaft zu erreichen.

Es sollte auch klar sein, dass Influencer nicht ohne Grund bei vielen Chefredakteuren und Verlagschefs eine besonders große Unbeliebtheit genießen. Wer sich täglich damit auseinandersetzen muss, ob sein Produkt aufgrund der immer weiter schwindenden Abverkäufe überhaupt noch wirtschaftlich produziert werden kann, und gleichzeitig sieht, wie andere aus ihrem Kinderzimmer heraus ein Millionenpublikum erreichen und wie sich Marken mit ihren Werbebudgets auf diese alles teilenden Personen stürzen, der will sein eigenes Medium gerne verteidigen.

2.1 Wie sich die Markenkommunikation verändert hat

In der Vergangenheit war die Kommunikation zwischen Unternehmen und Kunden auf wenige klassische Kommunikationskanäle wie Fernseh- und Printwerbung beschränkt, die alle eines gemeinsam hatten: Das Unternehmen erzählt, die Kunden hören zu. Diese *One-to-many-Kommunikation* ist mit dem Internet und den zahlreichen Social-Media-Kanälen obsolet geworden. Der Kunde ist heute besser informiert denn je, und nur er entscheidet darüber, welche Bedeutung einer Marke zusteht.

Philip Kotler, eine der bedeutendsten Persönlichkeiten auf dem Gebiet des Marketings, setzt diese Entwicklung in einen Zusammenhang. In seinem Buch »Marketing 4.0: Moving from Traditional to Digital« beschreibt er vier Stufen des Marketings, die sich bis heute entwickelt haben. Er nennt diese Marketing 1.0, 2.0, 3.0 und 4.0, wobei er im heutigen Kontext dem Marketing 4.0 die größten Chancen einräumt. Die Entwicklungsstufen sind gekennzeichnet durch einen Paradigmenwechsel vom produktorientierten über verbraucherorientiertes und werteorientiertes Marketing bis hin zur Kollaboration im Marketing 4.0. Doch was hat das für Konsequenzen?

Nach Kotler liegt im Marketing 1.0 das Hauptaugenmerk auf dem Produkt. Historisch verankert ist diese Form des Marketings in der industriellen Revolution. Durch standardisierte Produktionsabläufe war es erstmals möglich, die große Nachfrage nach Gütern zu befriedigen. Das hatte allerdings auch zur Folge, dass es zumeist nur eine Produktvariante gab. Die Marketingkommunikation konzentrierte sich deshalb auf die funktionalen Produkteigenschaften: Ein Teekessel ist ein Teekessel, und jeder sollte einen zu Hause haben. Die standardisierten Produkte in großen Mengen an den Mann/die Frau zu bringen, hatte für Unternehmen oberste Priorität, um bei günstigen Preisen profitabel zu bleiben. Entsprechend findet im Marketing 1.0 eine Massenabfertigung der Kunden statt, und individuelle Wünsche werden nicht realisiert, weil sie technisch und ökonomisch nicht umsetzbar sind.

Dank der Informationstechnologie sind Verbraucher heutzutage bestens informiert über Produkte und Angebote. Es gilt nicht mehr, ein einziges Produkt abzusetzen, das eine bestimmte Funktion erfüllt, sondern vielmehr, den Kunden zufriedenzustellen und langfristig an das Unternehmen und die Marke zu binden. Entsprechend zielt Marketing 2.0 darauf ab, komplexe Marken zu bilden und die Marketingkommunikation emotional aufzuladen. Um das zu erreichen, müssen sich Unternehmen auf Teilmärkte konzentrieren und spezielle Lösungen für unterschiedliche Kundengruppen bereithalten. Eine individuelle Betreuung des Kunden ist unabdingbar. Die von Autoherstellern angebotenen Produktoptionen sind nur ein Beispiel dafür.

Die riesige Menge an verfügbarem Wissen, die das Informationszeitalter mit sich bringt, führt allerdings auch dazu, dass Menschen zunehmend verunsichert sind. Sie machen sich Sorgen um Produktionsbedingungen, Umweltverschmutzung, globale Erwärmung und andere für große Teile der Menschheit und ihre Zukunft relevante Themen. Marketing 3.0 fordert deshalb Unternehmen, die folgende Frage beantworten zu können: Wie verbessert das Unternehmen die Welt? Mission und Vision sowie die vom Unternehmen gelebten Werte sind das Aushängeschild in der Kommunikation mit dem Kunden. Begriffe wie *Corporate Social Responsibility* (CSR) werden in diesem Kontext zunehmend wichtiger, und Unternehmen müssen tagtäglich an ihrer Transparenz arbeiten, um die eigene Existenz zu legitimieren. Marketing 3.0 ist zudem nicht nur *für* den Kunden, sondern *mit* ihm – der Konsument ist nicht mehr länger nur Empfänger einer Werbebotschaft, er partizipiert selbst an der Kommunikation über soziale Netzwerke, was dann auch den Übergang zum Marketing 4.0 kennzeichnet.

Social Media ist heutzutage das wohl bedeutendste Kommunikationsmittel im Alltag fast aller Altersgruppen. Egal ob dabei die Rede von Facebook, Twitter, Instagram und YouTube oder von Instant-Messaging-Diensten wie WhatsApp die Rede ist: Sie alle geben dem Konsumenten die Möglichkeit, schnell und unkompliziert mit anderen Menschen in Verbindung zu treten und sich auszutauschen. Hinzu kommt die Möglichkeit, jederzeit und überall Informationen recherchieren zu können, was die Sichtweise des Konsumenten nachhaltig verändert. Unternehmen können heute immer schwieriger vorgeben, gut und nachhaltig zu agieren, wenn sie sich de facto gar nicht daran halten.

Soziale Medien als Instrument im Online-Marketing ermöglichen Unternehmen, ihre Aktivitäten besonders wirkungsvoll herauszustellen und für Transparenz zu sorgen. Wenn Unternehmen nicht in den sozialen Netzwerken aktiv sind, bedeutet dies nicht, dass dort keine Inhalte zu deren Marken und Produkten zu finden sind. Mit einem eigenen YouTube-Kanal, einer eigenen Facebook-Seite oder einem Instagram-Account beteiligen sich die Unternehmen allerdings an der ohnehin stattfindenden Öffentlichkeit und können die Sicht auf das eigene Unternehmen mitbestimmen. Im Sinne der *Many-to-many-Kommunikation* wird das Unternehmen zum Kommunikationsteilnehmer und behält im Idealfall die Deutungshoheit.

Im Rahmen dieser Many-to-many-Kommunikation über soziale Netzwerke gibt es immer wieder Teilnehmer, die eine besonders große Reichweite haben. Sie haben größeren Einfluss auf die Kommunikation mit und über ein Unternehmen – Sie werden es sich bereits denken können: Es handelt sich dabei um Influencer. Ein Influencer, der sich positiv über ein Produkt oder eine Dienstleistung äußert, fördert nicht nur den Absatz eines Unternehmens, sondern lässt eine Marke auch in einem besseren Licht dastehen. Kleine und bisher eher unbekannte Marken profitieren von positiven Erwähnungen ganz besonders, indem neue potenzielle Interessenten überhaupt erst auf die Marke aufmerksam werden (Brand Awareness).

Andererseits werden neben diesen positiven Empfehlungen auch immer negative Kommentare in den sozialen Netzwerken auffindbar sein. Sie sind in einer Kommunikation generell existent, können in den sozialen Netzwerken aber überproportionales Gewicht erhalten. Wie bereits in Abschnitt 1.4.2, »Influencer haben enormen Einfluss auf Kaufentscheidungen«, erwähnt, haben sich in der Zielgruppe der 14- bis 19-Jährigen laut einer Studie 50 Prozent für Produkte entschieden, weil sie von einem Influencer empfohlen wurden. Einzelne Kunden, die in den sozialen Netzwerken als Kommunikationsteilnehmer auftreten, haben damit unter Umständen heute einen immensen Einfluss auf die Kaufentscheidung. Umso interessanter ist es, mit Influencern zusammenzuarbeiten, die sich mit der eigenen Marke identifizieren können. Diese Zusammenarbeit stärkt das positive Image einer Marke in den sozialen Netzwerken.

2.2 Das starke Band zwischen Influencern und ihren Followern

Influencern wird nachgesagt, dass sie eine starke persönliche Beziehung zu ihren Followern und Abonnenten pflegen. Wie bereits erwähnt, ist diese Beziehung zumeist sehr einseitig, da ein Influencer ab einer gewissen Reichweite niemals all seine Follower persönlich kennen kann. Denn häufig vergisst man: Selbst durchschnittliche 100.000 Follower sind bereits genauso viele Menschen wie in Cottbus als Einwohner gemeldet sind – von Kleinkindern bis hin zu Senioren. Wollte man sich für jeden dieser 100.000 Menschen auch nur eine Minute Zeit nehmen, wäre man bei einem Acht-Stunden-Tag über 208 Tage beschäftigt.

Und trotzdem stimmt es, dass Influencer eine recht persönliche Beziehung zu ihren Followern pflegen. Denn auch wenn dieses als parasoziale Beziehung bezeichnete Verhältnis überwiegend einseitig ist, teilen Influencer sehr viele auch persönliche Informationen mit ihren Followern. Sie stehen dadurch in einem sehr persönlichen Kontext: Wem erzählt man schon persönliche Dinge? Doch nur Freunden, oder?

Darüber hinaus haben bekannte Persönlichkeiten in klassischen Medien kaum eine Möglichkeit, mit Zeitungslesern, Radiohörern oder ähnlichen »Followern« in Kontakt zu treten. In sozialen Medien dagegen können sie mit zumindest einer Auswahl der Follower interagieren: Antworten auf Kommentare und Nachrichten sind nur eine der vielen Möglichkeiten.

2.2.1 Influencer: Ein guter Begriff?

Es gibt wohl keinen Begriff, der im Marketing heißer diskutiert wird als der Begriff »Influencer«. Influencer-Marketing ist einigen Agenturen nicht ganz koscher, und es soll Agenturchefs geben, die ihren Mitarbeitern verbieten, das Wort »Influencer-Marketing« überhaupt in den Mund zu nehmen. Es stellt sich natürlich die Frage, warum das so ist.

Dazu muss man verstehen, was sich hinter dem Begriff überhaupt verbirgt: Das Wort »Influencer« als Lehnwort von dem englischen Wort »to influence« (übersetzt »beeinflussen«) beschreibt eine Person, die im Internet eine große Meinungsvorherrschaft besitzt. Egal, ob in sozialen Netzwerken wie Instagram, auf der Videoplattform YouTube oder in Blogs, Podcasts oder anderen Internetmedien: Diese Einzelpersonen haben regelmäßig Kontakt zu sehr vielen anderen Menschen, die sie in aller Regel gar nicht alle persönlich kennen. Die Anzahl ihrer Kontakte findet beispielsweise in einer großen Anzahl Abonnenten auf YouTube, zahlreichen Fans auf Facebook oder mehreren tausend Followern auf Instagram Ausdruck. Influencer haben bei ihrer Community im Netz ein hohes Ansehen, sodass sie mit einer Veröffentlichung nicht nur ihre Inhalte platzieren, sondern eben auch Einfluss auf eben diese Menschen ausüben können – und das, wie so oft bereits betont, auch bei Kaufentscheidungen.

Als Konsument möchte man ungern in seiner Kaufentscheidung beeinflusst werden – zumindest nicht bewusst. In der Praxis sieht das natürlich ganz anders aus: Wir suchen aktiv nach Testberichten und neigen eher zum Kauf eines Produktes, wenn eine uns vertraute Person das Produkt ebenfalls nutzt und positiv bewertet. Auf dieser Tatsache baut nicht zuletzt auch das überaus erfolgreiche Kommentar- und

Bewertungssystem von Amazon auf. Sprechen wir allerdings vom Influencer, der ein Produkt nur in die Kamera hält und lobend in den Himmel hebt, weil er dafür Geld bekommen hat, so durchschaut der Konsument dieses Verhalten recht schnell.

Und genau da liegt das Problem: Zu oft wird Influencer-Marketing völlig falsch verstanden und als kurzfristige Methode zur Reichweitengenerierung genutzt. Da wird mal eben eine Reihe Influencer gebucht, die aber keinerlei Bezug zur Marke haben, nur um ein Produkt bei möglichst vielen Menschen scheinbar glaubhaft zu platzieren. Dieses Vorgehen ist insbesondere auf Instagram zu beobachten. In diesem Fall ist das Wort Influencer sicherlich falsch gewählt: Hier wird kaum jemand aufgrund eines Vertrauensverhältnisses positiv für eine Marke oder ein Produkt beeinflusst.

Influencer-Marketing ist eben kein reines KPI-getriebenes Marketing, bei dem man sich eine exakt definierte Reichweite erkaufen kann. Influencer-Marketing enthält eine große Portion Beziehungsmanagement und kann nur dann erfolgreich sein, wenn Marke und Influencer zu 100 Prozent zusammenpassen. Ein als Umweltschützer bekannter Influencer, der plötzlich Verbrennungsmotoren anpreist, macht sich bei seiner Zielgruppe unglaubwürdig, da sich ein überwiegender Teil mit dieser Meinung nicht identifizieren kann. Hat er dafür auch noch Geld erhalten, ist seine Glaubwürdigkeit dahin. Und auch die Glaubwürdigkeit des kooperierenden Unternehmens leidet ungemein.

Ist »Influencer« nun ein geeignetes Wort? Auf jeden Fall! Allerdings nur dann, wenn man einen Sammelbegriff benötigt, um die Zusammenarbeit mit Menschen zu beschreiben, die im Internet tatsächlich einen glaubwürdigen Einfluss auf andere Menschen haben. Das zeigt sich auch an einem anderen Umstand: Die allerwenigsten seriösen »Influencer« werden sich selbst als Influencer bezeichnen. Sie nennen sich YouTuber, Instagrammer oder Blogger. Sie suchen sich also Tätigkeitsbezeichnungen aus, die zu dem Medium passen, das sie in erster Linie bespielen. Ein Influencer, der sich selbst gegenüber seinen Followern (!) als ein solcher bezeichnet (beispielsweise in der Instagram-Profilbeschreibung), hat in aller Regel mit einem Glaubwürdigkeitsproblem zu kämpfen.

2.2.2 Authentizität als Schlüsselindikator

Klassische Werbung hat sehr oft ein Authentizitätsproblem: Das Gezeigte entspricht in aller Regel nicht der Realität. Da lachen fröhliche Kinder für ein Waschpulver in die Kamera und sagen ihren auswendig gelernten Spruch auf. Oder ein neues Auto fährt durch eine menschenleere Stadt. In welcher Realität entstehen solche Bilder? Das soll natürlich nicht bedeuten, dass mit solchen Bildern keine guten Geschichten erzählt werden! Sie sind nur in der Realität sehr schwer zu finden und stehen deshalb abstrahiert weit über der Realität.

Influencer – so sagt man – sind deshalb so erfolgreich, weil sie authentisch sind. Aber was bedeutet es eigentlich, authentisch zu sein? Betrachtet man die Wortherkunft, ist diese Frage schnell beantwortet: »Authentikos« bedeutet »echt«. Authentisch ist also, wer sich nicht verstellt und sich so gibt, wie er eben ist. Das spiegelt sich in sozialen Netzwerken an allen Ecken wider: Es passieren Missgeschicke, die im YouTube-Video zu sehen sind, in der Instagram-Story liegt die Unterwäsche im Hintergrund, und im Livestream wird der bellende Hund beruhigt, bevor weiter geplaudert geht. Sehr oft sind es einfache Mittel, die eine großartige Geschichte erzählen – und bei sehr vielen Influencern drehen sich diese Geschichten um das eigene Leben. Es ist also im ersten Schritt recht einfach, authentisch zu sein, indem man als Influencer schlichtweg sein Leben zeigt und dabei von seinen persönlichen Vorlieben und Einstellungen erzählt.

Kooperiert ein Unternehmen also nun mit einem Influencer, muss es auf Authentizität achten, um die Identität des Influencers nicht zu beschädigen. Follower und Abonnenten kennen ihn schon recht lange und haben deshalb ein gutes Bild von ihm. Sie wissen, warum er etwas macht oder bestimmte Dinge lieber lässt. Und sie identifizieren sich damit! Jede größere Änderung bedeutet für den Influencer als Marke einen neuen Kurs, den er seinen Followern und Abonnenten »schmackhaft« machen muss. »Ist mein Handeln gegenüber meiner Community noch glaubhaft?« Diese Frage muss er sich dabei stellen.

Es ergeben sich deshalb aus Unternehmenssicht Fragen wie: Hat der Influencer mit seinen Accounts wirklich einen Bezug zu der eigenen Marke, oder kann ein Bezug einfach hergestellt werden? Würde er unsere Marke aus persönlichem Antrieb auch nutzen, wenn er kein Geld dafür bekäme? Erlauben wir ihm, dass er seine Meinung sagen darf? Sollten Sie sich bei der Durchsicht der Social-Media-Kanäle denken »So sollte er besser nicht sein, wenn wir mit ihm zusammenarbeiten …« oder »Hoffentlich sagt er das bei unserer Zusammenarbeit nicht so …«, dann sind Sie auf dem besten Weg, die Authentizität zu untergraben. Nehmen Sie Abstand von einer Zusammenarbeit mit Influencern, bei denen Sie solche Gedanken haben. Schlimmstenfalls entstehen ansonsten Widersprüche, die sowohl dem Influencer als auch Ihrer Marke schaden.

Ein Veganer, der sich plötzlich für Echtleder-Schuhe interessiert, weil er von einem entsprechenden Unternehmen dafür bezahlt wird, zerstört sein Image, und seine Community wird ihm dieses Verhalten niemals als authentisch abnehmen. Die Marke steht gleichermaßen im Kreuzfeuer: Mit aller Gewalt Reichweite kaufen, Hauptsache, es sehen genügend Menschen? So etwas ist nicht glaubwürdig und riecht für den Zuschauer nach schierer Gier.

Wer eine authentische Kooperation mit einem Influencer realisiert, hat die Chance, seine Marke und sein Unternehmen nahbar zu machen. Denn genau das ist das ewige Problem von Unternehmensmarken: Sie sind unnahbare Konstrukte, die ohne Leben für den Konsumenten absolut nichtssagend sind. Deshalb kann der Kunde bei vielen Unternehmen auch nicht so einfach sagen, ob sie authentisch handeln. Influencer jedoch schaffen einen Rahmen, in dem die Follower das Gefühl haben, dazuzugehören und dabei zu sein.

Ein gutes Beispiel für eine gelungene Kooperation zwischen Influencer und Marke liefern Porsche und der YouTuber Jean Pierre Kraemer (siehe Abbildung 2.2). Kraemer alias »JP« kann als begeisterter Autonarr bezeichnet werden, der nicht nur auf YouTube mit weit über einer Million Abonnenten und damit auch einem der größten Autokanäle sehr erfolgreich ist. Darüber hinaus betreibt er unter anderem eine große Tuningwerkstatt und einen Burger-Laden. »JP« lebt das Thema Auto und hat sich nicht auf eine bestimmte Marke festgelegt. Trotzdem spielt die Marke Porsche immer wieder eine große Rolle in seinen Videos. In der Kooperation mit Porsche stellte das Unternehmen über mehrere Wochen verschiedene Fahrzeuge zur Verfügung, die der YouTuber dann in seinen Videos ausführlich fahren durfte.

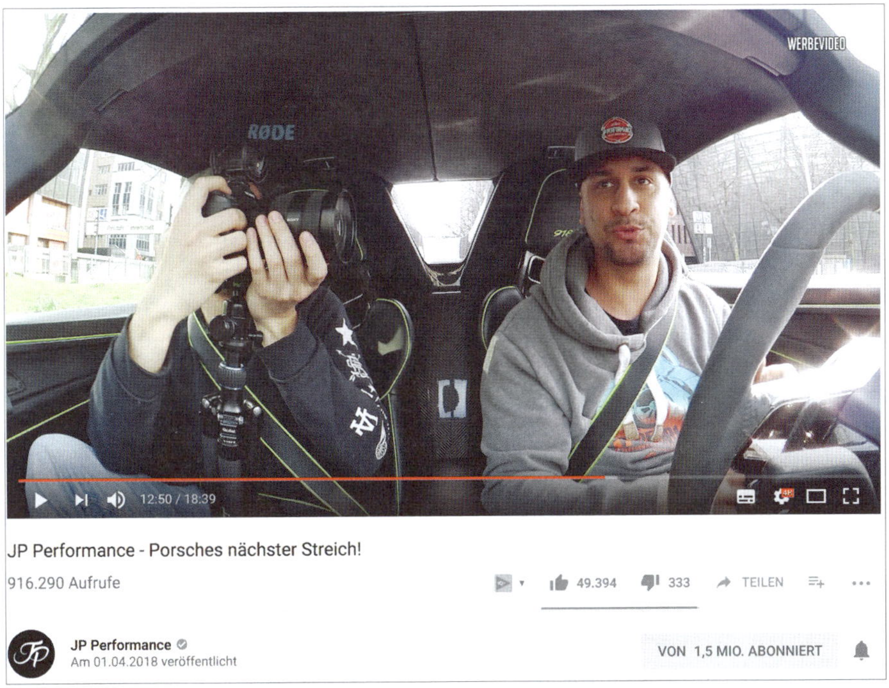

Abbildung 2.2 Der YouTuber Jean Pierre Krämer in einer Kooperation mit Porsche (https://youtu.be/T4Aq2srpcpk)

Alle Videos sind hochauthentisch für Marke und Influencer. Emotionen wirken zu keiner Zeit gestellt und sind »aus dem Alltag« heraus gefilmt. Die Fahrzeugübergaben mit einem Mitarbeiter von Porsche machen das Unternehmen erlebbar. Es ist davon auszugehen, dass Porsche tatsächlich nur das Fahrzeug gestellt hat und der YouTuber damit weitestgehend machen durfte, was er wollte.

Dass die Videos authentisch sind, lässt sich auch in den Kommentaren ablesen (siehe Abbildung 2.3) und dem Verhältnis von Likes zu Dislikes: Rund 50.000 positive Bewertungen sind im Verhältnis zu rund 300 negativen Bewertungen ausgezeichnet für eine Markenkooperation.

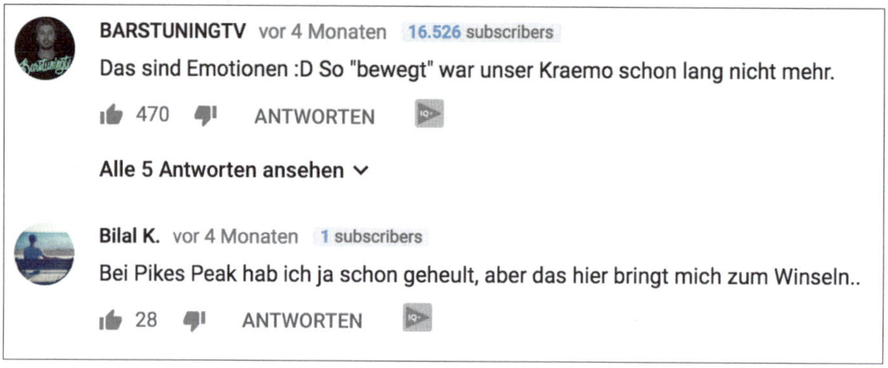

Abbildung 2.3 Die Kommentare unter dem Kooperationsvideo von Jean Pierre Krämer und Porsche fallen überaus positiv aus.

2.3 Soziale Netzwerke und Vermarkter lieben Influencer

Was könnte es für eine Social-Media-Plattform Besseres geben als Menschen, die täglich sehr viel Zeit auf der Plattform verbringen? Denn eine hohe Verweildauer der Nutzer ist essenziell für den Plattformerfolg: Je länger ein Nutzer auf einer Plattform verweilt, umso mehr Zeit hat die Plattform, ihm Werbung zu präsentieren. Und Werbung ist für soziale Netzwerke das A und O ihres Geschäftsmodells. Mehr Werbung bedeutet auch automatisch mehr Umsatz für ein soziales Netzwerk. Da verwundert es nicht, dass soziale Netzwerke ein großes Interesse daran haben, Content Creators zu fördern, die es verstehen, viele Menschen auf der Plattform zu halten.

YouTube hat hierfür als eine der ersten Plattformen eine richtige Strategie etabliert: Ab 2007 begann YouTube mit der jährlichen Nominierung der besten YouTube-Videos und startete um den Jahresanfang 2012 mit 100 sogenannten Original-Channels. Damit begann die finanzielle Beteiligung erfolgreicher Kanäle an den Werbeeinnahmen, und die geförderten Kanäle konnten sich voll und ganz auf die

Produktion der Inhalte konzentrieren. Diese Funktion wurde später ausgeweitet, sodass nun jeder Kanalbetreiber mit seinen Videos Geld verdienen konnte. Dieses Geschäftsmodell ist nach wie vor einzigartig und fördert insbesondere auch die professionelle Erstellung von Inhalten durch Kanalbetreiber.

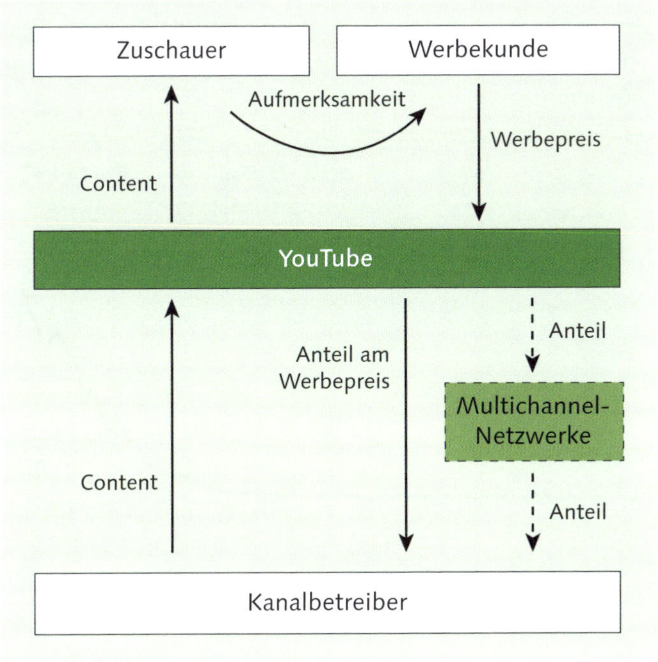

Abbildung 2.4 Das Geschäftsmodell von YouTube

Aber YouTube unternahm auch andere Anstrengungen, um die eigene Community zu stärken: YouTube-Studios, in denen Kanalbetreiber ab einer bestimmten Reichweite Videos produzieren können, und YouTube Rewind als ein jährlich erscheinendes Video mit den Highlights des YouTube-Jahres sollten hierbei nicht unerwähnt bleiben.

Die YouTube-Plattform war es auch, um die sich zum ersten Mal sogenannte Multichannel-Netzwerke (MCNs) bildeten. Sie stehen in direktem Kontakt zu YouTube und kassieren immer dann die Einnahmen eines Kanalbetreibers, wenn dieser einen Vertrag mit ihnen besitzt. Multichannel-Netzwerke kümmern sich im Gegenzug um Unterstützung bei der Produktion, bei der Verhandlung um Produktplatzierungen oder dem Aufbau einer großen Abonnentenbasis. Für ihre Leistungen behalten sie einen gewissen Prozentsatz der von YouTube ausgezahlten Gelder ein und leiten den Rest an die Kanalbetreiber weiter.

Vor gar nicht allzu langer Zeit steckte die Disziplin des Influencer-Marketings im Vergleich zu heute noch gefühlt in den Kinderschuhen. Selbst der Begriff »Influencer-Marketing« war vor vier Jahren noch kaum gebräuchlich (siehe Abbildung 2.5). Es war die Blütezeit der zuvor genannten Multichannel-Netzwerke in Deutschland, die sich aktiv darum bemühten, insbesondere alle nur möglichen YouTube-Kanal-Betreiber für sich zu gewinnen und vertraglich zu binden. Welche Themen diese Kanäle behandelten, schien dabei erstmal zweitrangig: Irgendwie würde man sie schon monetarisieren können.

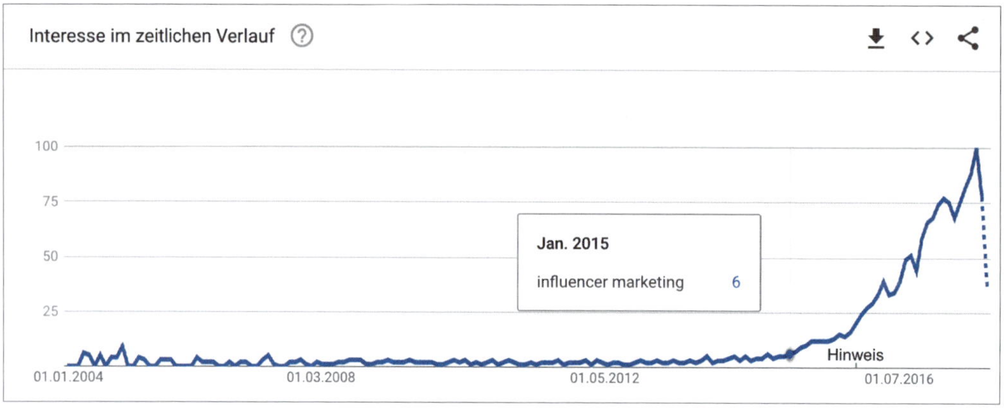

Abbildung 2.5 Weltweites Interesse an dem Begriff »Influencer-Marketing«, Quelle: Google Trends

Parallel zu der Monetarisierung etablierte man eine exzessive Crosschannel-Promotion im eigenen Netzwerk, um die Abonnentenzahlen der Kanäle nach oben zu treiben: YouTuber-WGs wurden gegründet, man ging gemeinsam auf »Gang-Tour« und versuchte, die Abonnenten für alle »befreundeten« Kanäle zu gewinnen. Und die Multichannel-Netzwerke machten durchaus einen guten Job darin!

Bis ihnen einer der damals in Deutschland bekanntesten YouTuber, Simon Unge, den Spiegel vorhielt und der Öffentlichkeit präsentierte, mit welcher Machtgier einzelne Multichannel-Netzwerke vorgingen. Mit seinem auf YouTube veröffentlichten Video brachte er nicht nur die YouTube-Szene durcheinander, sondern schaffte es sogar bis in die Tagesschau. Denn seine Anschuldigungen waren brisant: Da sollten unter anderem langfristige »Knebelverträge« geschlossen worden sein und Gelder nicht ausgezahlt werden, von denen die YouTuber ihren Lebensunterhalt bestritten. »Moment mal«, fragt sich die Gesellschaft, »sind diese YouTuber nicht alle noch sehr jung und teilweise minderjährig?« Der Skandal war geboren und der Ruf von Multichannel-Netzwerken in Deutschland beschädigt.

Unmittelbar nach seiner Videoveröffentlichung machte Unge beide YouTube-Kanäle dicht und eröffnete einen neuen Kanal. Die Folge: Hunderttausende seiner Abonnenten folgten ihm bereits in den ersten 24 Stunden auf dem neuen Kanal, der nicht unter seine vertraglichen Verpflichtungen mit dem Multichannel-Netzwerk fiel. Und auch das Netzwerk selbst war gezwungen, den Fall näher zu betrachten und einige Umstrukturierungen und personelle Änderungen vorzunehmen. Wie Sie in diesem Buch noch sehen werden, hat sich die Rolle von Multichannel-Netzwerken in Deutschland seitdem stark verändert.

Sind alle Influencer auf YouTube und Instagram geboren?

Es mag der Eindruck entstehen, dass in der Vergangenheit alle Influencer der YouTube-Plattform entsprungen sind. Dem ist nicht so. Zwar war YouTube einer der Haupttreiber für die Bildung des Influencer-Marketings, wie wir es heute kennen, doch auch Blogbetreiber spielten eine wichtige Rolle. Blogs sind auch heute noch ein wichtiges Instrument zur Meinungsbildung und viele Blogs erreichen eine sehr respektable Reichweite. Gleichwohl bezeichnet man reine Blogbetreiber seltener als Influencer und ihre Vermarktung als Blogger Relations. Diese Blogger Relations werden meist von PR-Agenturen oder Unternehmen selbst gepflegt.

Neben Plattformen und Vermarktern gab und gibt es aber auch andere, die mit Zunahme der Reichweiten plötzlich ein Interesse an der Tätigkeit der neuen Social-Media-Stars bekamen: Die Landesmedienanstalten. Denn die Landesmedienanstalten sind seit jeher in der Bundesrepublik Deutschland zuständig für die Überwachung der privaten Rundfunk- und Telemedienangebote. Was zunächst ziemlich bürokratisch klingt (und auch ist), bedeutet in der Realität: Wer sich auf YouTube, Facebook, Instagram oder sonst irgendwo im Netz betätigt und dabei eine gewisse Reichweite erlangt, muss sich an die Spielregeln des Gesetzgebers halten. Und die legen unter anderem fest, wie mit Produktplatzierungen umzugehen ist oder ab wann eine Rundfunklizenz für Livestreaming-Events benötigt wird.

2.4 Influencer und Innovationen?

Die Diffusionstheorie trifft eine Aussage darüber, wie Innovationen im zeitlichen Verlauf von Menschen genutzt werden. Sie unterscheidet dabei insgesamt fünf verschiedene Gruppen: Innovators, Early Adopters, Late Adopters, Late Majority und Laggards. Nutzer dieser Gruppen greifen zu bestimmten Zeitpunkten eine Innovation auf – und zwar in genau der beschriebenen Reihenfolge. Daraus ergibt sich die in Abbildung 2.6 oben dargestellte Glockenkurve.

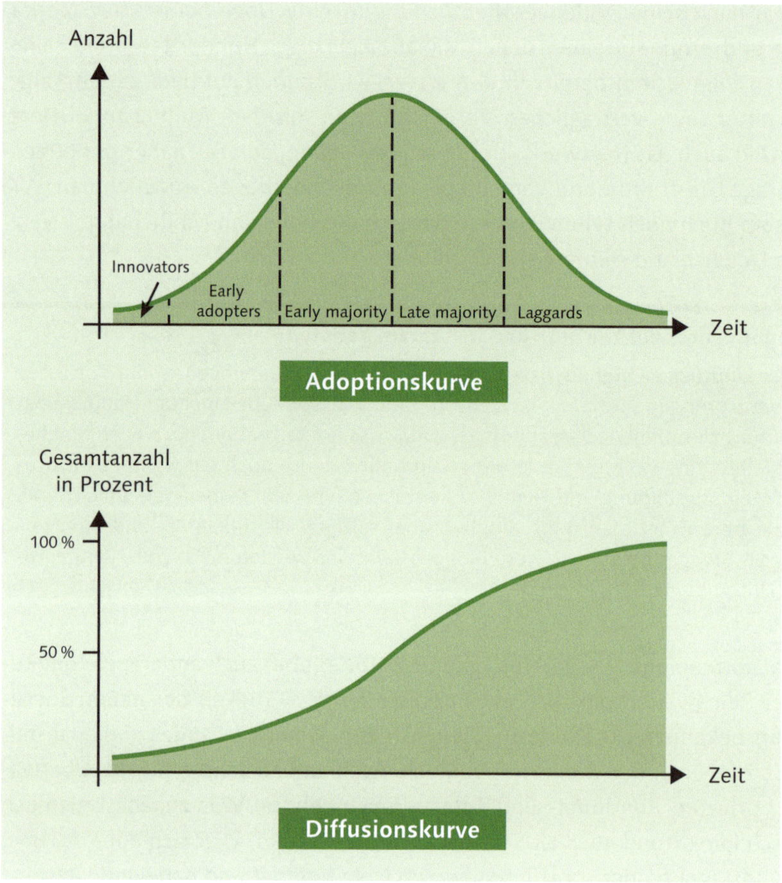

Abbildung 2.6 Influencer-Marketing kann bei allen in der Diffusionstheorie beschriebenen Phasen eingesetzt werden.

In Abbildung 2.6 ist unter der Glockenkurve auch noch eine S-Kurve zu sehen, deren Verlauf vielfach nachgewiesen werden konnte und in der die prozentuale Verteilung der gesamten Nutzer abgelesen werden kann. Das maximale Wachstum ist daran (wie auch in der Glockenkurve sichtbar) bei der Gruppe der frühen Mehrheit erkennbar.

Innovationen müssen nicht unbedingt neuartiger technischer Natur sein. Auch Marken können an sich eine Innovation sein. Influencer-Marketing lässt sich dabei zu allen Zeitpunkten auf verschiedene Arten einsetzen. Bevor Sie jedoch die nachfolgenden Abschnitte lesen, noch ein Hinweis: Die angeführten Beispiele müssen nicht zwangsläufig bezahlte Markenkooperationen sein. Es ist dennoch denkbar, dass alle Beispiele als Markenkooperationen hätten realisiert werden können.

2.4.1 Innovatoren (Innovators)

Innovatoren sind diejenigen, die als erstes eine Innovation übernehmen. Sie sind damit auch dem größten Risiko ausgesetzt: Funktioniert die Innovation, und wird sie sich weiter durchsetzen? Bezogen auf neue Marken wäre diese Frage analog: Wird aus dieser Marke etwas Größeres werden?

Viele Influencer sind Innovatoren. Sie probieren Dinge nicht zuletzt auch deshalb als Erste aus, weil sie damit zu den Ersten gehören, die Inhalte dazu erstellt haben. Das sichert ihnen, bei Interesse der nachfolgenden Gruppen als relevantes Suchergebnis angezeigt zu werden.

Influencer als Innovatoren können aber auch Produkte neu einführen. Der sehr bekannte englischsprachige YouTuber und Influencer Casey Neistat ist bekannt dafür, neue technische Produkte als einer der Ersten auszuprobieren. Eine seiner Herausforderungen in seiner Heimatstadt New York war es, möglichst effizient von A nach B zu kommen. Er testete dafür über unzählige YouTube-Videos hinweg die verschiedensten elektrischen Geräte, die ihm eine hohe Mobilität versprachen. Darunter waren auch Produkte wie Hoverboards, die nicht zuletzt durch Neistats große Reichweite wenig später auch in Deutschland erhältlich waren, da er durch seine intensiven Tests und seine Popularität als Influencer einen Trend setzen konnte.[3] Ebenso verhielt es sich mit elektrischen Skateboards.

Ein ebenfalls auf diesem Weg von ihm getestetes elektrisches Fortbewegungsmittel besteht nur aus einem einzigen Rad und soll sich beim Fahren laut Hersteller wie »Snowboardfahren zu jeder Jahreszeit« anfühlen (siehe Abbildung 2.7). Casey Neistat war einer der ersten Influencer, die sich mit diesem Produkt in den sozialen Netzwerken zeigten – nicht immer berichtete er dabei nur über positive Aspekte des Geräts. Trotzdem hat er dem »Onewheel« genannten Gefährt damit zu einer großen Reichweite verholfen.

Wenn Sie also ein Produkt haben, das noch recht neu auf dem Markt ist und zu dem eventuell sogar Vorbehalte existieren, kann das Vertrauen eines Influencers helfen, andere Gruppen von Ihrem Produkt zu überzeugen. Indem der Influencer das Produkt auf seinen Plattformen nutzt und dadurch Anwendungsszenarien aufzeigt, sinken die Vorbehalte bei anderen Nutzern und es wird leichter, sie auch zur Nutzung des Produkts zu bewegen. Äquivalent gilt das natürlich auch für neue Marken: Wer einem Influencer vertraut, der sich mit völlig neuen Marke in Verbindung bringt, ist eher bereit, die Marke in sein eigenes Relevant Set einzubeziehen.

3 Die Geräte sind übrigens bis heute in Deutschland nicht für den Straßenverkehr und die Benutzung auf öffentlichen Wegen zugelassen.

Abbildung 2.7 Casey Neistat hat auch auf Instagram das Onewheel gezeigt.

2.4.2 Frühe Übernehmer (Early Adopters)

Der Begriff »Early Adopters« hat es mittlerweile sogar in die Alltagssprache geschafft. Gemeint ist damit die nächste Gruppe derjenigen, die sich für eine Innovation entscheiden. Sie sind deshalb etwas bekannter als die Innovatoren, weil sie eine wesentlich größere Gruppe darstellen, die zudem wesentlich besser vernetzt ist. Wenn eine Gruppe besonders prädestiniert für Influencer-Marketing ist, dann sind es die Early Adopters: In dieser Phase können Influencer bereits darauf vertrauen, dass eine Innovation von einigen wenigen »Innovatoren« getestet wurde. Über Trends gut informiert sind sie nach diesen Innovatoren die nächsten, die sich für ein Produkt oder eine Marke interessieren. Und mit ihrer gewonnenen Erfahrung sind sie auch eine Gruppe, die viele weitere Menschen davon überzeugen kann, ebenfalls die entsprechenden Produkte zu nutzen.

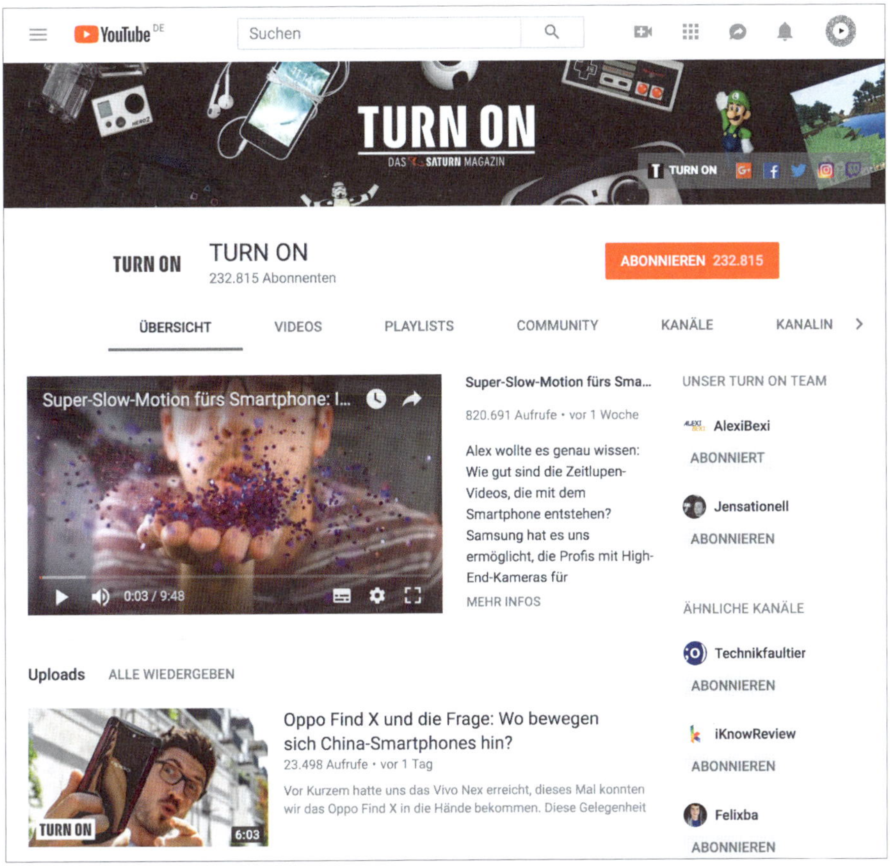

Abbildung 2.8 Der Branded Channel »TURN ON« von Saturn (https://www.youtube.com/channel/UCip1RVSGWtkukxd0Am1NiRQ)

Lassen Sie uns ein Beispiel ansehen: Der Branded YouTube-Channel »TURN ON« des Unternehmens Saturn arbeitet unter anderem mit dem YouTuber Alexibexi zusammen. Auf dem Kanal werden regelmäßig technische Produkte oder Produkt-Features vorgestellt und getestet, die meist noch nicht in der breiten Masse angekommen sind. Alexibexi als Persönlichkeit verkörpert dabei einen Early Adopter, der sich mit diesen neuen Technikthemen auseinandersetzt. Dabei werden auch kritische Diskussionen mit der Community nicht gescheut, wie beispielsweise bei dem Video »MacBook Pro 2018 im Hands-On: 8000 Euro für einen Laptop?«. Saturn hat mit diesem Kanal ein rundes Konzept geschaffen, um als Marke gemeinsam mit Influencern neue Technikthemen einer breiten Masse schmackhaft zu machen.

Warum fällt dieser Kanal nun in die Gruppe der Early Adopter und nicht die der Innovatoren? Nun, ganz einfach: Alle dort vorgestellten Produkte sind bereits über einen absolut neuen Innovationsstatus hinausgewachsen und auch deshalb überhaupt bei einem Händler wie Saturn erhältlich. Der Kanal zielt darauf ab, die Käufergruppe zu erweitern und neue Produkte in die nächste Gruppe der Early Majority und darüber hinaus zu befördern.

2.4.3 Frühe Mehrheit (Early Majority)

Die als »frühe Mehrheit« bezeichnete Gruppe stellt den nächsten Schritt in der Verbreitung einer Innovation dar. Diese Gruppe ist bereits wesentlich größer. Wer sich in dieser Gruppe befindet, ist nicht unbedingt ein Meinungsführer, sorgt aber dennoch dafür, dass ein Produkt in der Mehrheit ankommt.

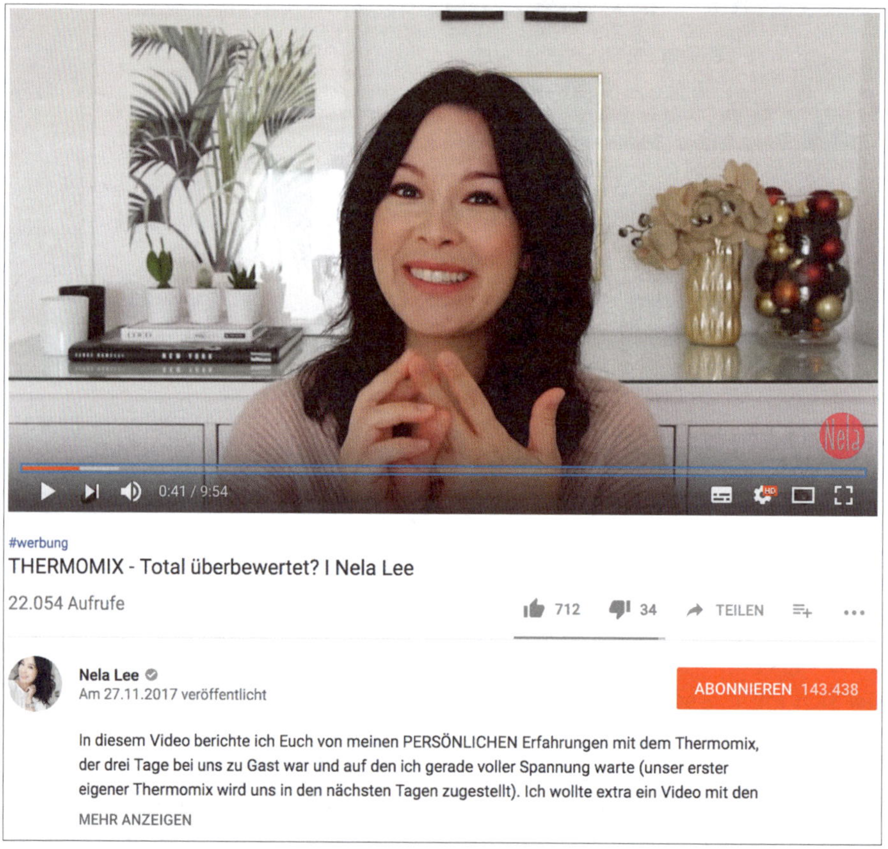

Abbildung 2.9 Die YouTuberin Nela Lee berichtet über das Produkt Thermomix von Vorwerk (https://youtu.be/J74VzDCR7ss).

Betrachtet man das Video der YouTuberin Nela Lee über das Produkt Thermomix von Vorwerk, so kann hier recht gut von einer Zielgruppe der Early Majority gesprochen werden. Das Gerät war zu diesem Zeitpunkt bereits eine recht lange Zeit auf dem Markt und wurde bei Videoveröffentlichung bereits von vielen Early Adoptern und auch einigen Mitgliedern der Early Majority genutzt. Nela hat sich davon inspirieren lassen, denn wie sie im Video sagt, haben bereits Freunde von ihr einen Thermomix in Benutzung. Ihr Video richtet sich an eventuelle Interessenten, die vor der Frage stehen, ob das Produkt auch für sie interessant sein könnte.

2.4.4 Späte Mehrheit (Late Majority)

Die Gruppe der »späten Mehrheit« ist schließlich eine gegenüber Innovationen eher weniger aufgeschlossene Gruppe. Sie nutzen Innovationen in einem relativ späten Stadium, weil der gesellschaftliche Druck zu hoch ist und sie nicht abgehängt werden möchten. Influencer-Marketing in dieser Gruppe kann zum Beispiel aus Kooperationen mit Methoden wie dem Affiliate Marketing bestehen. Wie Sie in Kapitel 3, »Arten der Zusammenarbeit mit Influencern«, noch genauer erfahren werden, stellt der Influencer seinen Followern hierbei einen individuellen Link zur Verfügung, über den sie Produkte bei einem Onlinehändler (oft vergünstigt) kaufen können. Im Gegenzug für diese Vermittlung erhält der Influencer eine Provision von dem Händler. Ein Beispiel hierfür ist in Abbildung 2.10 sichtbar, in dem der YouTuber Felixba Affiliate-Links in der Beschreibung seines Videos zur Verfügung stellt.

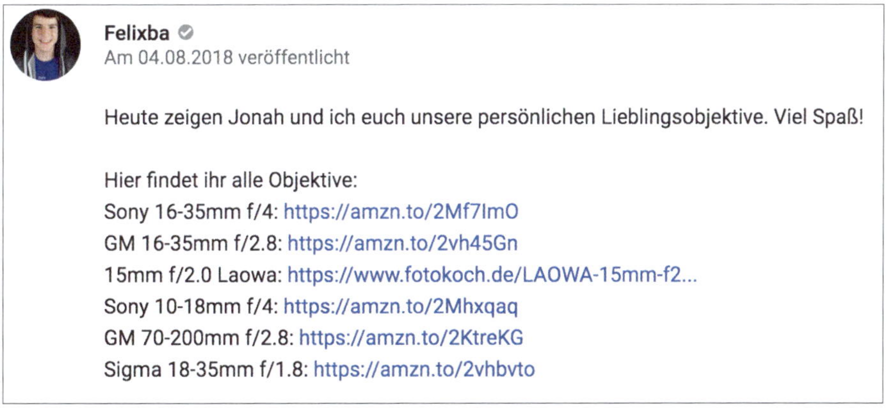

Abbildung 2.10 Der YouTuber Felixba stellt Affiliate-Links zu im Video genannten Produkten für seine Follower zur Verfügung.

Hier sind die Produkte und Marken bereits einer breiten Masse bekannt. Es geht in dieser Gruppenphase darum, die verbleibenden Menschen dazu zu bringen, ebenfalls in die Innovation zu investieren.

2.4.5 Nachzügler (Laggards)

In die Gruppe der Nachzügler fallen kaum noch Influencer, denn Nachzügler nutzen Innovationen erst dann, wenn es sich nicht mehr vermeiden lässt und ihnen andernfalls Nachteile entstehen. Trotzdem ist in dieser Innovationsphase Influencer-Marketing interessant, denn als Unternehmen möchte man ja auch am Markt bestehen bleiben: In dieser Phase ist Influencer-Marketing wirksam, um die eigene Marke weiterhin am Markt zu etablieren und keine Marktanteile an eventuelle Nachahmer oder mittlerweile neue Innovationen zu verlieren. So wird eine Marke wie Nivea auch weiterhin Influencer-Marketing betreiben, obwohl sie bereits seit Jahrzehnten erfolgreich am Markt etabliert ist (siehe Beispielkooperation in Abbildung 2.11).

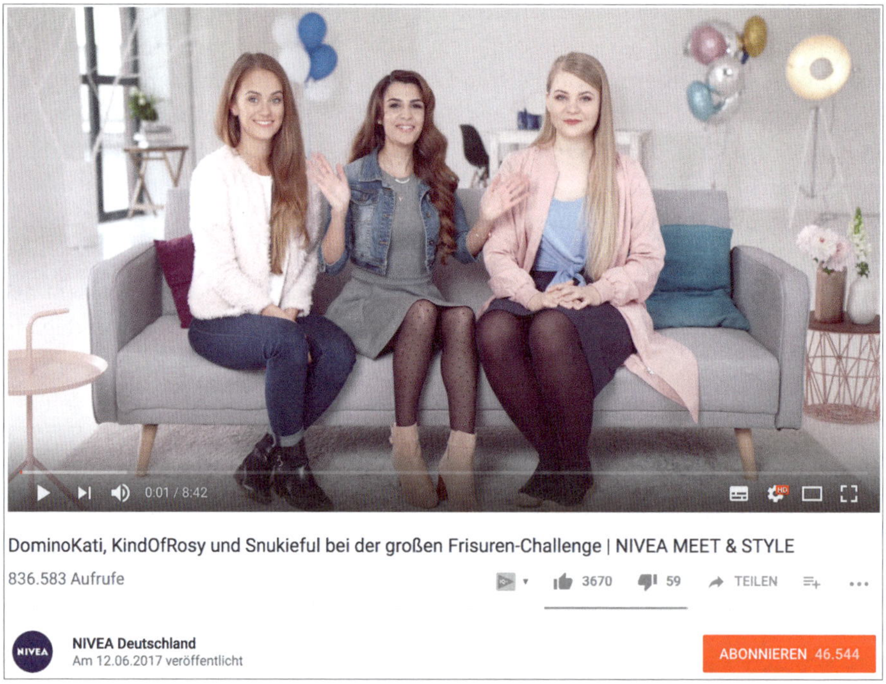

Abbildung 2.11 Nivea ist bereits eine sehr bekannte Marke und betreibt trotzdem Influencer-Marketing, um die Marke zu erhalten und gegebenenfalls Produktneuerungen wieder als Innovationen einzuführen (https://youtu.be/ExF9_ZHeyjA).

2.5 Customer Journey

Die Customer Journey ist eines der am weitesten verbreiteten Werkzeuge im Marketing. Die in Abbildung 2.12 dargestellte Customer Journey hat zum Ziel, den Kunden in seinem Lebenszyklus abzubilden: Vom Moment, in dem ein Kunde erstmals mit der Marke in Kontakt kommt (Aufmerksamkeit), über die Recherche und Abwägung, ob die Marke die Bedürfnisse deckt, bis hin zum Kauf und darüber hinaus. Dann nämlich zeigt sich, ob die Entscheidung zum Kauf eine gute war (Produkterfahrung) und ob der Kunde die Marke und seine Produkte weiterempfehlen kann (Empfehlung). Alle fünf Phasen sind keine Neuerfindung für den Onlinehandel, auch wenn sie sich im Internet- und Social-Media-Zeitalter verändert haben.

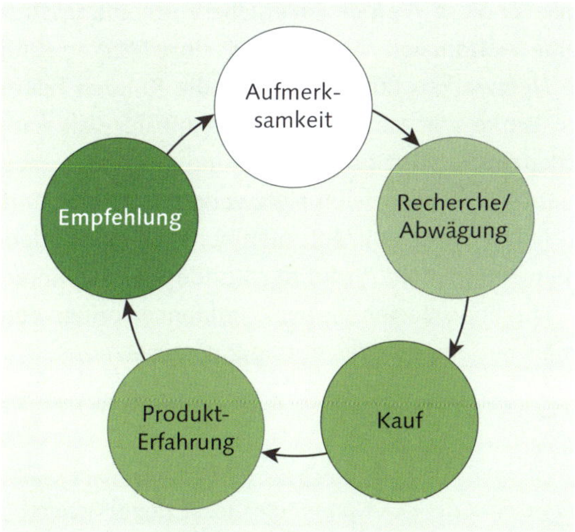

Abbildung 2.12 Die Customer Journey ist eines der wichtigsten Werkzeuge im Online-Marketing.

In allen Phasen der Customer Journey ist Influencer-Marketing möglich und kann dazu beitragen, dass eine Marke gekauft und schließlich weiterempfohlen wird. Der nachfolgende Abschnitt soll verdeutlichen, inwiefern sich der Kunde in den einzelnen Schritten der Customer Journey heute online anders verhält als noch vor wenigen Jahren.

2.5.1 Aufmerksamkeit

Bevor eine Marke überhaupt in das Relevant Set einbezogen wird, muss sie den Weg in die Köpfe der Menschen finden. Früher wie heute stellt sich die Frage: Wie wird jemand auf eine Marke oder ein Produkt aufmerksam?

Online wie offline kommen wir tagtäglich mit unzähligen Werbebotschaften in Kontakt.[4] Der klassische Weg führt beispielsweise zunächst über Anzeigen in Zei-

4 Es gibt Quellen, die von 6.000 Werbebotschaften sprechen, die uns pro Tag begegnen sollen. Diese Zahl erscheint jedoch sehr hoch gegriffen. Man kann aber sicherlich dennoch davon ausgehen, dass wir jeden Tag einer dreistelligen Anzahl an Werbebotschaften ausgesetzt sind.

tungen, Radio- oder TV-Spots und Außenwerbung. Hier kommt der potenzielle Kunde erstmals mit der Marke in Kontakt. Nachteilig ist, dass er sich dieser Anzeigen meist als Werbung sehr bewusst ist und dadurch Strategien entwickelt, Werbebotschaften auszublenden.

Auch online gibt es Anzeigen in Form von Bannerwerbung auf Websites oder Pre-, Mid- und Post-Roll-Werbespots auf Videoplattformen. Wie bereits in Kapitel 1, »Einführung«, erwähnt, gibt es auch für diese Werbeform etliche Vermeidungsstrategien. Aber es gibt online auch eine Vielzahl von Menschen, die ihre Marken- und Produkterfahrung in den sozialen Netzwerken teilen und über die Kunden heute oft erstmals in Kontakt mit einer Marke kommen. Das kann dann der Fall sein, wenn jemand nach einer Produktkategorie auf Google sucht und auf einem Blog landet. Oder wenn er einem Influencer in den sozialen Netzwerken folgt und dort eine Marke erstmals wahrnimmt. Letzteres ist aus Unternehmenssicht besonders effektiv, da die Marke hier in einem Kontext steht und der Kunde von Beginn an einen Anwendungsbezug erfährt. Die enge Beziehung zum Influencer bringt den Kunden dazu, sich schneller erstmals mit einer Marke auseinanderzusetzen.

Die Bedeutung von Werbung

Eine wichtige Erkenntnis sollte sein: Werbung darf eigentlich keine Werbung mehr sein. Der moderne Kunde befindet sich in einem riesigen Kommunikationsgefüge. Generell kann man auch sagen, dass durch die immens gesteigerte Kommunikation Werbung praktisch überall ist, wo auch Kommunikation stattfindet. Das ist mit ein Grund, warum sich verschiedene deutsche Gerichte mit der rechtlichen Seite auseinandersetzen und im Influencer-Kontext die Frage neu stellen müssen: Wann beginnt heute eigentlich Werbung?

2.5.2 Recherche/Abwägung

Hat der Kunde eine Marke in der ersten Phase wahrgenommen, beginnt er in der zweiten Phase zu recherchieren und abzuwägen: Welches Produkt/welche Marke passt am besten zu mir? Lohnt sich der höhere Kostenaufwand gegenüber einem anderen Produkt? Welchen Mehrwert bietet es dadurch? In dieser Phase liegt generell der größte Informationsbedarf vor.

Der klassische Informationsweg führt über eventuell erhältliche Produktkataloge über Testzeitschriften hin zu einem Geschäft vor Ort. Dort berät dann ein Verkäufer, der natürlich das Interesse hat, einen möglichst hohen Gewinn für sein Unternehmen zu erzielen. Auch ohne Influencer in den sozialen Netzwerken hat die Meinung von engen Vertrauten (Freunde und Familie) eine große Bedeutung.

Online nutzt der Kunde häufig sehr viele Kanäle, um sich zu informieren. Dazu zählen Produktseiten auf der Hersteller-Website, Kundenbewertungen in Onlineshops, Nutzerberichte in Blogs, Videos auf YouTube oder auch die von Influencern auf einem ihrer anderen Kanäle geteilte Meinung. Online lässt sich immer jemand finden, der ein Produkt bereits ausgiebig getestet hat und der eine scheinbar hohe Glaubwürdigkeit aufweist. Kunden orientieren sich dabei an der Art und Weise: Wirkt das Auftreten eines Influencers nur inszeniert, und seine Texte sind abgelesen? Versucht er, ein Verkaufsgespräch zu führen?

Besonders glaubwürdig erscheinen diejenigen Influencer, denen der Kunde bereits über einen längeren Zeitraum folgt und die ihm dadurch bekannt sind. Hat ein Influencer die Aufmerksamkeit des Kunden generiert und steht später eine Kaufentscheidung an, erinnert dieser sich: »Jemand, dem ich vertraue und der gegebenenfalls ein ähnliches Anwendungsszenario verfolgt wie ich, war zufrieden mit der Marke.« In der Recherche-Phase wird er wieder die Meinung des Influencers einbeziehen.

Das große Informationsproblem im Onlinehandel

Der Onlinehandel mit Waren wächst und wächst: Zuletzt hat der E-Commerce-Verband BEVH für das Jahr 2018 ein Umsatzwachstum von 9,3 Prozent gegenüber dem Vorjahr berechnet.[5] Der Onlinehandel hat aus Sicht des Handels viele Vorteile, wie zum Beispiel die 24-Stunden-Bestellannahme: Wann immer der Kunde bereit ist, kann er online seine gewünschte Lieferung in Auftrag geben. Dazu muss, anders als im stationären Handel, kein Mitarbeiter im Geschäft zur Beratung bereitstehen.

Doch genau das hat auch seine Schattenseite: Wer Waren vor dem Kauf nicht in die Hand nehmen kann und sich auf Produktbeschreibungen im Netz verlassen muss, hat ein Informationsdefizit. Erhält er die Ware später per Lieferung nach Hause, ist die Wahrscheinlichkeit hoch, dass der Artikel anders als erhofft ausfällt.

Viele Kunden schicken bestellte Artikel deshalb wieder zurück. In der Fashion-Branche ist eine Retourenquote von 50 Prozent keine Seltenheit. Nach Daten, die Statista zusammengetragen hat, geben 62 Prozent der Befragten an, online bestellte Waren zurückgesendet zu haben, weil sie nicht gepasst haben (siehe Abbildung 2.13). Die anschließenden Gründe sind ähnlich gelagert: »Artikel gefiel mir nicht«, »Artikel entsprach nicht der Beschreibung« oder »Mehrere Varianten zur Auswahl bestellt«. Diese Punkte untermauern, dass es für viele Kunden im Onlinehandel schwierig ist, Produkte im Vorhinein ausreichend zu beurteilen.

---

5 Quelle: *http://www.faz.net/aktuell/wirtschaft/diginomics/onlinehandel-in-deutschland-waechst-weiter-15680737.html*

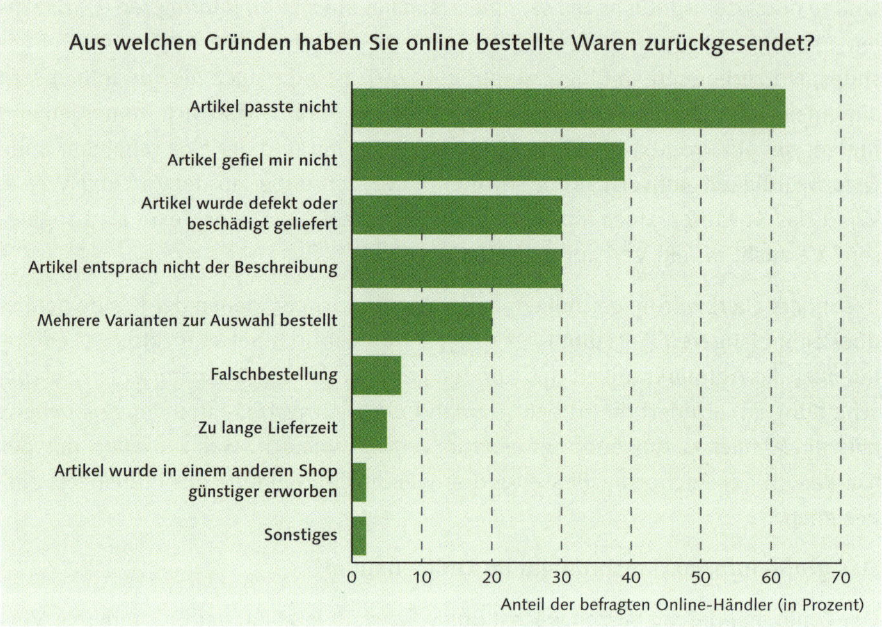

Abbildung 2.13 Rücksendegründe für online bestellte Waren[6]

Dieser Umstand ist den Onlinehändlern ein Dorn im Auge: Sie tragen nicht nur die Versandkosten – unter anderem weil der Kunde sonst gar nicht erst bestellen würde – sondern bleiben auch auf den Kosten für die Bearbeitung der Retouren sitzen. Das schließt sowohl den Aufwand ein als auch die Aufbereitung der Waren. Dabei sind viele Waren nach der Retoure nicht mehr als Neuware verkäuflich und müssen rabattiert weiterverkauft werden.

Unternehmen begegnen diesem Problem mit immer neuen Strategien: Curated Commerce zum Beispiel ist nur eine davon. Hierbei erhält der Kaufinteressent einen Berater, der ihn Remote persönlich berät und ihm einen Einkaufskorb zusammenstellt. Dieses Vorgehen findet insbesondere in der Fashion-Branche Anwendung, wo es sich gut implementieren lässt: Viele Kunden haben Schwierigkeiten, einen Stil zu finden. Geschulte Berater, die sich in der Branche auskennen, reduzieren die Menge der bestellten Kleidungsstücke, während sie gegebenenfalls ganze Outfits für den Kunden individuell zusammenstellen[7]. Der persönliche, individuelle Kontakt und die professionelle Auswahl senken die Rücksendequote.

---

6 Quelle: *https://de.statista.com/statistik/daten/studie/4423/umfrage/gruende-fuer-retouren-in-online-shops*

7 Beispiele hierfür sind Modomoto und Outfittery, die insbesondere auf die männliche Kundschaft ausgerichtet sind.

Es gibt aber auch andere Informationsquellen, die Kunden vor dem Kauf nutzen. So sind Freunde und Bekannte und nicht zuletzt auch Influencer in den sozialen Netzwerken ein wichtiger Einflussfaktor. Wer ein Kleidungsstück bestellt, das von einem Influencer getragen oder empfohlen wurde, hat neben den Informationen im Onlineshop des Anbieters eine weitere Informations- und Inspirationsquelle zur Hand, die letzten Endes auch die Rücksendequote senkt.

Bezogen auf die Fashion-Branche gibt es viele Influencer, die sogenannte Lookbooks erstellen (siehe Abbildung 2.14). Das können Bilder-Postings oder Videos in den sozialen Netzwerken oder auf YouTube, aber auch ganze Blogeinträge mit Bildern sein. Darin stellt der Influencer verschiedene Outfits vor und präsentiert sich damit vor der Kamera. Follower vertrauen der Stilsicherheit des Influencers und bestellen entschiedener. Es kann sich für Marken oder Händler also durchaus lohnen, mit Influencern gemeinsam solche Lookbooks zu entwerfen und auf deren Kanälen zu veröffentlichen.

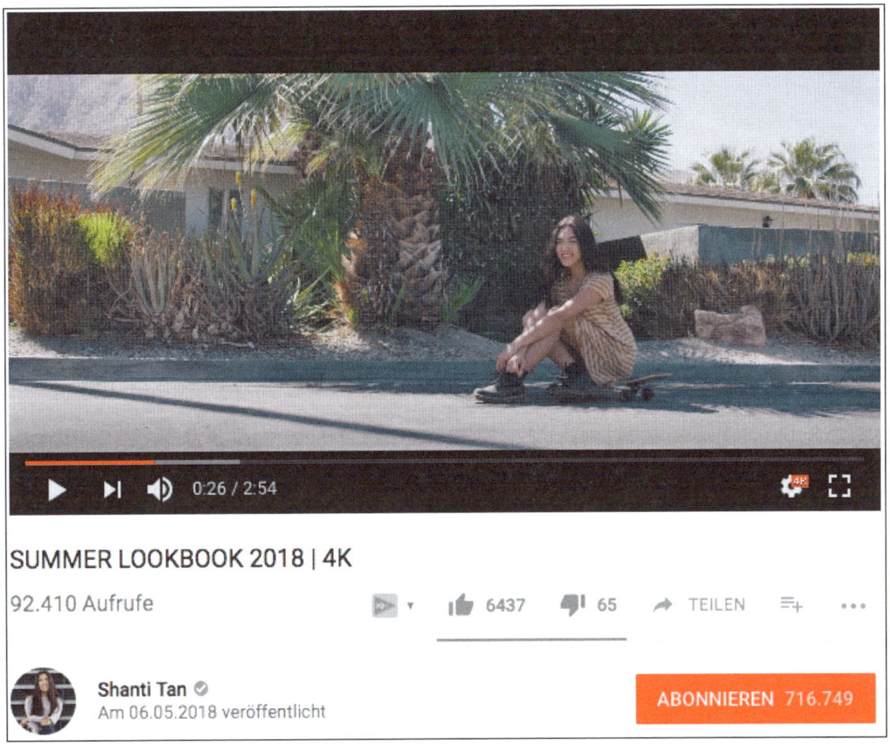

Abbildung 2.14 Die Influencerin Shanti Tan hat auf ihrem Kanal ein Lookbook veröffentlicht. In der Videobeschreibung gibt sie die Marken der Outfits detailliert an (https://youtu.be/2tvq9rjMVso).

Aber auch in anderen Branchen ist eine solche Zusammenarbeit denkbar, denn schließlich versucht der Kaufinteressent bei fast allen Kaufentscheidungen, sich bereits vor der Bestellung ein Bild vom Produkt zu machen. Denken Sie nur an die Kaufentscheidung zu einer neuen Kamera: Welches Modell ist für welchen Einsatzzweck am besten geeignet? Wie funktionieren bestimmte Funktionen im Detail? Reicht das Modell aus oder gibt es vielleicht sogar von einer anderen Marke ein für den gedachten Zweck besser geeignetes Modell?

Es ist völlig egal, an welche Produktkategorie Sie denken: Der Kunde hat im Onlinehandel immer ein großes Informationsbedürfnis. Selbst wenn er zu einem eher speziellen Produkt Informationen sucht, helfen Influencer hier weiter: Eine neue Heizung, die in einem YouTube-Video von einem (spezialisierten) reichweitenstarken Influencer behandelt wird, wird in der Google- und YouTube-Suche so weit oben erscheinen, dass ein Kaufinteressent einfachen Zugang zu diesem Video erlangt. Die persönliche und natürliche Ansprache der meisten Influencer hat im Anschluss eine größere Informationswirkung als die der meisten Werbe- und Verkaufsvideos. Nahbarkeit, Unterhaltung und Entertainment sind hier die Wirkungsfaktoren.

2.5.3 Kauf

Der Kunde ist informiert und möchte das Produkt kaufen. Der klassische Weg führt ihn nun in ein Geschäft und im Anschluss zur Kasse. Geschäfte müssen dazu geöffnet haben, und das Produkt muss vorrätig sein. Online ist es möglich, in wenigen Sekunden von der ersten Aufmerksamkeit zum finalen Kauf zu gelangen – und Onlineshops nehmen auch noch rund um die Uhr Bestellungen an.

Der Übergang zwischen Recherche und Abwägung kann online fließend sein, wenn sich der Kunde bei einem Influencer informiert hat. Ein gängiges Prozedere ist es unter anderem, Rabattcodes oder Affiliate-Links zu nutzen: Verwendet ein Kunde beim Kauf einen vom Influencer zur Verfügung gestellten Rabattcode, erhält er als »Belohnung« einen Nachlass, und der Influencer erhält in vielen Fällen eine Provision. Der Kunde spart also Geld, während Influencer und Unternehmen tracken können, wie ein Kaufinteressent zum Kunden wurde.

Ein bekanntes Beispiel ist die Smartphone-Hüllen-Marke iDeal of Sweden, die insbesondere auf Instagram sehr erfolgreich ist. Viele Influencer zeigen sich mit ihrem Smartphone und einer entsprechenden Hülle (siehe Abbildung 2.15). Im Text darunter findet sich dann ein Promotion-Code, der den Followern beim Kauf eine Ersparnis ermöglicht. Der Code ist auch zugleich eine Möglichkeit, den Ursprung der Verkäufe nachvollzuziehen.

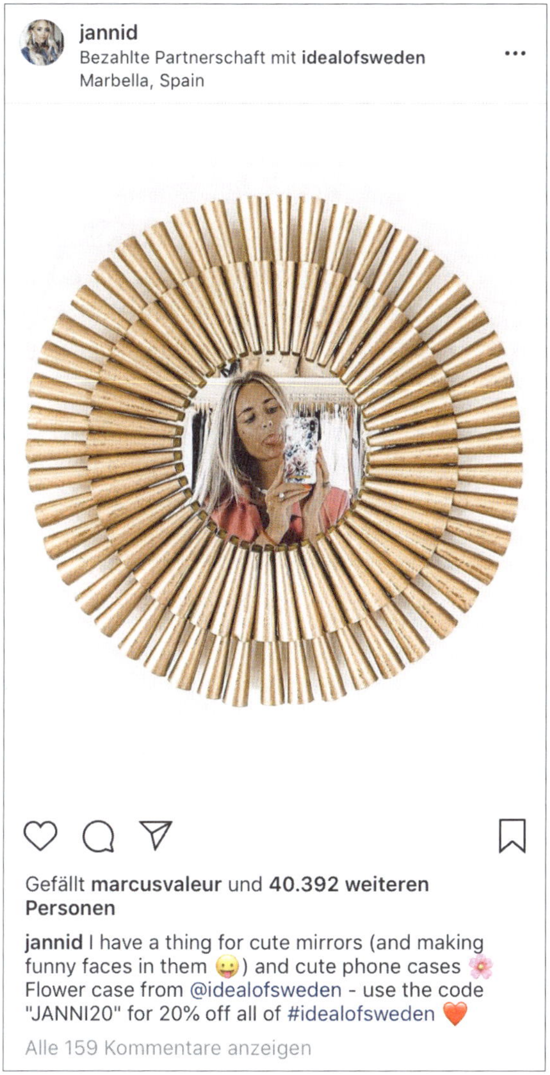

Abbildung 2.15 Deal of Sweden nutzt wie hier mit dem Account »jannid« Promo-Codes im Influencer-Marketing, um die Verkäufe über Influencer zu erhöhen und nachvollziehen zu können.

2.5.4 Produkterfahrung

Wer früher nach dem Kauf feststellte, dass ein Produkt doch nicht so gut war, wie es der Verkäufer im Geschäft versprochen hatte, dem blieben nicht viele Möglichkeiten: Sich beim Verkäufer beschweren, war die eine Variante. Eine andere hätte sein können, zumindest Freunden und Verwandten vom Produkt abzuraten. Mehr Öffentlichkeit war jedoch schwierig herzustellen.

Heute sieht das anders aus: Ein Smartphone mit Internetverbindung reicht aus, um auf vielfältigen Wegen eine Produkterfahrung mit anderen zu teilen. Viele Menschen machen das auch: Sie bewerten Restaurants, schreiben Amazon-Bewertungen oder beschweren sich auf Facebook, wenn die Bahn wieder mal zu spät kam. Dazu braucht es nicht unbedingt eine große regelmäßige Reichweite, um eine Produkterfahrung mit vielen Menschen zu teilen.

In jungen Zielgruppen ist es heute auch bei einer nur geringen Reichweite üblich, den Kauf von Produkten online zu zelebrieren: »Schaut mal, was ich mir gekauft habe und wie toll es aussieht/funktioniert« ist dann Bestandteil einer Instagram-Story. Hier ist die Motivation nicht monetär getrieben, sondern vielmehr einer gewissen Dynamik in Gruppen junger Menschen geschuldet.

Wer dennoch eine regelmäßig große Reichweite besitzt, rückt in das Interesse von Unternehmen: Wie wäre es, wenn so jemand ein Produkt testete und seine Erfahrung mit Followern und Abonnenten teilte? Die Medienwahl kann dabei vielfältig sein: Vom Blogpost über Fotos auf Instagram bis hin zu ganzen Videos auf YouTube.

2.5.5 Empfehlung

Bleibt als letzter Schritt nur noch die Empfehlung. Wer überzeugt ist von einem Produkt oder einer Marke, wird es in seinem Umkreis weiterempfehlen. Dabei ist aktives Empfehlungsmarketing keine neue Sache, die sich erst in den letzten Jahren entwickelt hat. Auch früher gab es die berühmten Tupperpartys oder eine Provision nach der Empfehlung eines Telefonanbieters.

Empfehlungen von Influencern haben dabei natürlich eine besondere Qualität: Wem viele Menschen vertrauen, dessen Produktempfehlung kann schon mal einen sehr großen Beitrag dazu leisten, dass die erreichten Menschen anfangen, sich für das Produkt zu interessieren.

Als Unternehmen sollte man diese Macht nicht unterschätzen: Influencer haben mit ihren Empfehlungen schon häufig für leere Regale gesorgt. So auch im Fall der bekannten YouTuberin Bianca Heinicke, die im Jahr 2015 zum Start Ihrer Kooperation mit der Drogeriemarkt-Kette DM die Marke »Bilou« auf ihren Kanälen vorstellte. Ihre junge Zielgruppe stürmte daraufhin die Filialen und sorgte dafür, dass die Produkte kurzzeitig kaum noch erhältlich waren. Die erfolgreiche Markeneinführung mit »Bibi« als Testimonial trägt bis heute Früchte (siehe Abbildung 2.16).

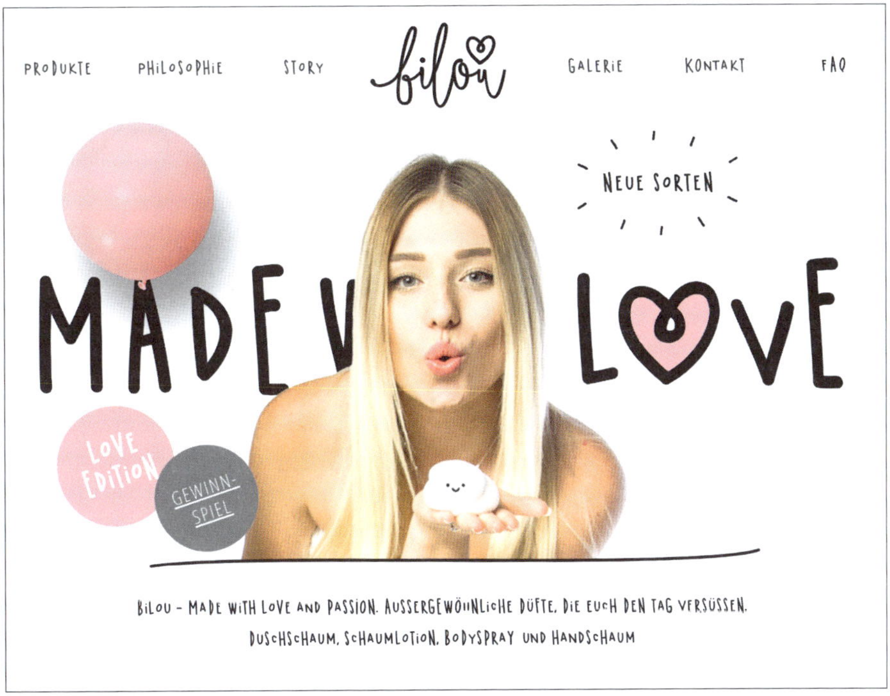

Abbildung 2.16 Die Kooperation zwischen »Bibi« und DM ist nach wie vor ein Musterbeispiel für zielgruppenorientiertes Influencer-Marketing. (https://bilou.de)

3 Arten der Zusammenarbeit mit Influencern

Jetzt geht's an die Planung: Wozu wollen Sie mit Influencern zusammenarbeiten? Und in welcher Form soll dies geschehen?

Sie haben sich entschieden, mit Influencern zusammenzuarbeiten. Sehr gut! Jetzt stehen Sie aber vor einer grundsätzlichen Frage: Wie lässt sich das Ganze strategisch angehen? Influencer können schließlich in verschiedenen Konstellationen eingesetzt werden, beispielsweise wenn Sie ein neues Produkt auf den Markt bringen oder aber auch, wenn Sie das Image Ihrer Marke aufpolieren möchten.

Wenn Sie sich dann entschieden haben, in welchem Kontext und mit welchem Ziel Sie mit Influencern zusammenarbeiten möchten, kommt gleich das nächste Problem: Eine Strategie kann kurzfristig oder langfristig sein. Was genau kommt für Ihre Marke in Frage? Und wie verändert sich deshalb Influencer Advertising zum Beispiel zu Influencer Relations?

3.1 Wann lässt sich Influencer-Marketing einsetzen?

In diesem Abschnitt erfahren Sie, mit welcher Zielsetzung Sie mit Influencern zusammenarbeiten können. Die Bandbreite ist dabei vielfältig und reicht von der erfolgreichen Produkteinführung bis hin zur Suchmaschinenoptimierung.

3.1.1 Produkteinführung

Influencer-Marketing eignet sich nicht nur für junge Zielgruppen und Konsumprodukte. Trotzdem ist es für Unternehmen mit jungen Zielgruppen besonders wichtig, die kaum noch über klassische Medien erreichbaren Teenager und jungen Erwachsenen in den sozialen Netzwerken anzusprechen. Insbesondere bei einer Produkteinführung kann die Zusammenarbeit mit Influencern das Gegenstück zum TV-Spot oder der Zeitungsanzeige sein, um auf neue Produkte aufmerksam zu machen.

Neben der grundsätzlichen Zielgruppen-Erreichbarkeit sorgt die Zusammenarbeit mit Influencern für einen Anwendungsbezug neuer Produkte, da Influencer die Produkte für ihre individuelle Zielgruppe glaubhafter in einen Kontext setzen können. Die Zielgruppe leistet einen großen Vertrauensvorschuss, der insbesondere bei Produkt-Innovationen dazu führen kann, dass die Zielgruppenerschließung schneller gelingt.

Abbildung 3.1 Die Influencerin Joyce Ilg ist daran beteiligt, ein Pop-up-Museum bekannt zu machen und begleitet die Eröffnung mit Instagram-Storys und Fotos (Quelle: instagram.com/joyceilg).

3.1.2 Brand Awareness

Ihre Marke kennt kein Mensch? Dann wird es höchste Zeit, etwas daran zu ändern! Bringen Sie sich und Ihre Marke in das Bewusstsein und die Köpfe der Menschen, indem Sie Influencer engagieren. Influencer können bereits mit einem einzigen Inhalt sehr viel Aufmerksamkeit auf eine Marke lenken – vorausgesetzt, die Zielgruppe kann etwas mit der Marke anfangen. Brand Awareness ist natürlich nicht nur etwas für unbekannte Marken: Vielleicht ist Ihre Marke ja auch bereits einer respektablen Zielgruppe bekannt, und Sie möchten die Markenbekanntheit nun steigern?

Wer mit Influencern zusammenarbeitet, bringt sich ins Gespräch und erreicht Menschen, die zuvor kein Bewusstsein für die Marke hatten. Lassen Sie zum Beispiel Influencer Produkte ausprobieren und von ihren Erfahrungen berichten! Die dabei erzählten Geschichten gehen über das hinaus, was Ihre Marke selbst zu erzählen in der Lage ist. So führen Sie die Follower/Abonnenten des Influencers in Ihre Markenwelt ein und können im Idealfall neue Markenbegeisterte hinzugewinnen.

3.1.3 Image

Das Image einer Marke ist gleichzusetzen mit der Wahrnehmung bei unterschiedlichsten Zielgruppen. Dabei kann das Image für bestimmte Zielgruppen eine ganz andere Bewertungsgrundlage in der Kaufentscheidung sein als für andere Zielgruppen. Eine Marke kann also ein »billiges« Image haben und genau deshalb die Bedürfnisse einer Zielgruppe bedienen. Umgekehrt kann eine Premium-Marke für einige erstrebenswert sein, während sich andere Zielgruppen bewusst abwenden. Image ist somit etwas Subjektives.

Der Weg, das Image einer bestimmten Zielgruppe zu stärken, führt immer über eine Stärkung des Vertrauens. Da ist es gut, dass Follower und Abonnenten ihren Lieblings-Influencern genau das entgegenbringen: Vertrauen. Jemandem zu vertrauen, kann soweit führen, dass wir sogar unsere eigene subjektive Wahrnehmung überdenken und Vorbehalte über Bord werfen.

Ein Beispiel: Der Komiker Harry G philosophiert in einem YouTube-Video aus dem Jahr 2017 über die Marke Jack Wolfskin (siehe Abbildung 3.2). Im Video wird eine subjektive Wahrnehmung auf die Marke geschildert, die sich in den Kommentaren fortsetzt. Entsprechende Inhalte prägen das Image einer Marke in der Onlinewelt. Gezieltes Influencer-Marketing kann diesem Image entgegenwirken, indem es den Kern der Marke herausstellt.

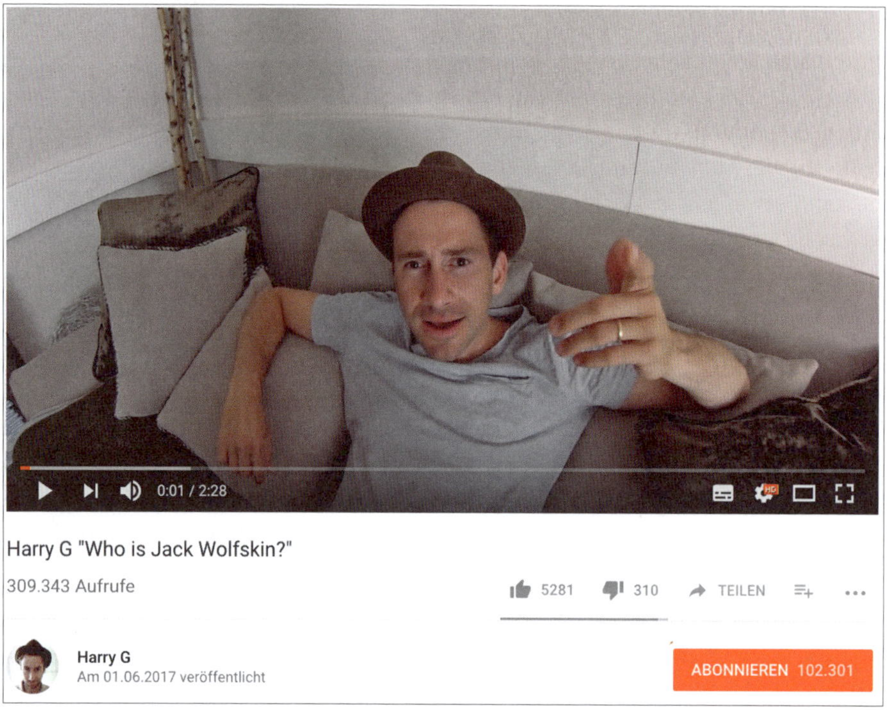

Abbildung 3.2 Das Image einer Marke findet sich zuweilen auch im satirischen Umfeld wieder: hier mit einem Beispiel des Komikers Harry G zu der Marke Jack Wolfskin (https://youtu.be/CGPgl5W4xXw).

3.1.4 Brand Loyality

Gute Kunden kommen immer wieder. Aber manchmal entscheiden sie sich auch dafür, andere Marken auszuprobieren. Dieser Prozess ist normal, weil sich Menschen von Zeit zu Zeit umorientieren. Glücklicherweise kann man etwas dagegen tun, indem man Kunden laufend begeistert und sie mit Informationen um neue Markenaspekte versorgt, damit sie der eigenen Marke länger treu bleiben. Dazu muss Ihre Marke aber auch bei Ihrer Zielgruppe Identität stiften und spannend bleiben.

Influencer sind Multiplikatoren für Geschichten rund um Ihre Markenwelt. Sie sind in der Lage, mit verschiedensten Inhalten die Fantasie ihrer Follower und Abonnenten anzuregen und Aspekte zu zeigen, die nicht nur direkt mit dem Absatz Ihrer Produkte in Verbindung stehen. Je größer die Influencer-Community rund um Ihre Marke in den sozialen Netzwerken ist, umso mehr festigen Sie Ihr Markenbild – was dazu führt, dass Kunden sich in der Markenwelt zu Hause fühlen und wiederkommen.

3.1.5 Mehr Produkte verkaufen

Einmal angenommen, Sie würden nicht mit Influencern zusammenarbeiten: Was wäre dann Ihre Option, um Menschen im Netz auf Ihren Onlineshop zu leiten? Sie würden sicherlich schnell bei Banner-Werbung, AdWords und Co. landen. Sie alle haben ein gemeinsames Problem: Adblocker. Nutzer, die sie installiert haben, können einen Großteil der ansonsten angezeigten Werbung einfach ausblenden lassen. Und tatsächlich nutzen immer mehr Menschen Adblocker in ihren Browsern. Dabei haben wir noch gar nicht über Streuverluste oder Conversion Rates dieser Werbemethoden gesprochen.

Influencer-Marketing funktioniert auch mit aktivierten Adblockern, da Nutzer der sozialen Netzwerke und Videoplattformen aktiv ihren Lieblings-Influencern folgen und deren Inhalte konsumieren möchten. Da mag der Werbespot vor dem YouTube-Video zwar blockiert sein, aber das eigentliche Video wird trotz Produktplatzierung angesehen. Das erhöht auch die Wahrscheinlichkeit, mehr Produkte zu verkaufen, wenn die Kooperation so angelegt ist.

Wer sich über das Thema Influencer-Marketing informiert, hört meist nur von Fixbeträgen oder einer kampagnenbasierten Abrechnung. Vor allem kleinere Influencer arbeiten aber auch auf Basis eines Affiliate-Modells: Über Rabattcodes, Affiliate-Links und spezielle Landing-Pages finden die Follower und Abonnenten eines Influencers zu Ihrer Marke. Der Influencer wird bei jedem Kaufabschluss beteiligt. Insbesondere Rabattcodes bieten dabei auch noch einen Mehrwert für die Nutzer: Das erhöht die Wahrscheinlichkeit einer Conversion.

3.1.6 Leads generieren

Genauso wie beim vorigen Punkt eignen sich Influencer-Kooperationen zur Lead-Generierung: Treue Follower/Abonnenten sind so eng mit den Influencern verbunden, dass sie sich leicht überzeugen lassen. Auch hier ist es allerdings wichtig, dass die Follower/Abonnenten einen Mehrwert darin erkennen, Ihnen ihre Kontaktdaten für einen weiteren Dialog zu überlassen. Der Mehrwert kann vielfältig sein, zum Beispiel:

- Treffen mit dem Influencer auf einem Marken-Event
- Kundenvorteile durch eine Registrierung bei der Marke
- exklusive Inhalte (ggf. auch mit dem Influencer)
- Gewinnspiel

Die Liste lässt sich natürlich endlos fortsetzen. Als Faustregel gilt: Ohne einen zusätzlichen Benefit ist es auch bei der Zusammenarbeit mit Influencern schwer, Nutzer von einer Social-Media-Plattform auf externe Seiten zu locken. Idealerweise steht der Benefit jedoch in Verbindung mit dem Influencer und ist auf seine spezielle Community zugeschnitten.

Ein Beispiel des World Wildlife Funds (WWF) demonstriert, wie man den Insight einer Zielgruppe geschickt nutzen kann, um Leads zu generieren: Auf Instagram veröffentlichen die Nutzer sehr häufig Bilder attraktiver Ort, an denen sie waren. Das führt oft dazu, dass ein Influencer mit einem »Travel-Foto« dafür sorgt, dass bestimmte Orte plötzlich mit einem Besucheransturm konfrontiert werden. WWF hat diesen Insight genutzt und dazu mit mehreren Influencern kooperiert, die Bilder von Landschaften und Orten mit einer hohen visuellen Attraktivität veröffentlichten. Der Clou: Auf einem zweiten Bild einer Instagram-Bilderserie zeigten die Influencer die wahre Erscheinung der Orte, die durch den Einfluss des Menschen verschmutzt oder durch Bergbau gänzlich verändert erscheinen (siehe Abbildung 3.3). Per Link in der Beschreibung fordern sie ihre Follower auf, eine spezielle Landing-Page des WWF zu besuchen, auf der man spenden oder sich für einen Newsletter registrieren kann. Hashtag der Kampagne auf Instagram: #TooLatergram.

Abbildung 3.3 Der WWF kooperierte unter dem Hashtag #TooLatergram mit mehreren Influencern.

3.1.7 Relevanz in Suchmaschinen (SEO)

Wie Sie in den vorigen Kapiteln bereits erfahren haben, eignet sich die Zusammenarbeit mit Influencern, um die Relevanz einer Marke in Suchmaschinen zu erhöhen. Influencer haben durch ihre großen Reichweiten und verschiedenen Online-Aktivitäten selbst eine hohe Suchmaschinen-Relevanz – und zwar nicht nur bei Google, sondern auch in der YouTube-Suche oder den Suchfunktionen der sozialen Netzwerke. Eine Kooperation mit Influencern führt dazu, dass die Kooperationsinhalte ebenfalls relativ gut über Suchmaschinen gefunden werden können.

Dabei eignen sich verschiedenste Formate (siehe auch nachfolgende Abschnitte): Tutorials können Produkte erklären, Unboxing-Videos machen Lust auf ein Produkt, und Fotos, die unter dem Hashtag #ootd gepostet wurden, geben Instagram-Nutzern Inspiration.

Ein Beispiel, wie wirksam solch eine Suchmaschinen-Relevanz sein kann, sehen Sie in Abbildung 3.4. Hier fördert eine Suche nach dem Überbegriff »Smartwatches« bereits an dritter Stelle in der Ergebnisliste ein Video zu einer Smartwatch des Herstellers Fossil zutage. Für einen Kategoriebegriff ist eine solche Platzierung beinahe schon sensationell. Das Video stammt dabei nicht vom Hersteller selbst!

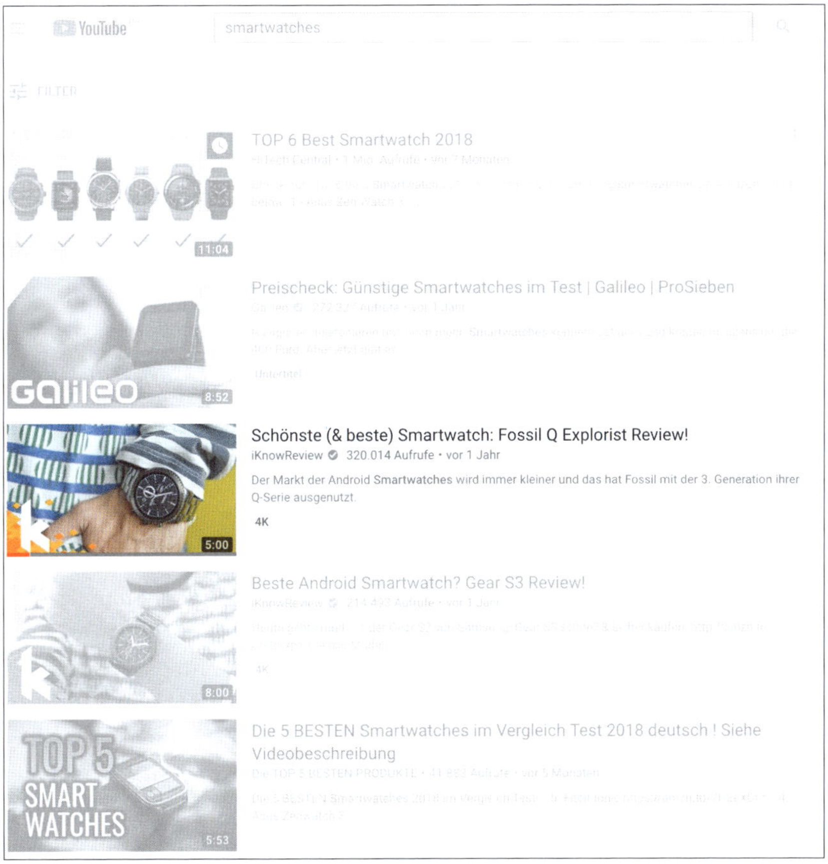

Abbildung 3.4 Eine YouTube-Suche nach dem Begriff »Smartwatches« fördert bereits an dritter Stelle ein einzelnes Produkt zu Tage.

3.1.8 Up-Selling

Stellen Sie sich vor, ein Kunde interessiert sich für Ihre Produkte, greift aber zu dem günstigsten Produkt, das in Ihrem Sortiment vorhanden ist, etwa weil er anfangen möchte, E-Gitarre zu lernen und zunächst mit dem Argument »erstmal probieren, ob es mir Spaß macht« ein günstigeres Modell in Betracht zieht. Natürlich wissen Sie um die Nachteile des Produkts: Günstiger Preis bedeutet wahrscheinlich niedrigere Qualität, schlechterer Klang, weniger Reparaturmöglichkeiten oder auch weniger Funktionen. Sie könnten ihm jetzt das gewünschte Produkt verkaufen und hoffen, dass bald wieder ein fortgeschrittener Musiker vorbeikommt, um das teurere und höherwertige E-Gitarren-Modell zu kaufen, an dem Sie wesentlich mehr verdienen. Oder aber Sie machen sich Gedanken darüber, wie Sie dem am günstigen Produkt Interessierten gleich das bessere Produkt schmackhaft machen können.

In zahlreichen Verkaufsratgebern werden Sie unzählige Tipps und Strategien genau zu diesem Zweck finden. Was aber kann die Zusammenarbeit mit Influencern dazu beitragen, teurere und bessere Produktvarianten an den Mann zu bringen? Sehr viel: Ein sich im Internet informierender Interessent lässt sich beispielsweise von einem ihm vertrauten YouTuber leicht überzeugen, welche umfangreichen Vorteile, Funktionen und Möglichkeiten das teurere Produkt mit sich bringt. So erhält er einen besseren Eindruck und erweitert sein Vorstellungsvermögen. Daraus entwickelt er ein Bedürfnis für das teurere Produkt.

Das günstige Produkt steht nun zwar als Angebot bereit, er wird es aber aufgrund mangelnden Mehrwertes nicht mehr so intensiv in Betracht ziehen. Der Mehrwert kann übrigens aus unterschiedlichen Aspekten bestehen: Funktionalität, Herstellungsprozess, Erweiter- und Bedienbarkeit, aber auch ein gesteigertes Lebens- oder Zugehörigkeitsgefühl sind nur einige Aspekte, die von Influencern zum Ausdruck gebracht werden könnten.

3.1.9 Produkttests und Support

Es gibt wohl kaum ein Format, das sich besser zur Reduktion von Support-Aufwand eignet als ein Video-Tutorial: Viele Nutzer suchen mittlerweile nicht mehr auf Google nach Hilfestellung, sondern geben direkt in die YouTube-Suche ihr Anliegen ein. Dabei hoffen sie, durch die audiovisuelle Aufbereitung einfach verständliche Hilfe zu erhalten. Als Unternehmen kann man solche Videos natürlich aufwendig selbst produzieren und hoffen, dass die YouTube-Suche bei einer entsprechenden Suchanfrage das eigene Video möglichst weit oben platziert. Oder man engagiert Influencer, die durch ihre Reichweite ohnehin ein hohes Ranking haben, und bittet sie, sich mit der Funktionsweise eines Produkts auseinanderzusetzen.

Abbildung 3.5 Auf dem Kanal iDomiX dreht sich alles um technische Tutorials, wie hier zu einem Smarthome-System (https://youtu.be/jKKnnJ4sxlg).

Darüber hinaus gibt es natürlich auch die Variante des Produkttests. Wer hier qualifiziert mit Influencern zusammenarbeiten möchte, stellt seine Produkte nur für Tests zur Verfügung und überlässt es dem Influencer, seine freie Meinung zu äußern (siehe dazu auch die rechtlichen Anforderungen in Kapitel 11, »Influencer-Marketing & Recht«). Alles andere fällt klar unter Werbung und ist genau genommen kein Produkttest mehr. Das passende Format für Produkttests nennt sich »Review«.

3.1.10 Inszenierung von Produkten

Die klassische Inszenierung von Marken und Produkten wird meist von Werbeagenturen übernommen und manifestiert sich zum Beispiel in aufwendig produzierten Werbespots oder Printanzeigen. Aber auch viele Influencer sind in der Lage, Produkte zu inszenieren – auf Instagram ist die Produktinszenierung sogar eine der meistveröffentlichten Content-Varianten: Viele Unternehmen vereinbaren Teststellungen oder verschicken kostenlose Produktproben, die bei Gefallen von vielen Influencern in Instagram-Postings inszeniert werden. Auch eine als Werbung gekennzeichnete Inszenierung ist nicht unüblich. Viele Unternehmen reposten die inszenierten Bilder, so wie Porsche unter dem Hashtag #PorscheMoment (siehe Abbildung 3.6).

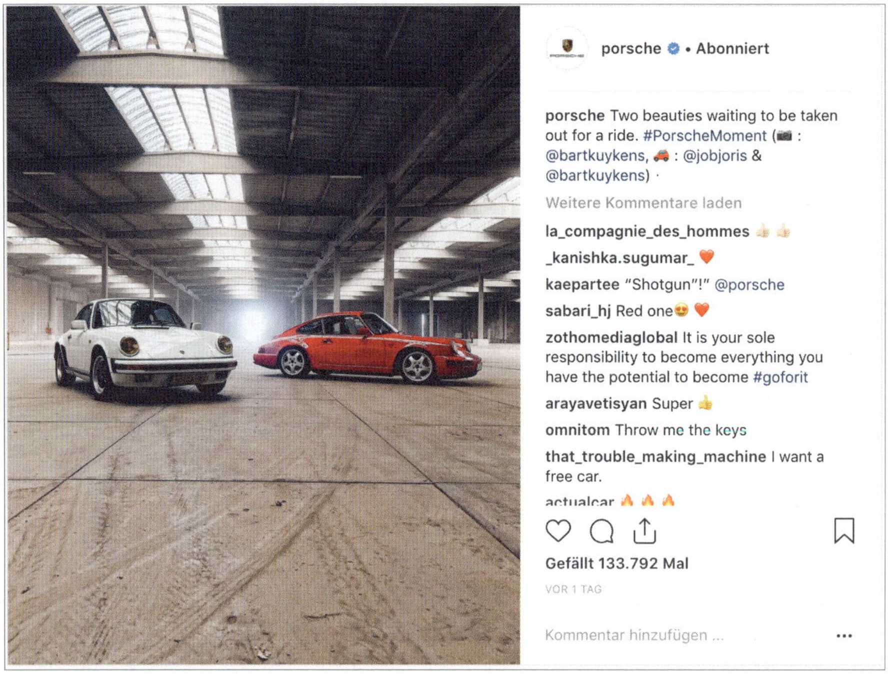

Abbildung 3.6 Porsche repostet regelmäßig Nutzerfotos auf Instagram unter dem Hashtag #PorscheMoment.

3.2 Influencer Advertising, -Marketing und Relations – drei wichtige Unterscheidungen

In der Zusammenarbeit mit Influencern gibt es streng genommen drei Unterscheidungen: Influencer Advertising, Influencer-Marketing und Influencer Relations. Meist werden in der Praxis alle drei Unterscheidungen unter dem Begriff Influencer-Marketing zusammengeführt, oder es wird nur nach Influencer-Marketing und Influencer Relations unterschieden. Dieser Abschnitt soll die drei unterschiedlichen Arten genauer beleuchten, sodass Sie für sich genauer definieren können, wie Sie eigentlich mit Influencern zusammenarbeiten möchten.

3.2.1 Influencer Advertising

Influencer Advertising ist genau eines: Das Einkaufen von Influencern als Werbefiguren. In aller Regel bedeutet das aber vor allem, die Reichweite ihrer Social-

Media-Accounts einzukaufen und für die Verbreitung einer Werbebotschaft bei einer bestimmten Zielgruppe zu nutzen. Die Reichweite der Accounts bestimmt dann auch die anfallenden Kosten: Je mehr Menschen mit der Werbebotschaft erreicht werden können, umso teurer das Engagement des Influencers.

Wenn Influencer mit ihren Accounts im Rahmen von Influencer Advertising als Werbeplattformen herhalten, haben sie meist wenig Einfluss auf die Überbringung der Werbebotschaft. Glaubwürdigkeit, Vertrauen der Zielgruppe und Authentizität stehen für Unternehmen, die Influencer Advertising betreiben, hintenan. Böse Zungen behaupten, Influencer Advertising sei rein Performance-orientiert. In der Praxis ist genau das leider auch oft der Fall. Das kann dazu führen, dass die eigentlich so wertvolle Glaubwürdigkeit von Influencern leidet, weil Follower und Abonnenten etwas anderes von ihnen gewohnt sind. Allerdings haben Unternehmen im Umkehrschluss so die Möglichkeit, sehr klare Vorgaben zu machen.

Influencer Advertising und Fake-Influencer

Influencer, die sich rein über ihre Reichweite verkaufen und ihr eigenes Image kaum pflegen, haben ein hohes Potenzial, Fake-Influencer zu sein – Influencer also, deren Follower-Anzahl gekauft ist und deren Likes auf Beiträge nicht organisch sind. Denn wer als Influencer seine eigene Marke pflegt, nimmt nicht jede beliebige Anfrage von Unternehmen an. Er will schließlich nicht Gefahr laufen, an Glaubwürdigkeit zu verlieren. Influencer-Kooperationen nur aus Sicht einer möglichst guten Performance ohne genaue Betrachtung der einzelnen Influencer können demnach auf den ersten Blick sehr vielversprechend sein. Auf den zweiten Blick ist die so erzielte Reichweite aber vielleicht kaum etwas wert, weil hier gar keine echten Follower im Spiel waren.

3.2.2 Influencer-Marketing

Auch im Influencer-Marketing halten Influencer mit ihrer Reichweite für Marken und Produkte her. Wesentlicher Unterschied ist aber, dass Marken und Influencer wesentlich mehr Wert darauf legen, die Botschaft auch im Stil des Influencers glaubwürdig zu vermitteln. Das führt zwangsläufig dazu, dass dem Influencer ein viel größerer Freiheitsgrad in der Gestaltung der Inhalte eingeräumt werden muss. Nur so kann er seine Zielgruppe authentisch ansprechen.

Gegenüber Influencer Advertising nutzt Influencer-Marketing mit der veränderten Herangehensweise einige Vorteile, die eine Zusammenarbeit mit Influencern so effektiv machen:

- Glaubwürdigkeit und Authentizität des Influencers
- Vertrauensvorschuss der organisch gewachsenen Follower/Abonnenten gegenüber dem Influencer

- zielgruppengerechte Ansprache
- kreative Content-Erstellung durch den Influencer

Influencer-Marketing lässt sich gut mit ergänzenden Maßnahmen in Paid und Owned Media verbinden. Das kann von Verlinkungen auf die eigenen Kanäle (siehe Abbildung 3.7) über das Teilen der vom Influencer erstellten Inhalte auf den eigenen Social-Media-Kanälen bis hin zum Einsatz der Influencer als Werbegesichter beziehungsweise als Testimonials in eigenen Kampagnen reichen.

Abbildung 3.7 Max Münch hat auf seinem Instagram-Kanal Fotografien der sächsischen Schweiz veröffentlicht und den Account @simplysaxony verlinkt.

Paid, Owned und Earned

Im Marketing unterscheidet man drei wesentliche Medientypen: Paid Media, Owned Media und Earned Media (siehe Abbildung 3.8).

Paid Media

Als Paid Media bezeichnet man alle Formen bezahlter Werbung. Das Prinzip: Reichweite gegen Geld. Dazu zählen Social-Media-Anzeigen, Bannerwerbung, Pre-Roll-Werbespots, Suchmaschinenwerbung oder Sponsorings. Unter Paid Media fallen aber auch Influencer-Marketing und Influencer Advertising.

Owned Media

Owned Media bezeichnet alle Kommunikationskanäle, die ein Unternehmen selbst besitzt. Das können zum Beispiel sein:

- Unternehmenswebsite und Blog
- Social-Media-Accounts
- YouTube-Kanal
- eigene Video-Mediathek
- Newsletter

Unternehmen, die Onlinemarketing betreiben, besitzen in aller Regel mindestens einen der oben genannten Kanäle. Der Betrieb der Kanäle ist mit (finanziellem) Aufwand verbunden. Alle Formen der Zusammenarbeit mit Influencern lassen sich mit Owned Media verknüpfen – beispielsweise durch Reposts, Testimonials oder Takeover durch Influencer.

Earned Media

Earned Media sind die Königsdisziplin im Marketing: Wer es schafft, dass Menschen freiwillig über eine Marke sprechen, ohne dass sie dafür bezahlt werden, hat wohl einiges richtig gemacht. Es ist trotzdem ein Trugschluss, dass Earned Media keinen finanziellen Aufwand bedeuten: Meist führen Paid und Owned Media dazu, dass Earned Media überhaupt zustande kommen.

In der Zusammenarbeit mit Influencern fallen vor allem Influencer Relations unter Earned Media – aber auch die vielen Follower und Abonnenten der kooperierenden Influencer, die ihre eigenen Inhalte zu einer Marke erstellen, indem sie beispielsweise ihr Essen fotografieren und das Restaurant verlinken. Im Kontext von Influencer Relations ist allerdings durchaus zu diskutieren, ab wann zum Beispiel eine Produktzusendung oder eine Pressereise noch unter Earned Media gezählt werden können. Wenngleich das Unternehmen hier nicht für die Reichweite bezahlt und nur Produkte zur Verfügung stellt, entsteht ein finanzieller Aufwand, der berücksichtigt werden muss.

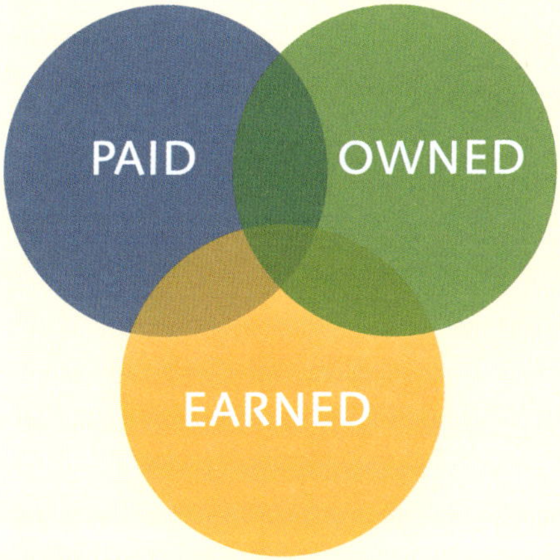

Abbildung 3.8 Die drei Medientypen Paid, Owned und Earned

3.2.3 Influencer Relations

Unter Influencer Relations versteht man den nachhaltigen Kontaktaufbau zu Influencern. Das schließt auch eine intensive Beziehungspflege ein, um Influencer an die Marke zu binden.

Während Influencer Advertising und Marketing von Unternehmen oft an Agenturen weitergereicht wird, übernehmen sie Influencer Relations meist selbst. Das ist auch sinnvoll, um den persönlichen Kontakt zwischen Unternehmen und Influencer zu pflegen. Zu viele Mittelsmänner führen dazu, dass sich Influencer und Unternehmen nicht ausreichend nahestehen, um einen ernsthaften Beziehungsaufbau und die anschließende Beziehungspflege überhaupt zu ermöglichen.

Influencer Relations schließen an die in vielen Unternehmen bereits bekannten und etablierten Blogger Relations an – alter Wein in neuen Schläuchen. Darunter fällt, für Influencer ansprechbar zu sein und auf deren Fragen und Anliegen zu reagieren. Manche Unternehmen lösen das zum Beispiel über geschlossene Facebook-Gruppen.

Aber es stehen neben einem ständigen Kontakt auf Augenhöhe auch Punkte auf dem Programm wie:

- Einladungen zu exklusiven Events und Reisen (siehe Abbildung 3.9)
- Glückwünsche zum Geburtstag
- Aufmerksamkeiten zu besonderen Anlässen

Abbildung 3.9 BMW hat verschiedene Blogger und Influencer nach Südafrika eingeladen, um Highlights rund um den BMW X3 zu erleben (https://youtu.be/Od5yeFU_FVg).

Influencer Relations eignet sich vor allem für die Zusammenarbeit mit Influencern, die einen bestimmten Themenkomplex oder sogar eine Nische besetzen. Sobald sich Influencer als Experten ausweisen, sondieren sie jede Kooperation, um ihren Expertenstatus und damit auch ihre Glaubwürdigkeit nicht zu gefährden. Eine langfristige Beziehung zu einer Marke stärkt für Experten-Influencer das eigene Image und den Standpunkt.

Nicht selten entstehen Influencer Relations aus einer Influencer-Marketing-Kooperation heraus, weil Unternehmen und Influencer besonders gut harmoniert haben. Wichtig jedoch: Dem Influencer steht es bei Influencer Relations stets frei, über Produkte zu berichten. Üblicherweise besteht keine vertragliche Verpflichtung im Rahmen von Influencer Relations!

3.2.4 Gegenüberstellung der drei Varianten

Alle drei Varianten sind strategisch unterschiedlich ausgerichtet. Je nachdem, welches Ziel man verfolgt und wie langfristig man seine Influencer-Strategie ausrichtet, kommt eine unterschiedliche Herangehensweise in Frage. Dabei ist festzuhalten, dass keine der drei Varianten schlechter ist als die andere – alle können zielführend sein, und die Entscheidung innerhalb der eigenen Strategie muss auf Basis der Ziele und der gewünschten Wirkung getroffen werden.

Vergleicht man alle drei Varianten Influencer Advertising, -Marketing und Relations, so ergeben sich folgende Unterschiede (siehe auch Tabelle 3.1):

- **Influencer Advertising** ist strategisch gesehen eine kurzfristige Methode mit taktischem Fokus. Dabei ist es das Ziel, Reichweite und Aufmerksamkeit zu generieren und den Abverkauf zu fördern. Die Wirkung hat dabei einen ganz klaren Werbecharakter: Influencer werben auf ihren Kanälen für eine Marke.
- **Influencer-Marketing** ist eine kurz- und mittelfristig angelegte Strategie. Das Ziel sind authentische Inhalte, die von den Influencern spezifisch für deren Follower/Abonnenten realisiert werden, und die mit Hilfe der Influencer-Reichweite für Aufmerksamkeit sorgen. Influencer-Marketing setzt auf den Qualitäten von Influencern auf: Glaubwürdigkeit und Vertrauen – was die Inhalte letztendlich authentisch wirken lässt.
- **Influencer Relations** sind langfristig strategisch geplant. Influencer werden als Partner verstanden, mit denen auf Augenhöhe kommuniziert wird. Das Ziel ist die Etablierung einer Marke in der Community der Influencer sowie eine Beziehungspflege (zum Influencer, aber auch zu dessen Community). Die Wirkung kann als symbiotisch bezeichnet werden: Der Influencer, seine Community und die Marke profitieren von Influencer Relations.

	Influencer Advertisting	Influencer Advertisting	Influencer Advertisting
Strategie	▸ kurzfristig ▸ taktischer Fokus	▸ kurz- und mittelfristig ▸ strategischer Fokus	▸ langfristig ▸ Influencer als Partner
Ziele	▸ Reichweite ▸ Aufmerksamkeit ▸ Sales	▸ kurzfristig ▸ Reichweite ▸ Aufmerksamkeit	▸ Community-Etablierung ▸ Beziehungspflege
Wirkung	Werbecharakter	authentisch	symbiotisch

Tabelle 3.1 Vergleich der drei verschiedenen Arten, mit Influencern zusammenzuarbeiten

3.3 Formen von Product Placements

Im Influencer-Marketing ist vor allem auch das Thema Produktplatzierungen spannend – insbesondere im Kontext von YouTube-Videos. Produktplatzierungen können verschiedene Ausgestaltungsformen annehmen. Je nachdem, was in welcher Art und Weise platziert wird, werden die einzelnen Formen unterschiedlich bezeichnet. Grundsätzlich können Produkte und Marken visuell (lediglich im Video zu sehen), auditiv (indem darüber gesprochen wird oder das Produkt nur zu hören ist) oder audiovisuell in ein Video integriert werden. Der Grad der Handlungsintegration wird dabei folgendermaßen unterschieden (vergleiche auch Abbildung 3.10):

- **On-Set Placement (stilles Placement)**
  Das On-Set Placement ist die am wenigsten in Erscheinung tretende Produktplatzierung. Das Produkt wird vom Zuschauer kaum bewusst wahrgenommen, weil es keine Bedeutung im Sinne der Handlung hat. Trotzdem kann eine Produktwirkung erreicht werden, weil das Produkt einem Kontext zugeordnet wird. So kann beispielsweise der Reisekoffer einer bestimmten Marke kurzzeitig im Video an einem Flugzeugterminal zu sehen sein, obwohl er keine Bedeutung für die Handlung hat. Der Zuschauer ordnet die Koffermarke aber später unbewusst einem bestimmten Lifestyle zu, den er ebenfalls leben möchte.
- **Creative Placement**
  Das Creative Placement ist bereits eine offensichtlichere Produktplatzierung, da das Produkt für einen längeren Zeitraum im Video zu sehen ist und auch kurzzeitig in die Handlung eingebunden wird, um dabei im Mittelpunkt des Videos zu stehen. Wird im Video die Armbanduhr eines bestimmten Herstellers im Rahmen der Handlung genutzt, um die Uhrzeit abzulesen, handelt es sich um ein Creative Placement.

- **Image Placement**
  Beim Image Placement steht die Marke das gesamte Video über im Zentrum der Handlung. Die Gesamthandlung orientiert sich entsprechend intensiv an der Produktplatzierung. Hierbei spricht man auch von Branded Entertainment.

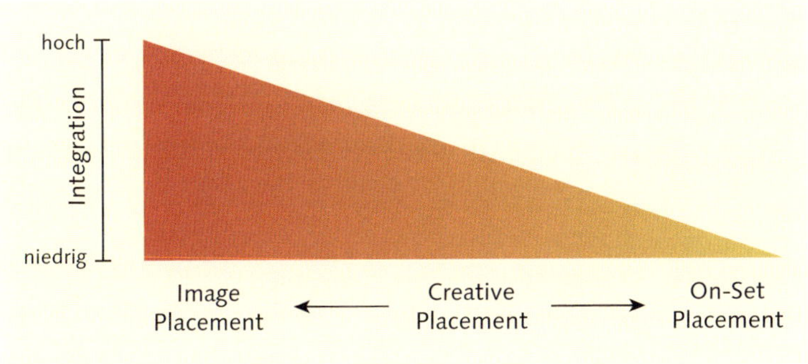

Abbildung 3.10 Der Grad der Handlungsintegration verläuft fließend zwischen den drei Unterscheidungen.[1]

Product Placement vs. Branded Entertainment

In manchen Veröffentlichungen werden Sie dem Begriff *Branded Entertainment* begegnen, wenn von Produktplatzierungen die Rede ist. Die beiden Begriffe werden häufig synonym verwendet, sollen aber eigentlich unterscheiden, wie stark eine Marke in ein Video integriert ist. Spricht man von Branded Entertainment, wird nicht nur ein Produkt in die Handlung integriert, sondern die Marke stärker in den Mittelpunkt gestellt.[2]

Anhand der nachfolgend vorgestellten Formen von Produktplatzierungen können Sie leicht erkennen, welche Möglichkeiten es für Produktplatzierungen in Videos gibt. Bitte beachten Sie an dieser Stelle unbedingt die Ausführungen in Kapitel 11, »Influencer-Marketing & Recht«, zur Kennzeichnung von Produktplatzierungen und Werbevideos!

3.3.1 Product Placements im Allgemeinen

Product Placements ohne besondere Ausgestaltungsform sind im Video platzierte Markensymbole und Markenprodukte, die von den im Video zu sehenden Personen verwendet oder in bestimmten Szenen auch einfach nur sichtbar werden. Alltagsprodukte wie die Dose eines Erfrischungsgetränks können dabei ebenso ein

1 In Anlehnung an Rathmann, Peggy: Medienbezogene Effekte von Product Placement. Wiesbaden: Springer Gabler 2014.

2 Ein schönes Beispiel für Branded Entertainment ist das Video »Coke Teil-O-Mat« von Y-Titty, abrufbar unter: *youtu.be/XjONEr2hcoM*

Placement sein wie die von einem Influencer getragene Armbanduhr oder die Marke einer von ihm regelmäßig besuchten Friseurkette.

3.3.2 Generic Placement

Beim Generic Placement wird die Einblendung des Markenlogos bewusst vermieden. Der Zuschauer muss das Produkt entsprechend anhand von äußeren Merkmalen erkennen können. Diese Form der Produktplatzierung eignet sich fast ausschließlich für Marken mit einem hohen Marktanteil und einem innovativen Produkt, das die Masse der Zuschauer mit exakt einem Hersteller in Verbindung bringt.

So kann beispielsweise ein Kaugummi ohne das Einblenden der Markensymbole nicht einer bestimmten Marke zugeordnet werden. Eine neuartige Süßigkeit, die aufgrund ihrer äußeren Merkmale von den Zuschauern erkannt wird und die eindeutig einer bestimmten Marke zugeordnet werden kann, ist als Generic Placement realisierbar.

3.3.3 Location Placement

Orte, die von Influencern bereits werden, erleben häufig einen enormen Anstieg an Touristen und Urlaubern. Die Tourismusbranche hat dieses Phänomen längst erkannt, und so arbeiten Tourismus-Verbände oder Hotels eng mit diversen Influencern zusammen. Auf YouTube sehr häufig zu sehen: YouTuber, die im Rahmen von Tourismusmarketing und Städtemarketing eingeladen werden und ihre Erfahrungen in Follow-me-arounds auf ihrem Kanal mit den Zuschauern teilen. Durch Instagram hingegen sind Orte wie das Berggasthaus Äscher im Appenzellerland oder die Hängeseilbrücke Geierlay so bekannt geworden, dass vor Ort ein regelrechter Besucheransturm herrscht.

Der YouTuber Louis Cole bietet mit seinem Kanal »funforlouis« ein gutes Beispiel dafür, wie erfolgreiches Tourismusmarketing funktionieren kann. Cole bereist permanent bis auf wenige Tage im Jahr die ganze Welt und hat daraus ein Alleinstellungsmerkmal gemacht. Er stellt damit für die Tourismusbranche einen interessanten Placement-Partner dar. Das Pendant dazu auf Instagram sind Accounts wie @evolumina.

3.3.4 Titelpatronat

Das Titelpatronat ist eine durchaus interessante Form der Produktplatzierung, bei der die Marke in den Titel des Videos eingebunden wird. Damit ist vor allem das Logo in Intros und auf Zwischenblenden gemeint. Immer wenn eines der Elemente gezeigt wird, tritt die Marke als Partner in Erscheinung.

Ein bekanntes Beispiel aus der Influencer-Szene ist das Titelpatronat in der YouTube-Serie »The Mansion« vom Multichannel-Netzwerk Studio71. Die Unilever-Marke AXE wurde dabei prominent in den Titel eines Formats des Kanals eingebunden. Das Titelpatronat war Teil einer Kampagne zur Markteinführung des Produkts »AXE Gold Temptation«. Kampagne und Format haben dabei zentrale Gemeinsamkeiten: In den Videos wurde das Thema des »spielerischen Wettstreits um die Gunst der Frauen« in Form von Challenges zwischen den teilnehmenden bekannten YouTube-Stars ausgetragen.[3] Zum Finale gab es ein Event, zu dem Zuschauer Gästelistenplätze gewinnen konnten.

3.3.5 Corporate Placement

Beim Corporate Placement tritt das Unternehmen direkt in Erscheinung. Das kann beispielsweise durch das Logo, aber auch mit der Nutzung von Räumlichkeiten des Unternehmens geschehen. Corporate Placements sind vor allem für Dienstleistungsunternehmen besonders interessant, da Dienstleistungen im Vergleich zu Produkten einen hohen Erklärungsbedarf besitzen. Der Nutzen einer Dienstleistung, Kundenfreundlichkeit oder auch die Servicequalität lassen sich im Rahmen eines Corporate Placements gut herausstellen. Corporate Placements eignen sich auch gut im Rahmen von Employer Branding.

Ein schönes Corporate Placement-Beispiel abseits der Influencer-Welt ist der Kinofilm »Prakti.com«, in dem sich die beiden Protagonisten Billy und Nick bei dem Unternehmen Google bewerben. Der Film wurde am Unternehmenssitz von Google gedreht, und zahlreiche Produkte des Unternehmens kommen in der Handlung des Films vor. Der Film wurde aber nicht von Google produziert.

3.3.6 Innovation Placement

Diese Placement-Form eignet sich vor allem für Unternehmen der Technologiebranche. Dabei werden in Filme und Videos innovative Produkte eingebunden, die noch nicht am Markt erhältlich sind oder sich sogar noch in der Entwicklung befinden. Das Unternehmen stärkt damit sein Profil als Innovationstreiber und kann dadurch verschiedene Ziele erreichen, wie zum Beispiel Steigerung des Absatzes derzeitiger Produkte, erhöhte Attraktivität als Arbeitgeber oder auch Akzeptanz für zukünftige Technologien in der Gesellschaft und damit verbunden die Durchsetzung notwendiger Gesetze.

3 Alle veröffentlichten Videos finden Sie auf YouTube in einer Playlist von »The Mansion«: *https://www.youtube.com/playlist?list=PLODlseQFKfNSI2984ORMD1iQCeTeEkyKw*

So setzt auch die Chemie Wirtschaftsförderungs-GmbH seit einiger Zeit auf Innovation Placements. In Kooperation mit zahlreichen Influencern werden unter dem Hashtag #DeineChemie zielgruppengerechte Inhalte ausgespielt, in denen die Influencer mit in der chemischen Industrie erzeugten Gütern und Innovationen in Kontakt kommen (siehe Beispiel in Abbildung 3.11).

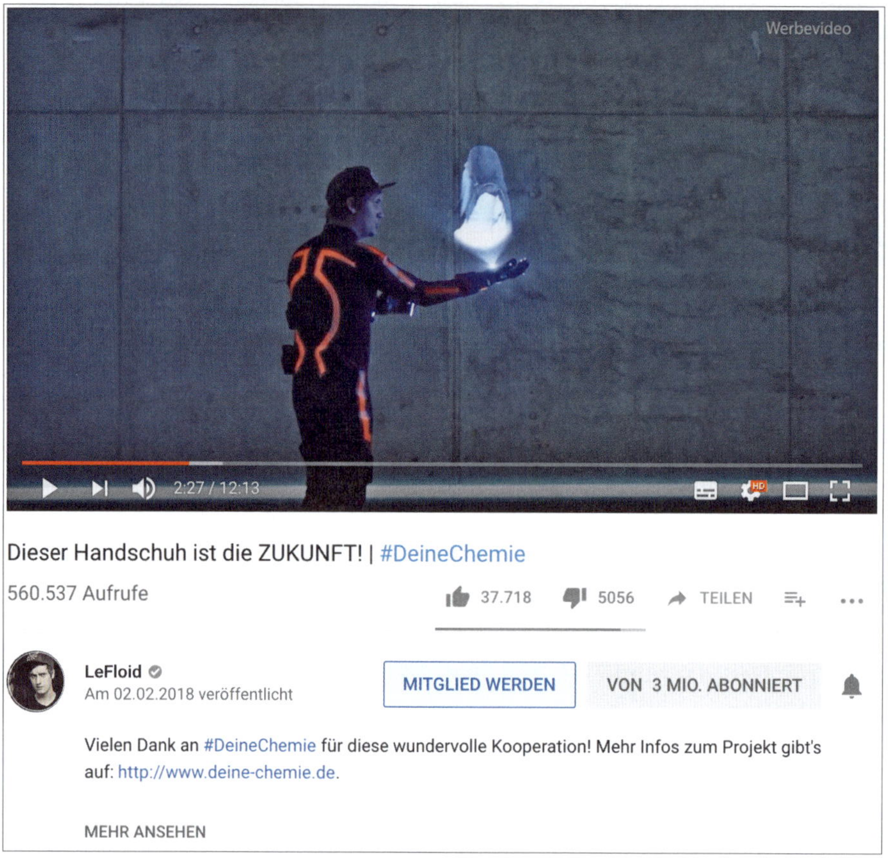

Abbildung 3.11 Der YouTuber LeFloid hat unter dem Hashtag #DeineChemie ein Video veröffentlicht (https://youtu.be/2X9pbO2dFaY).

3.3.7 Celebrity Placement

Der Begriff Celebrity Placement wird uneinheitlich verwendet. In manchen Fällen wird darunter das kostenlose Verteilen von PR-Samples zusammengefasst, während in manch anderem Kontext die Platzierung eines Prominenten in den Massenmedien gemeint ist. In letzterem Fall steht dies in starkem Zusammenhang mit der Vermarktung einer Person und ihrer Formierung zu einer eigenen Marke. Hierzu kann beispielsweise Elon Musk, Gründer zahlreicher US-Unternehmen wie des

Automobilherstellers Tesla und des Raumfahrtunternehmens SpaceX, angeführt werden, der häufig in Unterhaltungsmedien auftritt und damit nicht nur sich als Marke weiter profiliert, sondern diese positive Strahlkraft gleichzeitig auch auf seine Unternehmungen übertragen kann.

PR-Samples

PR-Samples sind höchst beliebt im Marketing von Unternehmen. Meist werden dazu bekannten Persönlichkeiten (und damit natürlich auch Influencern) kostenfreie Produkte zur Verfügung gestellt, damit sie bei Gefallen verwendet werden können. Allein die Verwendung der Produkte in der Öffentlichkeit löst bereits ein verstärktes Interesse bei den erreichten Menschen aus. Sie müssen die Berühmtheiten nicht einmal als Idole ansehen – bereits der Wunsch, das gleiche Lebensgefühl durch die Nutzung der Marke oder der Produkte zu erlangen, ist bereits Motivation genug, Marken einen Vorzug zu geben.

PR-Samples sind bei vielen Unternehmen sehr beliebt, da die Zielgruppen der Social-Media-Influencer in der Regel sehr spitz zugeschnitten und die Reichweiten verhältnismäßig groß sind. Wenn Sie einem YouTuber PR-Samples zuschicken, bedenken Sie, dass die führenden Kanäle seltener auf die »kostenfreie« Platzierung von PR-Samples zurückgreifen. Ihr Produkt muss dazu schon sehr gut zum Influencer passen oder die Aufmerksamkeit des Influencers beispielsweise durch eine aufwendige und individuell zugeschnittene Verpackung erlangen. Denn Influencern werden sehr häufig Unmengen an Produkten zugeschickt. Es ist also schwieriger, als Unternehmen auf diesem Weg ohne eine »Hype-Marke« Erfolg zu haben.

3.4 Die eigenen Kanäle in die IM-Strategie einbinden

Influencer agieren bei den meisten Kooperationen auf ihren eigenen Plattformen. Sie drehen zum Beispiel Videos mit Produktplatzierungen, die sie auf ihren YouTube-Kanälen online stellen, veröffentlichen Blogposts auf ihrem Blog oder veröffentlichen Inhalte auf Instagram. Sie erreichen damit ihre eigenen regelmäßigen Follower und Abonnenten, die ihnen ihr Vertrauen entgegenbringen. Letztendlich bestehen Influencer also immer aus ihrer eigenen Person und den dazugehörigen Accounts, die tausende oder gar Millionen Menschen abonniert haben. Die Kombination aus Glaubwürdigkeit und Vertrauen gegenüber einer einzelnen Person einerseits sowie deren Social-Media-Accounts mit zahlreichen Followern ist der Wert für Unternehmen und ihre Marken.

Das bedeutet aber nicht, dass die Social-Media-Kanäle Ihrer Marke nicht auch in Kooperationen eingebunden werden können. Im Gegenteil: Es ist sogar ausdrücklich empfehlenswert! Im Folgenden lernen Sie eine Handvoll Möglichkeiten kennen, wie Sie genau das anstellen können.

3.4.1 Verlinkungen/Markierungen auf eigene Kanäle

Auf allen Social-Media-Plattformen gibt es die Möglichkeit, andere Accounts zu verlinken. Über eine solche Verlinkung gelangen Nutzer direkt zu dem jeweils verlinkten Account. Meist wird diese Verlinkung über ein @ mit nachgestelltem Nutzernamen realisiert. Auf Instagram ist diese Funktion besonders umfangreich: Hier kann man andere Accounts nicht nur in der Beschreibung des Inhalts »anklickbar« verlinken, sondern auch auf Bildern oder in Storys – das nennt sich dann Markierung.

Auf YouTube bietet sich die direkte Verlinkung in der Videobeschreibung an, zum Beispiel zu einer Landing-Page oder Unternehmenswebsite. Auch wenn Sie davon ausgehen sollten, dass nur ein sehr kleiner Prozentsatz der Betrachter eines YouTube-Videos auch auf externe Links klickt, können solche Linksetzungen durchaus einen gewissen Traffic generieren. Ebenfalls möglich: Infokarten zu externen Seiten oder ein Kanal-Link in der Endcard eines Videos.

Endcards und Infokarten

Endcards lassen sich am Ende eines jeden YouTube-Videos einrichten. Sie enthalten Schaltflächen zum Abonnieren des eigenen oder eines fremden YouTube-Kanals und bei Bedarf auch Links zu weiteren Videos. So besteht für Zuschauer nach dem Betrachten eines Videos die Möglichkeit, sich weitergehend zu informieren oder einen Kanal zu abonnieren.

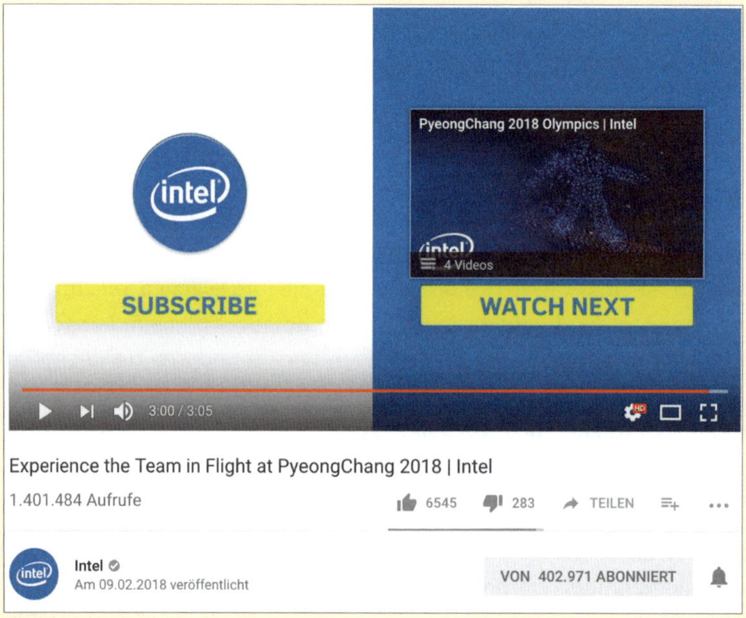

Abbildung 3.12 Jeder YouTube-Kanal kann Endcards für ein Video definieren, wie hier am Beispiel des Kanals von Intel.

Infokarten können in einem Video platziert werden. Sie werden während des Betrachtens in Form eines Titels in der rechten oberen Ecke des Videoplayers angezeigt und verschwinden nach wenigen Sekunden hinter einer dort verbleibenden Schaltfläche, die mit »i« beschriftet ist. Per Klick auf diese Schaltfläche werden alle Infokarten des Videos in der rechten Hälfte des Videos angezeigt. Ein Klick auf eine der Infokarten kann beispielsweise zu einer externen Website führen.

Wenn Sie mit Influencern zusammenarbeiten, sollten Sie je nach Zielsetzung überlegen, auch Ihre eigenen Accounts verlinken zu lassen. So können Sie die Kooperation auch dazu nutzen, Ihre eigenen Accounts in das Blickfeld zu führen, und Follower/Abonnenten für ihre eigenen Accounts gewinnen.

3.4.2 Repostings

In diesem Buch werden Sie des Öfteren von sogenannten Reposts lesen. Gemeint ist damit das erneute Posten von Beiträgen eines Influencers auf den unternehmenseigenen Social-Media-Kanälen. Ein solches Vorgehen muss innerhalb einer Kooperation natürlich abgesprochen sein – allein schon, um rechtlich auf der sicheren Seite zu sein. Denken Sie außerdem immer daran, den Influencer als Quelle des Inhalts auch zu markieren/zu verlinken.

3.4.3 Influencer als Testimonials

Influencer-Kooperationen müssen nicht immer nur darauf beschränkt sein, die Gesichter der Influencer nur auf deren eigenen Kanälen zu zeigen. Influencer als Testimonials sind keine Seltenheit. Insbesondere wenn sie in sehr enger Verbindung zur Marke stehen, kann eine Marke über den Testimonial-Einsatz auf eigenen Kanälen nahbarer werden: Die Marke erhält dadurch ein Gesicht.

3.4.4 Influencer als Moderatoren/Takeover

Über den Einsatz von Influencern als Testimonials hinaus geht der Einsatz als Moderatoren auf den eigenen Kanälen. Auf einem Branded YouTube-Channel bringt der Moderatoren-Einsatz gleich mehrere Vorteile mit sich:

- YouTuber bringen häufig einige ihrer Abonnenten mit auf den Branded Channel, da diese sich interessieren.
- YouTuber wissen, wie man eine Zielgruppe auf YouTube perfekt anspricht – sie sind damit als Moderatoren perfekt geeignet.
- YouTuber erzeugen durch ihre eigene Online-Präsenz mehr Vertrauen bei Zuschauern als gebuchte Moderatoren, die ansonsten im Netz wenig bekannt sind.

Auf anderen Kanälen bietet sich vielleicht auch ein Takeover an: Hierbei übernimmt ein Influencer beispielsweise für einen Tag das Bespielen der Instagram-Story einer Marke, um von einer bestimmten Veranstaltung oder Ähnlichem zu berichten. Kündigt der Influencer das Engagement auf seinen eigenen Kanälen an, werden auch hier einige seiner Follower auf den Markenkanal folgen. Ergo: Mehr Aufmerksamkeit für die eigenen Kanäle.

4 Influencer-Auswahl

Vor dem Erstkontakt steht die Auswahl der Influencer: Wer kommt überhaupt in Frage? Und was sollen die Influencer in der Kooperation leisten?

Wer den Entschluss gefasst hat, mit Influencern zusammenzuarbeiten, steht vor der wohl größten Herausforderung: Wer kommt überhaupt für eine Kooperation in Frage? Es scheint unzählige Influencer zu geben, und mit ein bisschen Fantasie kann ein Food-Instagrammer auch problemlos mit einem Kreuzfahrt-Unternehmen kooperieren. Aber ist das wirklich sinnvoll?

Um sich dieser Frage zu stellen, gilt es, Kriterien für die Influencer-Auswahl zu kennen und sich intensiv mit eventuell in Frage kommenden Kandidaten auseinanderzusetzen. Dieser Schritt kostet zwar Zeit, ist aber dennoch einer der wichtigsten Schritte im Influencer-Marketing überhaupt. Falsch ausgewählte Influencer, die nicht zu einer Marke passen oder eine ganz andere Zielgruppe ansprechen, sorgen dafür, dass die Erwartungen an das Influencer-Marketing nicht erfüllt werden können. Nehmen Sie sich also für die Suche nach passenden Influencern ruhig etwas mehr Zeit, und beachten Sie dabei die in diesem Kapitel vorgestellten Kriterien. Let's go!

4.1 Wie lassen sich Influencer unterscheiden?

Wer Influencer für eine Kooperation auswählen möchte, muss zunächst wissen, wie sich Influencer überhaupt unterscheiden lassen. Klar, da gibt es die Themen, mit denen sich ein Influencer beschäftigt und die er an seine Follower kommuniziert. Und natürlich gibt es auch die Unterscheidung nach Größe: Mehr Menschen, die durch einen Influencer erreicht werden können, versprechen mehr potenzielle Kontakte auf einen Schlag. Aber wie sieht es mit der Glaubwürdigkeit aus, und welche Unterscheidungskriterien gibt es noch bei der Betrachtung der Influencer-Welt?

Die wichtigsten Kriterien zur Unterscheidung von Influencern sind die folgenden:

- **Inhaltlich, Expertenstatus zu einem bestimmten Thema**
  Das wohl offensichtlichste Unterscheidungskriterium ist die Grundthematik, mit der sich der Influencer auseinandersetzt. Es gibt viele verschiedene Themen, zu

denen sich Influencer in den sozialen Netzwerken äußern: Von klassischen breitenwirksamen Themen wie Fashion und Lifestyle bis hin zu sehr spezifischen Themen, deren Zielgruppe überschaubarer ist – so zum Beispiel bei B2B-Influencern, die sich mit Themen aus dem Unternehmenskontext auseinandersetzen. In welche Kategorie lässt sich der Influencer also einordnen? Welche Themen behandelt er und wie sehr ist er Experte in diesem Bereich?

Ein Food-Influencer kann zum Beispiel Ernährungswissenschaften studiert haben, ein vielbeachtetes Vegan-Kochbuch geschrieben und neben seinem Leitmedium YouTube noch einen erfolgreichen Blog zum Thema betreiben. Sein Expertenstatus ist also nicht nur durch YouTube-Videos oder Fotos auf Instagram belegt, sondern hat darüber hinaus auch noch weitere Komponenten, die ihn mit vorhandener Fachkompetenz zum Experten machen. Es kann sich durchaus lohnen, nach solchen Influencern Ausschau zu halten, wenn die eigene Marke eine hohe Glaubwürdigkeit vermittelt.

Das bedeutet aber im Umkehrschluss nicht, dass Influencer immer Experten auf ihrem Themengebiet sein müssen. Bleiben wir beim Essen: Der unbedarfte Influencer, der ausschließlich Fotos von seinem Essen veröffentlicht und dabei die verschiedensten Produkte verwendet, kann ebenso glaubwürdig bei seinen Followern und relevant für eine Themenkategorie sein – im Netz zahlen Authentizität und Charakter sehr stark auf den Expertenstatus eines Influencers ein.

- **Follower, Abonnenten**
  Wer Influencer unterscheiden möchte, landet sehr schnell direkt nach der Themeneinordnung bei handfesten Zahlen. Da werden insbesondere Zahlen zu Followern, Abonnenten und Video-Views verglichen, weil all diese Daten auf den meisten Plattformen öffentlich einsehbar sind. Gleichzeitig bemessen diese Zahlen natürlich auch die Reichweite, also die Anzahl der Personen, die potenziell mit einem Posting erreicht werden kann. Das macht es interessant, denn schließlich möchte man wissen, wie viele Menschen bei einer Influencer-Kooperation erreicht werden könnten. Wie Sie Influencer mit unterschiedlichen Reichweiten unterscheiden und wie Influencer mit unterschiedlichen Reichweiten agieren, erfahren Sie ausführlich in Abschnitt 4.3, »Influencer klassifizieren«.
- **Persönlichkeit über die Social-Media-Präsenz hinaus**
  Experte zu sein ist eine Sache, eine bekannte Persönlichkeit zu sein, eine andere: Wie bekannt ist ein Influencer? Ist er nur auf einer Plattform aktiv, oder bedient er gleich mehrere mit unterschiedlichen Inhalten? Und wie sieht es eigentlich außerhalb der sozialen Medien aus?

  Um herauszufinden, wie bekannt ein Influencer ist, lohnt bereits eine einfache Google-Suche, bei der Sie den Fokus nicht nur auf Suchergebnisse zu den Accounts des Influencers legen, sondern auch auf sekundäre Medien: Wird über den Influencer auch in klassischen Medien berichtet? Ist er vielleicht sogar so bekannt, dass er einen eigenen Wikipedia-Artikel besitzt, an dem auch mehr als ein Autor gearbeitet hat? Häufig finden sich auch Blog-Artikel und andere Social-Media-Accounts oder Videos über den Influencer, sobald er eine gewisse Bekanntheit erreicht hat. So lässt sich in etwa abschätzen, ob der Influencer auch weitergehend rezipiert wird oder ein einsames Dasein in den sozialen Medien fristet.

Nicht wenige Influencer werden übrigens als Speaker auf Konferenzen gebucht. Dazu müssen sie nicht einmal eine Millionen-Reichweite im Netz haben, sondern können auch bereits aufgrund ihres Expertenstatus mit relativ wenigen Followern für eine Zuhörerschaft interessant sein. Auch solche Ergebnisse könnte eine Suche also zutage fördern. Schauen Sie möglichst breit, wo ein Influencer überall in Erscheinung tritt und welche Themen er dabei besetzt!

- **Engagement Rate**
  Die Engagement Rate ist das Verhältnis zwischen Interaktionen und Reichweite. Dabei versteht man unter Reichweite die Anzahl der Personen (Unique User), die einen Inhalt gesehen haben, und unter Interaktionen die Anzahl der Likes, Kommentare und Bewertungen.

$$\text{Engagement Rate} = \frac{\text{Interaktionen}}{\text{Reichweite}} \times 100$$

Abbildung 4.1 Die allgemeine Berechnung der Engagement Rate

Wie Sie später in Kapitel 8, »Influencer-Kooperationen auswerten«, noch sehen werden, wird die Engagement Rate häufig auch als Verhältnis von Interaktionen zu Followern betrachtet, weil die Reichweite beispielsweise auf Instagram nicht öffentlich einsehbar ist. Bei der Influencer-Auswahl bleibt je nach Plattform-Betrachtung keine andere Möglichkeit, als dieses Vorgehen zu wählen – achten Sie aber darauf, die Engagement Rate einheitlich zu berechnen. Und seitdem sich in den YouTube Analytics abrufen lässt, wie oft ein Video mit Thumbnail angezeigt wurde (hier Impressions genannt), bevor jemand darauf geklickt hat, sollte man auch dort genau fragen, wie die Engagement Rate berechnet wurde.

Für die Plattformen YouTube und Instagram berechnet sich die Engagement Rate in der Praxis üblicherweise wie folgt:

YouTube: ER = (Interaktionen / Views) × 100

In Interaktionen eingeschlossen werden die Anzahl der Kommentare sowie die Anzahl der Likes und Dislikes.

Instagram: ER = (Interaktionen / Follower) × 100

In Interaktionen eingeschlossen werden die Anzahl der Likes und der Kommentare.

- **Like-Dislike-Ratio**
  Wenn Sie Influencer auf YouTube betrachten, wird Ihnen die Bewertungsfunktion unter jedem Video auffallen (Daumen hoch, Daumen runter). YouTube gibt aus, wie viele positive und negative Bewertungen ein Video erhalten hat. Wenn Sie diese beiden Zahlen in ein Verhältnis setzen, erhalten Sie die sogenannte Like-Dislike-Ratio. Je größer das Verhältnis ist, umso positiver wurde ein Video im Verhältnis bewertet – sofern die Anzahl der Likes gegenüber den Dislikes überwiegt. Wie auch bei negativen Kommentaren gilt hier, dass negative Bewertungen immer existieren. Sollten Sie also zum Beispiel auf ein Verhältnis von 30:1 für ein Video kommen, so können Sie von einem sehr gut bewerteten Video ausgehen. Bei einer Like-Dislike-Ratio weit unter 10:1 sollte man jedoch schon einmal genauer hinsehen, was die Ursachen für die Bewertungen sind. Hat ein Influencer konstant über sehr viele Videos eine sehr niedrige Like-Dislike-Ratio, zeugt das von einer geringen Glaubwürdigkeit.

Abbildung 4.2 In diesem YouTube-Beispiel liegt eine sehr gute Like-Dislike-Ratio von rund 27:1 vor.

  Andere gängige Plattformen bieten keine Möglichkeit zur negativen Bewertung, sodass diese Auswertungsmöglichkeit leider nur bei YouTube besteht.

- **Demografische Merkmale der Zielgruppe**
  Influencer haben eine recht spezifische Zielgruppe, die sich anhand demografischer Merkmale beschreiben lässt. Die entsprechenden Daten sind allerdings nicht öffentlich einsehbar und können nur über die Statistiken und Analytics des Influencers abgerufen werden. Wenn Sie mit einem Influencer zusammenarbeiten möchten, fragen Sie also nach der Zielgruppe, die er hauptsächlich anspricht. So können Sie entscheiden, ob der Influencer überhaupt die Menschen ansprechen kann, die Sie gerne mit Ihrer Botschaft erreichen möchten. Die Zielgruppenbeschreibung sollte mindestens folgende Punkte umfassen:
  - Altersverteilung
  - Geschlechterverteilung
  - geografische Zielgruppe (Wohnort)
- **Sprachen**
  Das Alter der Zielgruppe ist nicht zuletzt auch ein sehr wichtiger Faktor, wenn es um den Preis Ihrer Produkte geht. So können Sie zum Beispiel hochpreisigen

Schmuck nicht in einer Alterszielgruppe der 10- bis 14-Jährigen über Influencer anpreisen – die Zielgruppe hat schlicht nicht die Kaufkraft und auch nicht die Durchsetzungskraft für solche Investitionen. Gleichzeitig gibt es aber sehr viele Influencer, die jugendliche Zielgruppen ansprechen. Wägen Sie deshalb vor einer entsprechenden Kooperation sorgfältig ab, ob die angesprochene Zielgruppe überhaupt in Ihre Käuferzielgruppe fällt oder einen entscheidenden Einfluss auf Ihre Käuferzielgruppe haben kann.

- **Konstanz der KPIs**
  Die meisten Influencer veröffentlichen sehr regelmäßig neue Inhalte auf allen Plattformen. Eine konstante Veröffentlichung sorgt für eine hohe Präsenz bei der Zielgruppe und damit allgemein für eine höhere Bindung und ein größeres Vertrauen. Betrachtet man nun die Key-Performance-Indikatoren dieser Inhalte über einen längeren Zeitraum, lässt sich feststellen, wie treu die Zielgruppe ihrem Influencer folgt. Starke Schwankungen in Likes und Views machen es schwieriger, eine Prognose für eine Kooperation zu wagen. So ist es schwierig, im Vorhinein einzuschätzen, wie viele Menschen die zu einer Kooperation gehörenden Inhalte überhaupt sehen werden und wie hoch das Engagement ausfallen wird.

Beispiel für starke Schwankungen der KPIs

Es geht nicht darum, dass ein Influencer mit jedem seiner Inhalte genauso viele Menschen erreichen muss. Das ist schon aufgrund von Algorithmen nicht zu 100 Prozent beeinflussbar. Lassen Sie uns deshalb zwei Beispiel betrachten.

1. Sie haben einen YouTuber mit 50.000 Abonnenten auf seinem Kanal gefunden, der zu ihren Produkten passen könnte. Sie betrachten nun einige seiner letzten Videos:

Titel	Views	Videolänge
Video 1 – Vlog	37.000	5:37 min
Video 2 – Vlog	42.000	6:13 min
Video 3 – Musikvideo	250.000	3:40 min
Video 4 – Vlog	46.000	4:52 min

Die Views der einzelnen Videos sind recht konstant – bis auf einen Ausreißer. Betrachten Sie nun die Titel der Videos, wird Ihnen auffallen, dass es sich bei dem Ausreißer um ein Musikvideo handelt. Musikvideos von Influencern erhalten in der Regel mehr Aufrufe, da sie sogenannten Hero-Content darstellen[1] und zudem oft

1 Mehr zu den einzelnen Unterscheidungen im YouTube Strategy Framework lesen Sie in dem Buch »Video ist King!«, das ebenfalls im Rheinwerk Verlag erschienen ist.

mehrfach aufgerufen und geteilt werden. Daraus schließen Sie: Der Kanal weist eine gute Konstanz auf, und bei einer eventuellen Kooperation ließe sich recht gut abschätzen, wie viele Menschen das Video sehen könnten.

2. Wir bleiben bei YouTube: Sie haben einen weiteren Kanal gefunden, der thematisch zu Ihnen passen würde und ebenfalls 50.000 Abonnenten aufweist. Die letzten vier Videos sehen wie folgt aus:

Titel	Views	Videolänge
Video 1 – Vlog	37.000	5:32 min
Video 2 – Vlog	12.000	5:19 min
Video 3 – Vlog	67.000	5:40 min
Video 4 – Vlog	17.000	4:55 min

Wenn Sie die Views der einzelnen Videos vergleichen, fällt direkt die starke Schwankung auf. Sie ist unabhängig vom Format, da es sich stets um Vlogs handelt, und auch unabhängig von der Videolänge, die immer ähnlich ist. Bei ungewöhnlich langen Videos wäre ein Einbruch der Views durchaus zu erklären gewesen, da viele Abonnenten die Zeit vielleicht nicht aufbringen wollten. Sie kommen also zu dem Schluss: Es ist nicht gut absehbar, wie viele Menschen bei einer Kooperation erreicht werden könnten, und es besteht der Verdacht, dass die Zuschauerbindung nicht sehr hoch ist.

Viele der oben genannten Kriterien lassen eine Bewertung der Glaubwürdigkeit von Influencern zu. Bekanntheit, Akzeptanz und Glaubwürdigkeit sind wichtige Faktoren, damit sich Menschen langfristig mit einer Marke auseinandersetzen – und somit auch mit Influencern. Glaubwürdigkeit ist kein eindeutiger Zustand, sondern vielmehr eine Größe: Je glaubwürdiger uns die Aussagen einer anderen Person erscheinen, umso eher sind wir bereit, diese Aussagen als gültig zu bewerten. Erst eine hohe Glaubwürdigkeit ist Grundlage dafür, unser Handeln beeinflussen zu können. Wie können Sie also die Glaubwürdigkeit von Influencern bewerten?

Tatsächlich ist das gar nicht so einfach! Denn was Ihnen subjektiv bei der Betrachtung eines Influencers als unglaubwürdig erscheinen mag, kann seine Zielgruppe durchaus ganz anders bewerten. Sie stoßen bei der Recherche nach Influencern vielleicht auf jemanden, der in Ihren Augen ganz offensichtlich und plump nur Werbung für Produkte macht. Die Zielgruppe des Influencers folgt ihm aber sicherlich nicht aus diesem Grund. Die Motivation rührt vielmehr aus einer Glaubwürdigkeit, die aufgrund verschiedenster Äußerungen und Darstellungen entstanden ist. Was für den einen offensichtlich unglaubwürdig ist, kann für andere Menschen eine ganz andere Bedeutung haben, weil mehr oder andere Gesichtspunkte betrachtet werden. Die individuelle Sicht und die Vorerfahrung jedes Einzelnen spielen hier eine große Rolle.

Um die Glaubwürdigkeit eines Influencers bei seiner Zielgruppe (!) möglichst objektiv zu beurteilen, sollten Sie sich neben typischen Key-Performance-Indikatoren wie der Engagement Rate oder der Like-Dislike-Ratio unbedingt die Kommentare und die Rezeption in den sozialen Medien ansehen. Dazu können Sie die Kommentare einzeln qualitativ betrachten oder viele Kommentare auf einmal in einer Word-Cloud auswerten, in der Wörter, die häufig in den Kommentaren verwendet werden, größer dargestellt werden. Positiv besetzte Wörter lassen auf eine eher höhere Glaubwürdigkeit deuten als negativ besetzte.

Vor der Zusammenarbeit mit einem Influencer sollten Sie ihn immer abschließend qualitativ betrachten. Denken Sie aber immer daran, objektiv zu bleiben: Kritische und negative Kommentare gibt es überall – das verhältnismäßige Gewicht ist ein Faktor, den Sie zur Glaubwürdigkeits-Bewertung stets im Blick haben sollten. Ein paar kritische Kommentare sind auch gar nicht so schlecht, denn häufig sind es gerade die kritischen Äußerungen, die dafür sorgen, dass sich andere in ihrer Überzeugung noch klarer zu diesen abgrenzen.

4.2 Die Influencer-Typen

Zahlreiche Studien haben bereits versucht, Influencer-Typen zu definieren. Sie kommen dabei manchmal auf vier, fünf, sechs oder sogar mehr als zehn unterschiedliche Typen, die sich unter den Influencern finden lassen sollen. Dass alle zu anderen Ergebnissen kommen, liegt nicht etwa an einer unterschiedlich genauen Abgrenzung, sondern vielmehr an der grundsätzlichen Herangehensweise: Ist eine Unterteilung von Influencern nach ihren Inhalten, nach ihrer Motivation oder nach ihrem Werdegang sinnvoller?

Letzteres mag zwar grundsätzlich interessant sein, hilft jedoch bei der Influencer-Auswahl kaum weiter. Es ist deshalb wesentlich sinnvoller, eine eher inhaltliche Betrachtung durchzuführen. Eine solche Betrachtung hat auch die Social-Media-Agentur tobesocial durchgeführt, und sie ist auf insgesamt sechs verschiedene Influencer-Typen gekommen.[2] Den Aktuellen, den Lifestyler, den Entertainer, den Aktivisten, den Experten und den Künstler.

2 Nachzuschlagen auch unter *http://tobesocial.de/blog/infografik-influencer-marketing-social-media-agentur-youtube-facebook-instagram-empfehlungsmarketing*

Der Aktuelle

In diese Kategorie fallen alle Influencer, die sich mit aktuellen Themen auseinandersetzen. Damit sind nicht nur die Nachrichten aus aller Welt, sondern vielmehr allgemein alle Themen mit einem hohen Aktualitätswert gemeint. Entsprechend beschäftigen sich Influencer dieser Kategorie zum Beispiel mit Klatsch und Tratsch, den neuesten Produktvorstellungen oder den neuesten Trends der sozialen Netzwerke.

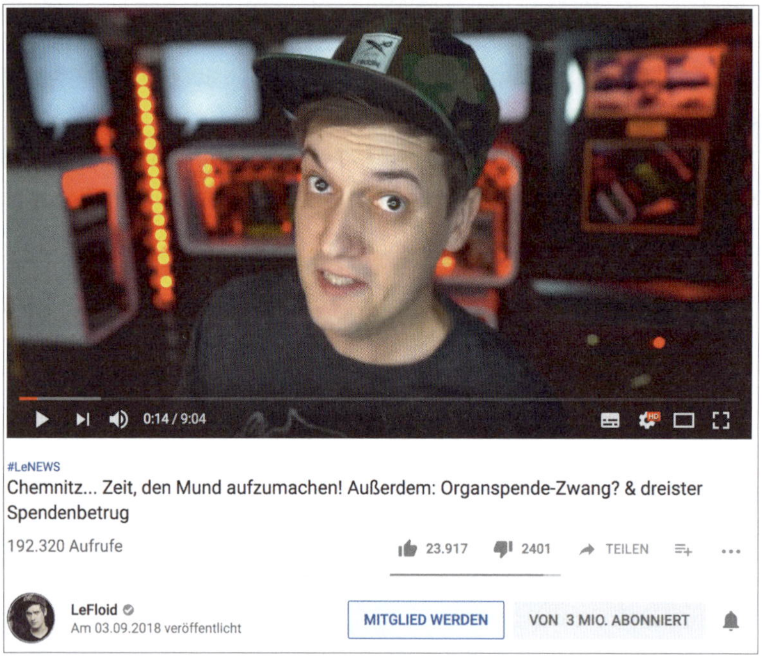

Abbildung 4.3 Der YouTuber LeFloid fällt in die Kategorie »Aktuelle« (https://www.youtube.com/watch?v=YVFXzkB-pKE).

Der Lifestyler

Unter dem Lifestyler wird ein Influencer mit hohem Bezug zu Themen wie Fashion, Wohnen, Essen, Sport, Gesundheit oder auch Reisen verstanden. Diese Kategorie ist sicherlich für viele Unternehmen eine der interessantesten, da sich sehr viele Konsumgüter bei Lifestyle-Influencern unterbringen lassen und diese gleichzeitig auch noch hervorragend als Trendsetter funktionieren.

Der Entertainer

Während beim Lifestyler im Vordergrund steht, stets voll im Trend zu sein, will der Entertainer vor allem eines: Unterhalten. Comedy-Formate und Parodien sind unter anderem sein Zuhause. Er spielt Videospiele, beschäftigt sich mit Popkultur-

Themen und berichtet aus seinem persönlichen Alltag. Seine Follower sind treue Fans, die seine Art und seinen Humor lieben.

Der Aktivist

Gesellschaftliche Themen, Politik und Wirtschaft liegen dem Aktivisten am Herzen: Wo immer er sich in den sozialen Netzwerken aufhält, versucht er, die Dinge zu hinterfragen und etwas zu bewegen. Er agiert nicht selten investigativ und beteiligt sich schlagfertig an Diskussionen im Netz. Influencer-Kooperationen sind in der richtigen Konstellation durchaus möglich, sofern Sie sich selbst politisch einbringen möchten (zum Beispiel als Verband, Umweltschutzorganisation oder andere Interessensvertretung).

Der Experte

Es gibt wohl keinen, der mehr mit Wissen und einer besser fundierten Meinung glänzen kann als der Experte. Influencer als Experten gibt es in fast jeder Nische. Seine Accounts werden nicht nur abonniert, weil die Follower regelmäßig seine Meinung zu einem spezifischen Themenbereich hören wollen. Viele seiner Inhalte werden über Suchfunktionen gefunden, weil Menschen bestimmte Informationen suchen. Im Rahmen einer SEO-Influencer-Kooperation oder bei erklärungsbedürftigen Produkten ist der Experte also eine gute Wahl.

Abbildung 4.4 Nico Pliquett ist Influencer-Experte für Autothemen. Im Video stellt er den neuen BMW 8er vor (https://youtu.be/Nav079DZ7Bw).

Der Künstler

Ein eigener Stil und eine individuelle Bildsprache ist nicht alles, was den Künstler charakterisiert. Er kreiert Inhalte auf eine neue Art, probiert aus und spielt mit Bildsprache und Design. Ihm liegt am Herzen, die Welt aus neuen Perspektiven zu betrachten. In der Themenwahl ist diese Kategorie sehr breit aufgestellt, weshalb eine Kooperation vor allem an dem künstlerischen Schaffen des Influencers und der Frage, ob die »Kunst« zur eigenen Marke passt, festgemacht werden sollte.

Ein Beispiel für eine gelungene Influencer-Kooperation mit einem Künstler ist »Zach King« mit der Marke Opel. »Zach King« ist ursprünglich über die Plattform Vine bekannt geworden, die mittlerweile aber abgeschaltet wurde – seitdem liegt sein Fokus auf YouTube und Instagram. Für das Automodell »Adam« wurden noch für Vine kurze Videos mit dem Fahrzeug im Stil des Künstlers gedreht (siehe Abbildung 4.5).

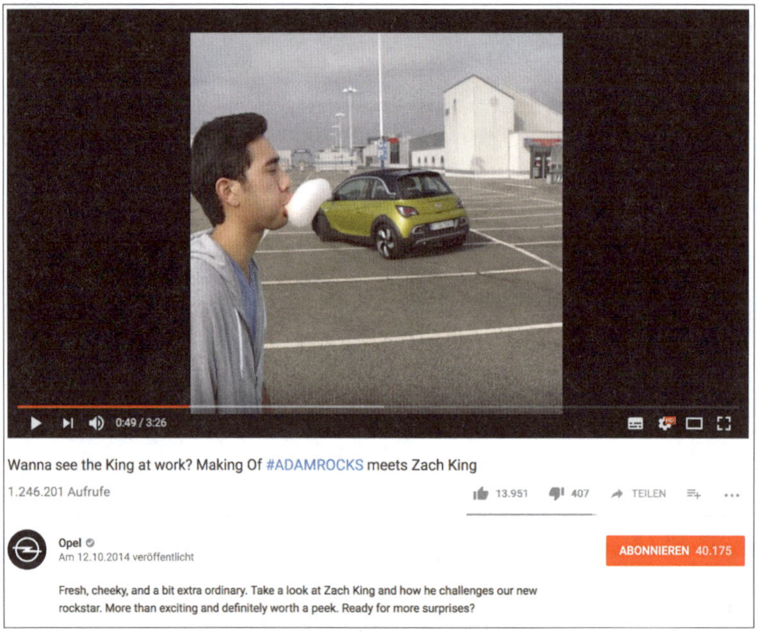

Abbildung 4.5 »Zach King« in einer Kooperation mit Opel, hier im Making-of-Video auf dem Unternehmenskanal (https://youtu.be/xuNXVBhSkbk)

4.3 Influencer klassifizieren

Auch wenn die Follower-Anzahl im Influencer-Marketing nicht unbedingt das Maß der Dinge ist, lassen sich Influencer gut danach klassifizieren. Wie Sie in den nächsten Abschnitten sehen werden, ist das auch sinnvoll: Je nach Reichweite agieren

Influencer sehr unterschiedlich, sind anders organisiert und haben eine andere Motivation, mit Ihnen zusammenzuarbeiten.

Grundsätzlich haben sich drei wesentliche Unterscheidungen eingebürgert: Micro-, Macro- und Mega-Influencer. Letztere werden Ihnen auch als Celebrity-Influencer begegnen. Darüber hinaus gibt es weitere Unterteilungen wie Nano-Influencer, die allerdings weniger gebräuchlich sind.

Auch sind die Unterteilungen nicht eindeutig abgegrenzt: Beispielsweise sehen manche Agenturen Micro-Influencer bereits ab 1.000 Followern, andere erst ab 5.000. In Tabelle 4.1 sehen Sie eine Einteilung, die in der Praxis gut angewendet werden kann.

Bezeichnung	Follower-Anzahl
Micro-Influencer	5.000 bis 50.000
Macro-Influencer	50.000 bis 1.000.000
Mega-Influencer	über 1.000.000

Tabelle 4.1 In der Marketingpraxis übliche Unterteilungen für Influencer

Die Zahlen beziehen sich in aller Regel auf das Zielmedium, in dem der Influencer hauptsächlich aktiv ist (zum Beispiel Instagram) und das für die Kooperation in Frage kommt. Die dortige Follower-Anzahl ist das Maß – es werden nicht die Follower aller Accounts des Influencers in der Summe betrachtet.

4.3.1 Micro-Influencer

Von den bereits erwähnten und eher weniger gebräuchlichen Nano-Influencern abgesehen, sind Micro-Influencer die »kleinsten« Influencer. Mit einer Follower-Anzahl von 5.000 bis 50.000 erreichen sie eine für soziale Netzwerke überschaubare Anzahl Menschen und sind deshalb vor allem in ihrer Nische bekannt. Micro-Influencer bieten meist sehr hohe Engagement Rates, da sie durch ihre relativ geringe Reichweite noch einen persönlichen Kontakt zu ihren Followern pflegen können und deshalb nahbarer sind. Gleichzeitig sind sie insbesondere im Vergleich zu Mega-Influencern wesentlich günstiger, was viele Unternehmen dazu bringt, sich auf die Arbeit mit Micro-Influencern zu konzentrieren.

Für eine Kooperation mit einem Micro-Influencer sollte man wissen, was diesen eigentlich auf den sozialen Netzwerken umtreibt und warum er überhaupt Kooperationen mit Unternehmen eingeht. Als Influencer mit vergleichsweise geringer Reichweite hat er insbesondere eine Motivation für eine Kooperation: Aufmerksamkeit. Influencer dieser Größe wissen, dass ihre Präsenz in den sozialen Netzwerken ausbaufähig ist, und so erhoffen sie sich durch Kooperationen eine größere Reichweite.

Die kann zum Beispiel entstehen, wenn Unternehmen auf Instagram das Bild eines Influencers reposten: Dabei wird das vom Influencer auf seinem eigenen Account veröffentlichte Bild auf dem Unternehmens-Account erneut veröffentlicht, und der Influencer wird darauf verlinkt und im Beschreibungstext genannt. So entsteht eine Win-Win-Situation, denn das Unternehmen muss sich nicht um die Produktion der Inhalte kümmern und kann parallel dazu die Reichweite des Influencers nutzen (er hat das Bild ja auch bereits für seine Follower gepostet). Gleichzeitig gewinnt auch der Influencer an Aufmerksamkeit für seinen Account. Das Ziel des Influencers ist also Wachstum.

Einladungen zu Events, kostenlose Produktproben und Teststellungen sind Tools, die für die Arbeit mit Influencern genutzt werden können. Micro-Influencer sehen sich selbst gezwungen, möglichst viel Content zu produzieren und zu veröffentlichen, um an Relevanz zu gewinnen. Dabei helfen ihnen Produktproben und Events, die sie für die Content-Produktion nutzen können.

Seien Sie jedoch vor einer Vorgehensweise gewarnt: Viele Unternehmen verschicken massenweise kostenlose Produkte an Influencer, ohne die Influencer vorher genauer zu betrachten. Auch hier ist es für eine erfolgreiche Kooperation essenziell, dass Influencer und Unternehmen zusammenpassen!

Motivation	Aufmerksamkeit
Ziel	Wachstum
Honorar	Einladungen zu Events, kostenlose Produktproben, Teststellungen, aber auch monetäres Honorar
Organisation	Je kleiner, umso weniger organisiert oder gemanagt; Kontakt direkt per E-Mail
Vorteil	Vergleichsweise günstig, dafür hoher Aufwand in Auswahl und Ansprache
Bietet	Meist sehr hohe Engagement Rates
Besonderheiten	Unbedingt selbsterklärende Guidelines für Kooperationen bereitstellen, die auch darauf eingehen, wie Kooperationen gekennzeichnet werden müssen. Außerdem Vorsicht vor Fake-Influencern!

Tabelle 4.2 Was Micro-Influencer kennzeichnet

Die wenigsten Micro-Influencer werden bereits durch ein Künstlermanagement vertreten und führen deshalb die Kommunikation mit Unternehmen selbst durch. Entsprechend ist auch die Kommunikation nicht immer professionell. Das kann einen hohen Aufwand für Unternehmen bedeuten, wenn viele Influencer angesprochen werden sollen, um eine hohe Reichweite zu erzielen.

Wenn es eine Influencer-Klasse gibt, in der Fake-Influencer besonders häufig vertreten sind, dann unter den Micro-Influencern. Sie sollten deshalb genau hinschauen und die in Abschnitt 4.4, »Fake-Influencer erkennen und meiden«, genannten Punkte überprüfen, sofern Sie mit Micro-Influencern zusammenarbeiten möchten.

Interview mit Daria Sophia

Daria Sophia betreibt den Instagram-Account dariiiasophia mit rund 6.000 Followern (Stand August 2018). Sie zählt dadurch als Micro-Influencerin und kooperiert von Zeit zu Zeit mit unterschiedlichen Marken. Dieses Kurzinterview soll ihre persönliche Motivation und den entstehenden Aufwand darstellen.

Was bedeuten Markenkooperationen für dich?

»Ich finde es natürlich schön, neue Produkte zu testen, die ich kostenlos zugeschickt bekomme. Gleichzeitig ist es auch eine Möglichkeit, meine Reichweite zu vergrößern. Dazu orientiere ich mich an den Instagram-Accounts der Unternehmen, um dadurch gegebenenfalls repostet zu werden. Das steigert dann die Aufmerksamkeit für meinen eigenen Account, weil ich dort auch genannt und verlinkt werde. Beispielsweise wurde ich mit einer Kooperation bei dem Instagram-Account *odernichtoderdoch.de* (rund 370.000 Follower) repostet, was mir auf meinem Account sehr viel Aufmerksamkeit gebracht hat, die in den Instagram-Insights als Profilaufrufe sichtbar war.«

Wie wählst du aus, mit wem du zusammenarbeiten möchtest bzw. welches Produkt du vorstellst?

»Zunächst muss die Marke zu meinem eigenen Image passen, das ich auf Instagram verkörpere. Ich wähle Marken schon danach aus, was ich auf Instagram darstelle. Allerdings gehen mir auch bei jeder Anfrage sofort Bilder durch den Kopf, die ich eventuell mit den Produkten der Marke machen könnte, da mir das Inszenieren viel Spaß macht. Kürzlich habe ich eine Anfrage für Müsliriegel und Fitnessartikel erhalten, obwohl ich vorher keine Kooperationen mit Marken aus diesem Segment eingegangen bin. Trotzdem nehme ich die Kooperation an, weil ich denke, dass ich es aufgrund meiner eigenen Ausrichtung glaubhaft in Bilder verpacken kann.«

Wie viel Aufwand bedeutet es für dich, einen Instagram-Post vorzubereiten?

»Der zeitliche Aufwand ist sehr unterschiedlich. Die Idee für ein Bild habe ich meist sofort bei der Kooperationsanfrage. Wenn ich nicht alles zu Hause habe, gehe ich danach Dinge wie Blumen und Dekoartikel einkaufen. Ich bin in dieser Hinsicht Perfektionistin: Das Bild muss für mich perfekt umgesetzt sein. Nachdem das Foto gemacht ist, bearbeite ich es mittlerweile ausschließlich nur noch auf dem Smartphone mit den Apps Lightroom und VSCO, wobei ich mehrere eigene Presets habe, um einen einheitlichen Look in meinem Account zu erzielen. Natürlich nimmt auch die Planung der Posts einiges an Zeit in Anspruch: Ich plane feste Kalendertage und poste meist abends zwischen 18 und 21 Uhr, weil dann meine Zielgruppe online ist. Man darf natürlich auch den Text nicht vergessen und die Suche nach den Hashtags.«

Welche Vorgaben werden dir bei den Kooperationen gemacht?

»Meiner Erfahrung nach kommt es auf die Größe und die Qualität der eigenen Social-Media-Auftritte des Unternehmens an. Vor Kurzem hat mich z. B. ein Unternehmen über Instagram Messages angeschrieben, was sehr selten passiert. Das ist aber in der Praxis gar nicht so gut, weil man ab einer gewissen Follower-Anzahl sehr viele Nachrichten erhält und dann einiges untergeht. Normalerweise wird man deshalb per E-Mail angeschrieben und erhält dort auch die Kooperationsrichtlinien. Dort enthalten ist manchmal auch ein Moodboard, das deutlich macht, was das Unternehmen selbst repostet. In den Richtlinien steht auch in aller Regel ein Hashtag, den man nutzen soll, und wie die Firma im Text zu erwähnen und zu verlinken ist. Ich selbst verlinke auf Kooperationsbildern auch keine Inspirationsseiten, sondern nur die kooperierende Marke.«

Beschreibe dich mal bitte in ein paar Worten.

»Mein Instagram-Profil war ursprünglich privat, und ich habe während meiner Zeit als Au-Pair von meinem Leben berichtet. Das mache ich auch immer noch: Mein Account besteht aus meinem Leben. Dabei habe ich schon immer versucht, alle Bilder schön aussehen zu lassen. Natürlich inszeniere ich dadurch eine schöne Welt. Aber mir macht es Spaß, ein Bild schön aufzubauen und mich als Darsteller in das Bild einzubauen.«

Abbildung 4.6 Daria Sophia fällt mit rund 6.000 Followern in die Kategorie »Micro-Influencer«.

4.3.2 Macro-Influencer

Das heimliche Ziel eines jeden Micro-Influencers dürfte es sein, Macro-Influencer zu werden. Mit 50.000 bis einer Million Followern decken Macro-Influencer eine ziemlich große Bandbreite ab. In ihrer Themennische sind sie bereits etabliert und erreichen eine relativ spitze Zielgruppe. Ihre Motivation? Den Expertenstatus beziehungsweise ihr Alleinstellungsmerkmal bewahren und ihren Lebensunterhalt damit verdienen. Das ausgeschriebene Ziel lautet deshalb auch, sich langfristig in der Themennische zu etablieren.

Wer mit Macro-Influencern zusammenarbeiten möchte, sollte schon etwas zu bieten haben. Wenngleich die wenigsten Macro-Influencer noch etwas ohne Bezahlung in die Kamera halten und sich auch nicht umsonst als Testimonial zur Verfügung stellen, sind sie trotzdem an Einladungen zu exklusiven (Marken-)Events oder speziell organisierten Influencer-Reisen interessiert. Dabei muss ihre Teilnahme allerdings schon auf das eigene Influencer-Markenimage einzahlen. Ein geschlossener Zirkel an Influencern, der von einer begehrenswerten Marke eingeladen wird? Nichts besser als das!

Natürlich kann man mit Macro-Influencern auch spannende Influencer-Kampagnen kreieren. Wer dazu an Influencer herantreten möchte, sollte dies über ein Künstlermanagement machen, da die Personen selbst meist viel zu stark ausgelastet sind und deshalb von einem Management vertreten werden. Je nach Plattform werden einige Macro-Influencer auch durch Multichannel-Netzwerke vertreten, die dann Ansprechpartner sind.

Wie findet man heraus, wer der Ansprechpartner ist?

Influencer sind verpflichtet, Kontaktdaten auf ihren Profilen anzugeben. Eine dort hinterlegte E-Mail-Adresse wird also bei den meisten Macro-Influencern zu einem Management führen, das Ihnen auf Ihre Anfrage antwortet. Im Zweifel helfen auch Influencer-Marketingagenturen weiter, die in direktem Kontakt zu unterschiedlichen Managements stehen und deren Duktus kennen.

Die Arbeit mit Macro-Influencern gestaltet sich in der Praxis meist einfacher als mit den zuvor genannten Micro-Influencern – zumindest was die professionelle Zusammenarbeit anbelangt. Wesentlich schwieriger ist es allerdings, Macro-Influencer von seiner Marke zu überzeugen: Wer so eine große Reichweite hat, weiß sich selbst als Marke zu positionieren und wählt deshalb aus den unzähligen Kooperationsanfragen sorgfältig aus.

Motivation	Expertenstatus, Alleinstellung, Monetarisierung
Ziel	Langfristige Etablierung in einer Themennische
Honorar	Einladungen zu exklusiven VPI-Events, monetäres Honorar für Produktplatzierungen, Werbevideos und Testimonials bzw. als Experten-Einsatz
Organisation	Selten Eigenmanagement, meist Künstlermanagement oder Multichannel-Netzwerk
Vorteil	Relativ große Reichweite in einer Themennische, gute Engagement Rates, professionelles Auftreten in Kommunikation, Verhandlung und Umsetzung sowie kaum Fake-Influencer-Gefahr
Bietet	Spitze Zielgruppe in einer Nische, geringe Streuverluste
Besonderheiten	Ansprache genau planen und auf den Influencer abstimmen: Macro-Influencer erhalten sehr viele Anfragen!

Tabelle 4.3 Was Macro-Influencer kennzeichnet

Abbildung 4.7 Die Instagrammerin »frauki« ist mit rund 250.000 Followern eine Macro-Influencerin. Ihre Themen sind Reisen und Fotografie, worauf sie auch ihre Kooperationen ausrichtet (z. B. Olympus oder lokale Hotels).

4.3.3 Mega-Influencer/Celebrity-Influencer

Mega-Influencer, auch Celebrity-Influencer genannt, sind die wahren Stars unter den Influencern. Mit mehreren Millionen Followern erreichen sie nicht mehr nur Menschen, die sich für eine bestimmte Themennische interessieren, sondern teilweise ganze Generationen. Entsprechend breit gefächert sind die besetzten Themen, und die Persönlichkeit selbst steht im Vordergrund. Ihre Motivation? Die vorhandene Reichweite bestmöglich zu monetarisieren, ohne die eigene Marke zu verwässern. Wenn Mega-Influencer überhaupt noch ein Ziel haben, auf das sie durch Kooperationen hinarbeiten, dann höchstens, eine noch breitere Bekanntheit zu erlangen.

Viele Mega-Influencer sehen sich als Künstler und pochen deshalb in Kooperationen auf ihre künstlerische Freiheit – die man ihnen idealerweise auch zugestehen sollte, damit Kooperationen authentisch bleiben.

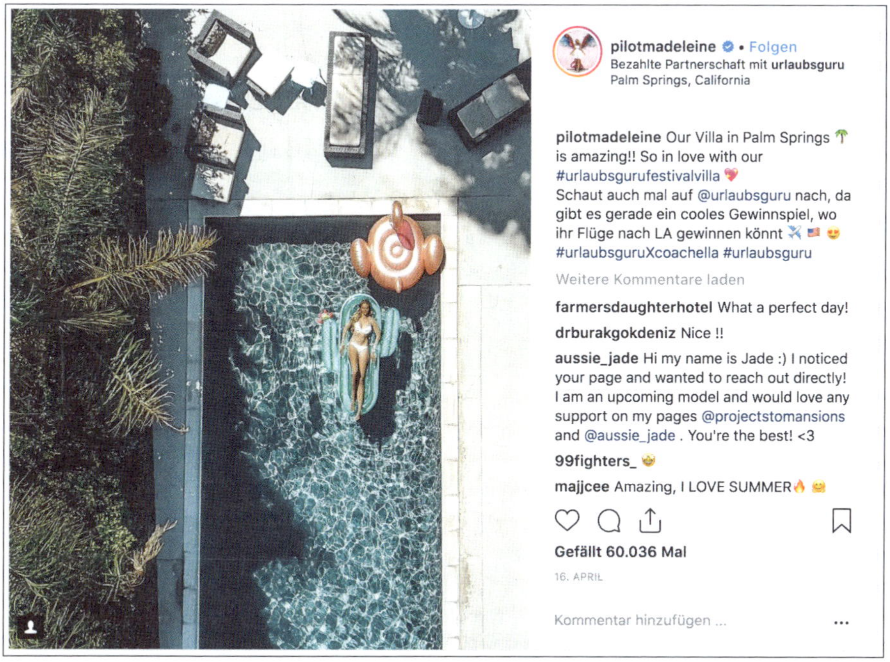

Abbildung 4.8 Die Mega-Instagrammerin »pilotmadeleine« hat zum Coachella-Festival mit urlaubsguru kooperiert.

Wenn man solche Influencer überhaupt noch zu Veranstaltungen eingeladen bekommt, müssen die Events schon äußerst exklusiv sein, so wie beispielsweise das Coachella Festival, zu dem verschiedene Marken eine ganze Reihe Influencer in einem exklusiven Rahmen eingeladen hatten[3]. Man muss jedoch auch realistisch bleiben und sich darüber im Klaren sein, dass die meisten Influencer dieser Größenordnung ohne monetäre Gegenleistung keinen Finger krümmen.

Die Zusammenarbeit mit Mega-Influencern kann vor allem aus Image-Sicht ein Zugewinn sein: Wer mit einem reichweitenstarken, über die sozialen Netzwerke hinaus bekannten und bei sehr vielen Menschen beliebten Influencer zusammenarbeitet, auf den färbt die Bekanntheit des Influencers ab. Das hat allerdings auch seinen Preis: Teuer und schwer zu überzeugen mit gleichzeitig hohen Streuverlusten und niedrigeren Engagement Rates als bei Micro- und Macro-Influencern. Kooperationen mit sehr bekannten Influencern sollten also gut durchdacht und strategisch geplant werden.

Motivation	Monetarisierung, künstlerische Freiheit
Ziel	Breite Bekanntheit
Honorar	Monetäres Honorar, ggf. auch VIP-Events
Organisation	Künstlermanagement, Multichannel-Netzwerke
Vorteil	Große Bekanntheit, auch über soziale Netzwerke hinaus, auch in klassischen Medien
Nachteil	Sehr teuer, oft schwer zu überzeugen, hohe Streuverluste durch breite Zielgruppen, meist niedrigere Engagement Rates gegenüber kleineren Influencern
Bietet	Große Reichweite mit nur einem Engagement
Besonderheiten	Ansprache genau planen und auf den Influencer abstimmen: Mega-Influencer erhalten sehr viele Anfragen!

Tabelle 4.4 Was Mega-Influencer kennzeichnet

4.3.4 Unterschiede in den Engagement Rates

Markerly.com hat sich im Rahmen einer Datenanalyse zu 800.000 Instagram-Accounts die Frage gestellt, inwiefern die Anzahl der Follower im Verhältnis zur Follower-Interaktion bei geposteten Beiträgen steht. Dass die Interaktion mit Zunahme der Follower abnimmt, konnte dabei eindeutig festgestellt werden – und zwar sowohl auf Likes als auch auf Kommentare bezogen (siehe Abbildung 4.9 und Abbildung 4.10). Lässt man Instagram-Accounts mit weniger als 5.000 Followern außen vor, ist die wesentliche Erkenntnis, dass beide Kenngrößen im Bereich der

3 Nachzulesen unter *https://www.horizont.net/marketing/kommentare/Influencer-Marketing-auf-Festivals-Wie-Levis-Orsay-und-Urlaubsguru-das-Coachella-nutzen-166434*

Micro- und Macro-Influencer (also zwischen 5.000 und 100.000 Followern) am größten sind. Wer mit mehreren Micro- und Macro-Influencern zusammenarbeitet, kann also ein höheres Engagement erwarten als bei der Zusammenarbeit mit einem Mega-Influencer, der in Summe die gleiche Follower-Anzahl besitzt.

Das bedeutet nicht, dass Mega-Influencer keine interessanten Kooperationspartner sind! Wie Sie in Kapitel 3, »Arten der Zusammenarbeit mit Influencern«, bereits gesehen haben, ist ihre Bekanntheit nicht nur auf die sozialen Netzwerke beschränkt, was den Wiedererkennungswert erhöht. Dafür sorgt auch ihre große Bekanntheit in der anvisierten Zielgruppe. Ein sehr bekannter Influencer als Testimonial ist deshalb wesentlich attraktiver als ein Micro- oder Macro-Influencer.

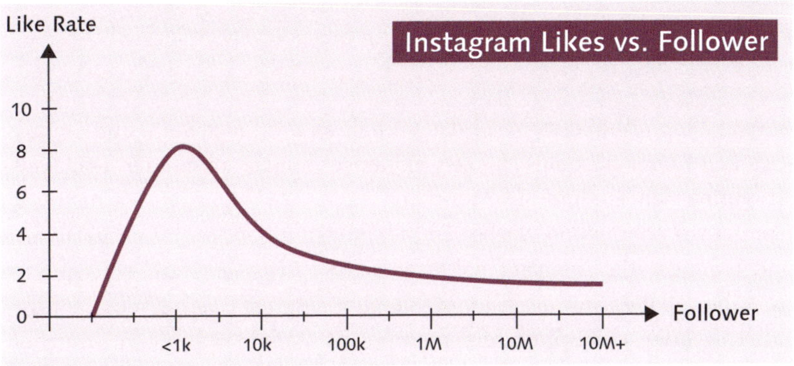

Abbildung 4.9 Ergebnisse einer Datenanalyse zum Verhältnis der Follower-Anzahl zu den erhaltenen Likes auf Instagram, durchgeführt von Markerly[4]

Unterschätzen sollte man an dieser Stelle auch nicht die Wirkung auf das Image der Marke bei einer Kooperation mit Mega-Influencern. Der YouTuber Julien Bam (allein mehrere Millionen YouTube-Abonnenten) hat in einer Kooperation mit der Marke Fanta eine über seine Plattformen hinaus abstrahlende Wirkung auf das Markenimage, und als einzelner Influencer kann er das Markenimage eindeutiger verkörpern. Mit mehreren Macro-Influencern wäre diese Kampagne sicherlich nicht klar und eindeutig gewesen – was einer sehr bekannten Marke wie Fanta nicht zuträglich ist. Die hohe Glaubwürdigkeit von Julien Bam führt dazu, dass eine User-Generated-Kampagne mit hohem Engagement funktionieren kann.[5]

4 Quelle: *http://markerly.com/blog/instagram-marketing-does-influencer-size-matter/*

5 Siehe *https://www.horizont.net/marketing/nachrichten/Teen-Marketing-Officer-Fanta-setzt-User-Generated-Content-Kampagne-mit-Julien-Bam-fort-159004*

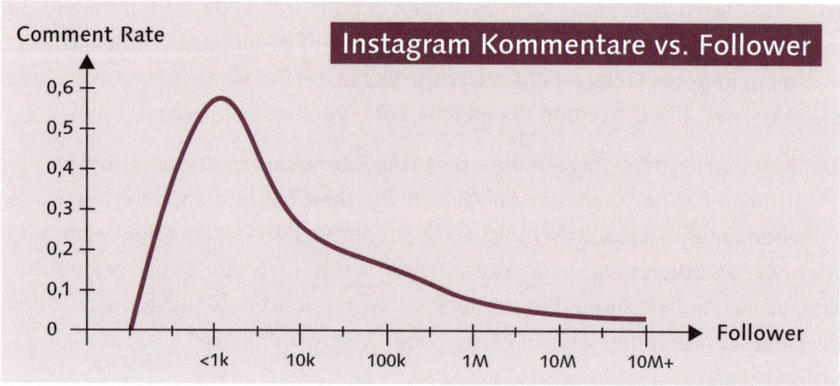

Abbildung 4.10 Ergebnisse einer Datenanalyse zum Verhältnis der Follower-Anzahl zu den erhaltenen Kommentaren, durchgeführt von Markerly[6]

Betrachtet man wie in Abbildung 4.11 das Verhältnis von Reichweite und Einfluss, so wird auch hier nochmals deutlich, dass Influencer mit zunehmender Reichweite auch einen geringeren Einfluss auf Menschen haben. Je enger das Verhältnis zu einer Person, umso eher geben wir bei Empfehlungen einen Vertrauensvorschuss. Familie und Freunde, die uns sehr nahestehen und insgesamt nur eine geringe Reichweite haben, haben mit ihren Empfehlungen einen starken Einfluss auf uns. Mega-Influencer oder Celebrities, die mehrere Millionen Menschen erreichen, können uns gar nicht so nahestehen, da sie nicht in der Lage sind, einen direkten persönlichen Kontakt zu pflegen, weshalb der Einfluss hier auch geringer ausfällt.

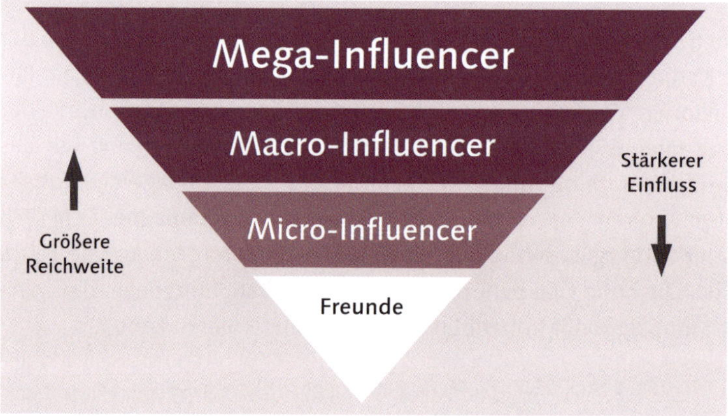

Abbildung 4.11 Pauschal lässt sich sagen: Umso größer die Reichweite einer Person, desto geringer fällt ihr Einfluss aus.

6 Quelle: *http://markerly.com/blog/instagram-marketing-does-influencer-size-matter/*

Einflussreiche Influencer-Kooperationen mit hohen Engagement Rates finden deshalb unterhalb der sehr großen Mega-Influencer- und oberhalb einer reinen Freundes- und Familien-Reichweite statt.

4.4 Fake-Influencer erkennen und meiden

Der Wortzusatz »Fake« ist mittlerweile in aller Munde: Fake-News, Fake-Fotos und mittlerweile auch Fake-Influencer. Dass auch hier der Schwindel groß sein kann, ist längst kein Geheimnis mehr in der Branche. Deshalb ist es umso wichtiger, Anzeichen zu kennen und Influencer überprüfen zu können.

Fake-Influencer betrügen auf ganzer Linie: Sie kaufen sich Follower und Likes, um Unternehmen als Kooperationspartner auf sich aufmerksam zu machen. Das Ziel ist reine Geldmacherei und hat nichts mit echtem Einfluss zu tun. Denn die gekauften Follower sind sogenannte Bots, die in Drittländern erstellt werden und von dort aus automatisiert Accounts folgen und Inhalte liken.

Dieses Phänomen betrifft vor allem die Plattformen Instagram und Facebook. Die Plattformen untersagen ein solches Vorgehen zwar und löschen regelmäßig massenweise Fake-Accounts, können dem Problem aber oft nur wenig entgegensetzen. Dabei sind Fake-Influencer nicht nur ein Problem für das Influencer-Marketing, sondern längst auch für sämtliche bezahlten Kampagnen, die Unternehmen über ihre eigenen Social-Media-Accounts auf den Plattformen betreiben: Um nicht so leicht von den Algorithmen der Plattformen als Fake-Accounts erkannt zu werden, versuchen die Bots ein übliches Nutzerverhalten an den Tag zu legen und liken auch unbezahlt Beiträge und Seiten – leider sehr häufig auch, wenn Geld dafür gezahlt wurde, dass Facebook und Instagram die Beiträge priorisiert ausspielen.

Im Influencer-Marketing sollte immer eine Überprüfung der Accounts stattfinden, um Fake-Influencer vor einer möglichen Kooperation zu erkennen. Das ist umso wichtiger, wenn Sie noch nie zuvor von dem Influencer gehört haben. Ansonsten erzielen Sie zwar eine gewisse Reichweite, die aber für Ihr Unternehmen keinerlei Mehrwert hat.

Es gibt zahlreiche Kriterien, die man prüfen sollte, um Kooperationen mit Fake-Influencern auszuschließen:

- **Viele Follower, aber wenig Interaktion**

  Accounts, die viele Follower haben, aber eine sehr geringe Engagement Rate, machen sich sehr verdächtig, Follower gekauft zu haben. Auffällig sind zum Beispiel Micro-Influencer auf Instagram mit Engagement Rates von unter 2 Prozent.

- **Viele Likes, aber wenige Kommentare**

  Äquivalent zu vielen Followern mit wenig Interaktion lässt sich oft auch eine sehr große Like-Anzahl mit keinen oder bloß einer Handvoll Kommentare unter den Beiträgen feststellen. Es ist unrealistisch, dass ein Instagram-Foto mit 30.000 Likes nur fünf Kommentare erhält.

- **Nichtssagende Kommentare**

  Schaut man sich Kommentare genauer an und stellt dabei fest, dass diese bei einem deutschsprachigen Account alle in Englisch verfasst und dazu noch ausschließlich aus kurzen wiederverwendbaren Phrasen bestehen, kann auch das ein Hinweis auf einen Fake-Influencer sein. Je nach Umfang der Kommentare kann hier auch eine Word-Cloud helfen.

- **Wachstum des Accounts**

  Ein organisch gewachsener Account weist eine bestimmte Wachstumskurve auf, wohingegen gekaufte Follower für ein sprunghaftes Wachstum sorgen. Um das Wachstum eines Accounts zu analysieren, können Sie sich verschiedener Drittanbieter-Dienste wie z. B. der Website Socialblade.com bedienen. Solche Dienste rufen täglich zu einer großen Bandbreite an Accounts Daten ab und können Ihnen eine Wachstumskurve für einen längeren Zeitraum darstellen.

Charakteristische Wachstumskurven

Normales Wachstum

Wenn Social-Media-Accounts organisch wachsen, erfolgt dieses Wachstum in aller Regel recht gleichmäßig wie in Abbildung 4.12. Die Follower/Abonnenten nehmen hier stetig zu.

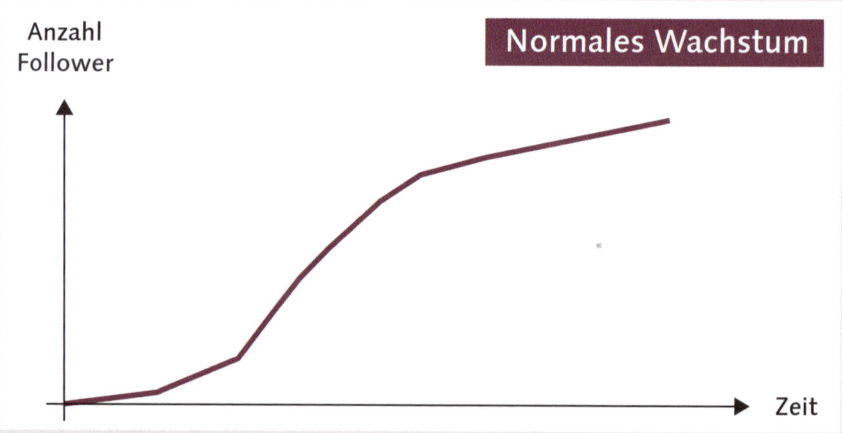

Abbildung 4.12 Ein normales, kontinuierliches Wachstum

Sollten Sie einen größeren Sprung in der Wachstumskurve entdecken, deutet dies meist auf eine erhöhte Aufmerksamkeit hin. So kann es zum Beispiel sein, dass ein YouTube-Video aufgrund seiner Viralität ungewöhnlich viele Aufrufe erhalten hat und zahlreiche Zuschauer zu Abonnenten des Kanals geworden sind. Oder der Kanal wurde in den sozialen Netzwerken von einem reichweitenstarken Account erwähnt und konnte deshalb eine Abonnentenzunahme verbuchen.

Auch größere Einbrüche können vorkommen: Hat ein Account negative Presse erhalten oder sich »unbeliebt gemacht«, springen häufig zahlreiche Follower/Abonnenten ab. All diese Ereignisse lassen sich aber nachvollziehen, sofern die Inhalte noch existieren.

Sprunghaftes Wachstum

Wesentlich auffälliger sind ständige Sprünge in der Wachstumskurve, wie in Abbildung 4.13 zu sehen. Ein sehr sprunghaftes Wachstum innerhalb von ein bis drei Tagen ohne erkennbaren Grund deutet stark darauf hin, dass sich der Account Follower zugekauft hat.

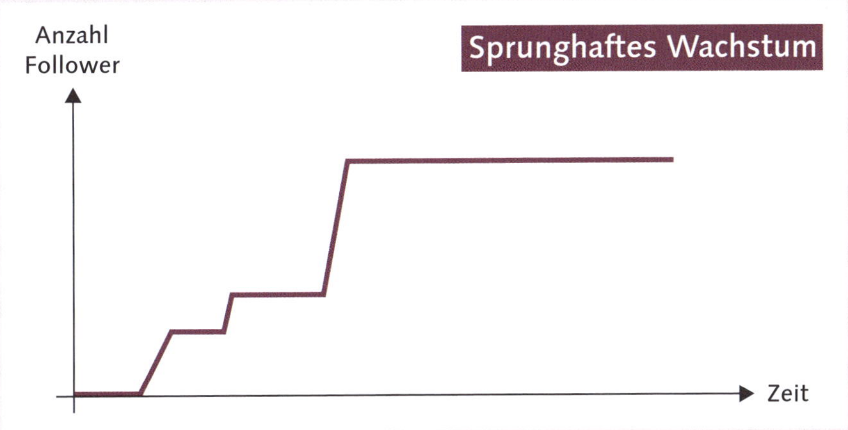

Abbildung 4.13 Ein sprunghaftes Wachstum mit Stufencharakter

Ebenso auffällig ist ein absolut lineares Wachstum mit zum Beispiel 100 neuen Followern pro Tag über einen längeren Zeitraum. Ein solches Wachstum ist unrealistisch für ein organisches Wachstum: Wie stellt der Account sicher, dass pro Tag genau 100 neue Follower hinzukommen?

Auch hier gilt zu beachten, was zuvor bereits erwähnt wurde: Denken Sie daran, dass Features auf anderen Accounts, Kollaborationen einzelner Influencer untereinander und ähnliche Ereignisse ebenfalls große Sprünge verursachen können! Deshalb sollten Sie im Verdachtsfall unbedingt weiter recherchieren, ob es zu den verdächtigen Zeitpunkten Ereignisse gab, die ein solches sprunghaftes Wachstum erklären können.

Sprunghaftes Wachstum mit direkt folgenden Einbrüchen

Wenn Plattformen Fake-Accounts entdecken, sperren sie diese meist sehr schnell. Viele Anbieter von Fake-Likes und Fake-Followern verlieren deshalb regelmäßig eine recht große Anzahl an Accounts. Ein sprunghaftes Wachstum mit direkt darauffolgenden Einbrüchen ist das Resultat davon (siehe Abbildung 4.14): Ein Teil der Fake-Accounts wird von den Algorithmen der Plattformen als Fake-Accounts erkannt und recht schnell gesperrt. Solche Wachstumskurven sind extrem auffällig.

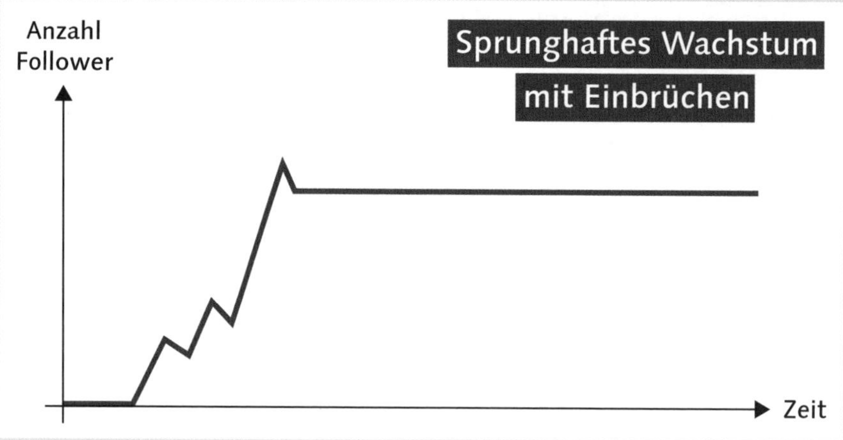

Abbildung 4.14 Ein sprunghaftes Wachstum, wobei nach jedem Sprung ein Einbruch auffällig ist

Wachstum mit sehr starkem Einbruch

Noch auffälliger ist nur ein sehr schnelles Wachstum mit direktem Einbruch. Hier wurde dem Anbieter von Fake-Likes gleich die ganze Account-Familie von der Plattform gesperrt (siehe Abbildung 4.15).

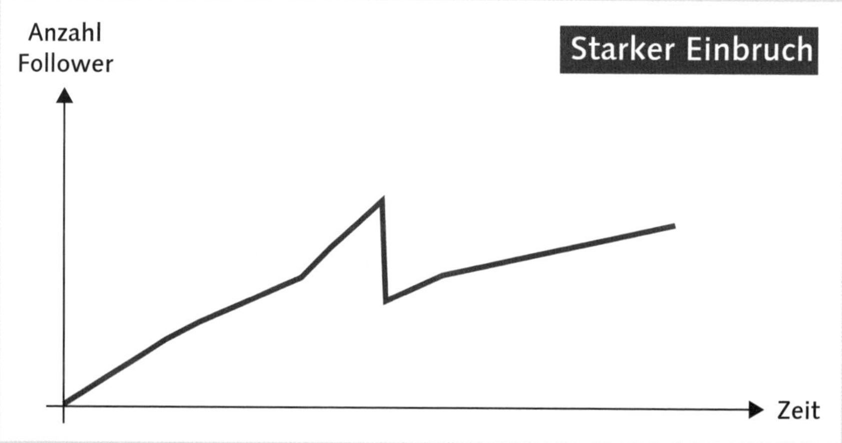

Abbildung 4.15 Ein kontinuierliches Wachstum mit einem einzelnen starken Einbruch

Um herauszufinden, ob Sie es mit einem Fake-Influencer zu tun haben, ist folgendes Vorgehen empfehlenswert: Betrachten Sie zunächst die Engagement Rate auf Auffälligkeiten. Im nächsten Schritt bietet es sich an, bei vorliegenden Daten das Wachstum des Accounts zu betrachten (siehe hierzu auch die nachfolgenden Abschnitte). Im Zweifel empfiehlt es sich, Kommentare einzeln zu betrachten oder den Aufwand zu betreiben, eine Word-Cloud aus den Kommentaren zu erstellen.

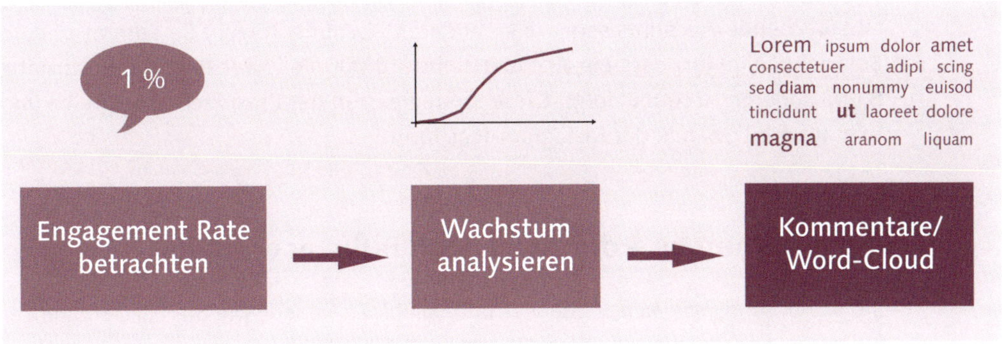

Abbildung 4.16 Um Fake-Influencern auf die Spur zu kommen, ist obiges Vorgehen empfehlenswert.

Darüber hinaus lässt sich natürlich auch immer noch mehr machen, um Fake-Influencer zu entlarven. Wenngleich Micro-Influencer meist noch nicht sehr etabliert sind, lassen sich dennoch häufig weitergehende Informationen in Suchmaschinen finden:

- Wo tritt der Influencer noch auf (online/offline)?
- Gibt es bereits Presseartikel über ihn?
- Was sagen andere Nutzer zu dem Account-Namen? Wird er rezipiert?

Wie auf jeder Plattform gibt es auch auf Instagram Wachstumsstrategien, um als kleiner Account zu mehr Followern zu gelangen. Eine häufig im Geheimen organisierte Strategie ist die der Like-Gruppen: Hier organisieren sich insbesondere Micro-Influencer über WhatsApp- oder Facebook-Gruppen und liken gegenseitig neue Beiträge. Das kann so weit gehen, dass Kooperationspartner regelrecht betrogen werden, indem sich die Mitglieder gegenseitig darum bitten, doch unter Kooperations-Postings bestimmte Kommentare zu schreiben. Für Unternehmen ist es sehr schwer, dieses Vorgehen zu durchschauen – man könnte lediglich kontrollieren, ob immer die gleichen Accounts unter den Beiträgen kommentieren. Like-Gruppen werfen ein schlechtes Licht auf das Influencer-Marketing, da die so erzielte Reichweite wenig Mehrwert generiert.

Eine weitere sehr verbreitete Wachstumsstrategie auf Instagram soll an dieser Stelle ebenfalls nicht unerwähnt bleiben, da sie Ihnen in der Praxis immer wieder begegnen wird. Sie stellt allerdings keine negativ zu bewertende Strategie dar, da sie tatsächlich echte organische Reichweite mit Mehrwert generiert. Micro-Influencer mit Wachstumsbestreben folgen dabei sehr vielen anderen Accounts, kommentieren fremde Beiträge und ziehen so die Aufmerksamkeit auf sich. Nach einer gewissen Zeit entfolgen sie den Accounts wieder. Auffällig wird dieses Vorgehen, wenn entsprechende Accounts sehr vielen anderen Accounts folgen. So kommt es zum Beispiel häufig vor, dass ein Account selbst 10.000 Follower hat und gleichzeitig 8.000 anderen Accounts folgt. Diese Strategie ist in der Praxis sehr erfolgreich und fußt auf der Dynamik der Instagram-Plattform.

4.5 Recherche – die passenden Influencer finden

Sie wissen nun, wie sich Influencer unterscheiden lassen, wie Sie Fake-Influencer aufspüren und was für Influencer-Typen Ihnen begegnen können. Nun gilt es, überhaupt erstmal Influencer zu finden. Wie gehen Sie dazu am besten vor?

Sollten Sie sich selbst noch nicht in den sozialen Netzwerken aufhalten, wird es jetzt höchste Eisenbahn: Erstellen Sie sich einen Account und suchen Sie nach Begriffen und Hashtags, die zu Ihrem Unternehmen passen könnten. Wenn Sie zum Beispiel Betreiber eines Hotels sind und mit Influencern kooperieren möchten, recherchieren Sie zunächst nach Influencern, die viel reisen. Aktuell gängige Hashtags für Reise-Influencer auf Instagram können Sie wiederum mit einer kurzen Google-Suche schnell aufspüren. Schauen Sie dabei möglichst breit: Wer war schon mal in Ihrer Gegend, wer nutzt für Sie relevante Hashtags, oder wer erstellt Inhalte, die Ihnen visuell und thematisch gut gefallen und zu Ihrem Unternehmen passen könnten?

Ebenso wichtig ist ein Blick auf die eigenen Follower: Wer kommentiert häufig bei Ihrem Unternehmen, oder wer markiert Sie in seinen Beiträgen? Viele Influencer kaufen Ihre Produkte oder nutzen Ihre Dienstleistung und markieren Sie freiwillig. Vielleicht sind diese Accounts aber auch für eine Kooperation mit Ihrem Unternehmen interessant? Monitoren Sie, wer über Ihr Unternehmen in den sozialen Netzwerken spricht, und lokalisieren Sie dort relevante Influencer.

Die Zielgruppe eines Accounts lässt sich im nächsten Schritt häufig schon anhand einer inhaltlichen Überprüfung erkennen: Wie erfolgt die Ansprache? Wie alt ist der Influencer selbst? Ein Influencer, der 20 Jahre alt ist und Schminktipps für junge Frauen veröffentlicht, hat wohl kaum eine Hauptzielgruppe im Alter 50+. Andersherum kann ein 35 Jahre alter Influencer durchaus eine junge Zielgruppe ansprechen, was an der Ansprache und der thematischen Ausrichtung deutlich wird. Ein gutes Beispiel ist die YouTuberin Joyce Ilg, deren Inhalte eine im Vergleich zu ihrem eigenen Alter wesentlich jüngere Zielgruppe ansprechen.

Wer weitergehend recherchieren möchte, für den eignen sich Plattformen wie InfluencerDB, die unzählige Daten zu Influencern vorhalten. Mit InfluencerDB lassen sich alle Instagram-Accounts weltweit mit über 15.000 Followern analysieren. Unternehmen können Influencer für ihre Branche identifizieren und erhalten aufschlussreiche Details zu der Zielgruppe des Influencers, zum Beispiel zur Location, dem Alter und dem Geschlecht der Follower – aber auch darüber, ob sie für Kooperationen wertvoll sind oder es sich schlichtweg um Bots handelt. Die Plattform bietet sowohl ein kostenfrei nutzbares als auch ein Premium-Angebot an (siehe Abbildung 4.17).

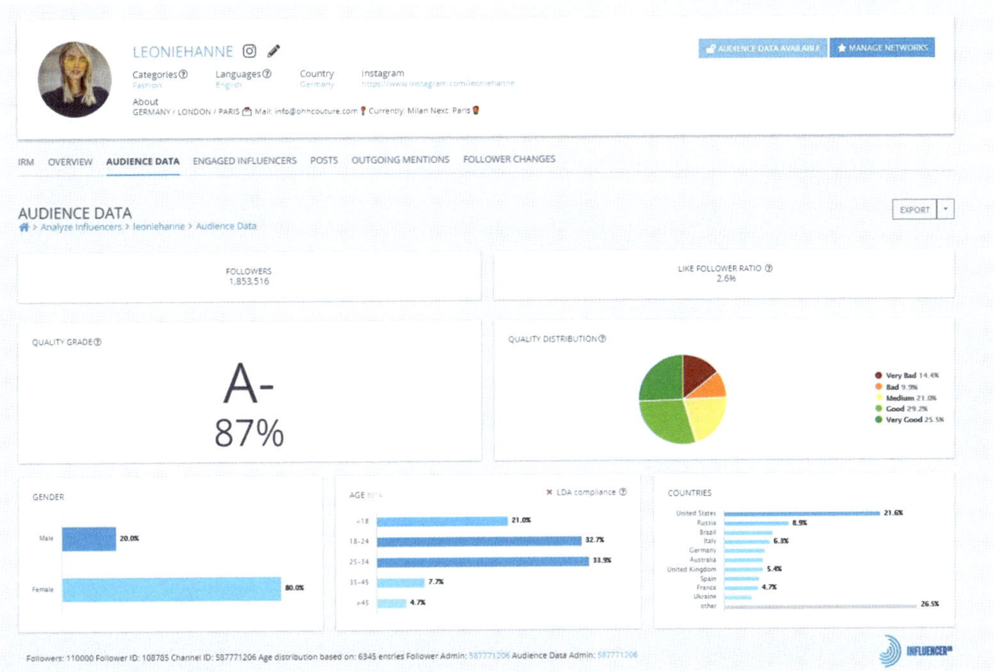

Abbildung 4.17 InfluencerDB bietet weitreichende Recherchemöglichkeiten zu Instagram-Influencern. Hier zu sehen sind Premium-Funktionen.

Die Recherche nach Influencern kann man natürlich auch outsourcen und Influencer-Agenturen wie HitchOn aus Mainz überlassen, die ganz spezifisch nach einem Briefing Influencer für Ihr Unternehmen suchen. Sie übernehmen auf Wunsch auch die Kampagnenplanung, Abwicklung und das Reporting.

B2B-Influencer aufspüren

Zugegeben, in den vorigen Abschnitten geht es eher um B2C-Influencer. Das bedeutet aber nicht, dass sich B2B-Influencer nicht ähnlich auffinden lassen. Auch sie nutzen häufig Plattformen wie YouTube, Instagram oder Twitter, auf denen Sie recherchieren können. Blogs, XING und LinkedIn sind meist eine Ergänzung für B2B-Influencer, aber auch dort kann man sie natürlich direkt treffen.

4.6 Influencer überprüfen – mit Checkliste zum Ziel

Sie haben nun alles an der Hand, um Influencer zu finden, die für eine Kooperation mit Ihrem Unternehmen interessant sein können. Abschließend hilft Ihnen die folgende Checkliste, möglichst organisiert ans Ziel zu gelangen.

Markenfit-Checkliste

Die Checkliste wurde gemeinsam mit der Influencer-Agentur HitchOn aus Mainz entwickelt.

Markenfit

- Ist es wahrscheinlich, dass der Influencer die Marke auch nutzen würde, wenn er einfach so darauf gestoßen wäre?
- Passt der Content des Influencers zur Marke (visuell, Ansprache)?

Historie

- Ist der Influencer frei von direkten Konkurrenzprodukten?
- Wurden die bisherigen Produktplatzierungen transparent gekennzeichnet?
- Ist der Influencer skandalfrei (keine Negativ-Schlagzeilen)?

Kampagnen-Relevanz

- Passt der Influencer thematisch zur Kampagne?
- Lässt sich der Influencer eventuellen Schlagwörtern zuordnen, die für die Kampagne stehen?
- Entspricht die Zielgruppe des Influencers der anvisierten Zielgruppe?

Key-Performance-Indikatoren

- Sind die KPIs des Influencers konstant, sodass eine Prognose möglich ist?
- Entsprechen die prognostizierbaren KPIs den eigenen Erwartungen an die Kooperation (Engagement, Like-Dislike-Ratio etc.)?
- Kann eindeutig festgestellt werden, dass es sich nicht um einen Fake-Influencer handelt?

4.7 Praxisbeispiel »Yves Saint Laurent Beauty«

Die Influencer-Marketingagentur HitchOn hat für den Kunden Yves Saint Laurent Beauty bereits mehrere Influencer-Kooperationen realisiert. Yves Saint Laurent Beauty vertreibt neben Düften und Pflegeprodukten auch High-End-Kosmetik. Hier erscheinen in regelmäßigen Abständen neue Produkte und Produktlinien auf dem Markt. Im Rahmen der Promotion zweier neuer Produkte sollte der aktuelle »Glow-Trend« in der Zielgruppe mithilfe von Beauty-Tutorials auf YouTube aufgegriffen werden.

Die Marke legte bei der Auswahl der Beauty-Influencer Wert darauf, dass diese das gewünschte Charisma »Luxury Coolness« mitbringen. Alle Influencer sollten qualitativ hochwertige Inhalte erstellen können und eine erwachsene weibliche Zielgruppe haben. Sie sollten sich auf ihrem YouTube-Kanal sehr intensiv mit Kosmetik auseinandersetzen und häufig auch mit High-End-Kosmetik in Verbindung stehen. So wurden für die Kampagne die drei YouTuberinnen madametamtam, TamTam und Schannaloves ausgewählt. Die Auswahl erfolgte darüber hinaus konsistent mit anderen Kampagnen – eine erneute Kooperation mit Influencern sorgt bei YSL Beauty für Konstanz in der Markenwahrnehmung.

In drei verschiedenen Werbevideos präsentierten die Influencer Full-Face-Make-up-Tutorials, für die sie die Produkte der Marke verwendet hatten (siehe Abbildung 4.18).

Abbildung 4.18 Die Influencerin madametamtam veröffentlichte für YSL Beauty ein Schminktutorial (https://youtu.be/Rs5VLNeyzn0).

Die Videos zeigen eine für Influencer typische offene und gesprächige Art. Eine besonders hohe Aufmerksamkeit wurde zusätzlich mit den Videos von madametamtam und TamTam erzeugt, in denen die Zuschauer kostenlose Produktproben bei einer Bestellung bekommen konnten.

Parallel zu den YouTube-Videos wurden zusätzlich Instagram-Postings durch die Influencer veröffentlicht, in denen auf die veröffentlichten Videos hingewiesen wurde (siehe Abbildung 4.19).

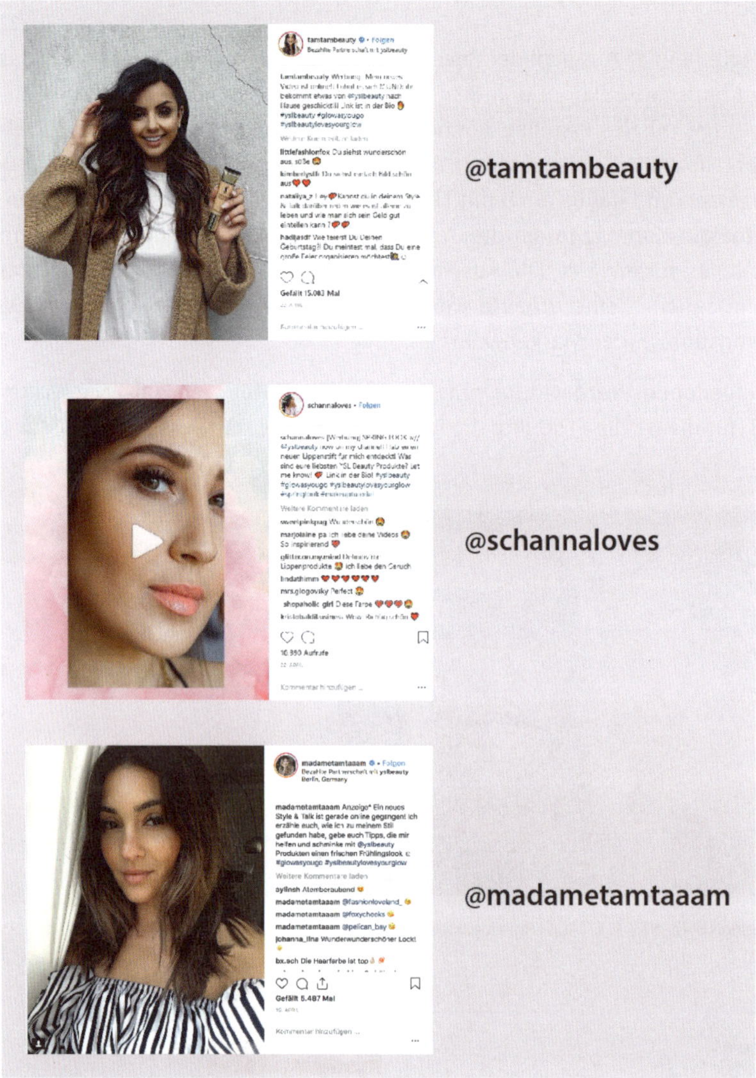

Abbildung 4.19 In Instagram-Postings wiesen die Influencer auf die veröffentlichten Videos hin.

Die drei Videos (ohne Instagram-Postings) kamen zusammen auf rund 160.000 Views und über 7.000 Engagements. Die exakte Engagement Rate lag bei 4,54 Prozent, was ein sehr guter Wert für Kooperationen auf YouTube ist.

Abbildung 4.20 Die Auswertung der beschriebenen Influencer-Kooperation von YSL Beauty auf YouTube

5 Erstkontakt herstellen und Zusammenarbeit organisieren

Wie spricht man Influencer an? Schreibt man ihnen einfach eine Direktnachricht auf der Zielplattform und hofft auf eine Antwort? Und wie organisiert man eine Zusammenarbeit? Wir klären es in diesem Kapitel!

In Kapitel 4, »Influencer-Auswahl«, haben Sie bereits erfahren, anhand welcher Kriterien Sie Influencer für eine Kooperation auswählen können. In diesem Kapitel soll es darum gehen, wie Sie einen ersten Kontakt zu diesen Influencern aufbauen. Dazu zählt auch, dass Sie wissen, wie Influencer organisiert sind. Wie Sie sehen werden, werden Sie in vielen Fällen nicht sofort mit Influencern direkt in Kontakt treten – ohne dass das ein Nachteil ist.

Bevor es im nächsten Kapitel dann an das Briefing geht, sollten Sie sich zudem Gedanken darüber machen, wie die Zusammenarbeit mit Influencern am besten organisiert werden kann. So vermeiden Sie, dass die Zusammenarbeit aus dem Ruder läuft und ihr Ziel verfehlt.

5.1 Kontaktanbahnung im Influencer-Marketing

Damit wir uns in diesem Kapitel damit auseinandersetzen können, wie Sie einen ersten Kontakt zu den ausgewählten Influencern aufbauen können, sollten Sie einen Blick auf die Abläufe im Influencer-Marketing werfen. Erst so wird verständlich, welche Beteiligten es eigentlich gibt, die angesprochen werden müssen.

In Abbildung 5.1 sind die Beziehungen der Beteiligten im Influencer-Marketing abgebildet, die in diesem Abschnitt genauer besprochen werden. Als Unternehmen haben Sie verschiedene Möglichkeiten, mit Influencern in Kontakt zu treten, wie nachfolgend beschrieben.

Abläufe im Influencer-Marketing

In diesem Kapitel soll es hauptsächlich um die Kontaktanbahnung im Influencer-Marketing gehen. Dazu werden Unternehmen, Werbeagenturen, Künstlermanagements, Influencer-Vermittler und Influencer in ihrer Rolle betrachtet. Die in Abbildung 5.1 gezeigten Zusammenhänge gehen jedoch darüber hinaus, weshalb sie an dieser Stelle kurz beschrieben werden sollen.

In diesem Buch lesen Sie unter anderem auch über Influencer, die sich zusätzliche Follower kaufen, um ihren scheinbaren Marktwert zu steigern. Diese Follower werden bei Follower-Händlern eingekauft, die sogenannte Bots betreiben – Programme, die automatisiert Accounts erstellen, anderen Accounts folgen und deren Beiträge liken.

Follower und Influencer finden auf der Plattform zueinander, über die Influencer ihre Inhalte veröffentlichen. Wichtig: Influencer agieren in vielen Fällen für Unternehmen auch als Content Creator. Der von ihnen erstellte Content landet dann zum Beispiel auf Social-Media-Accounts einer Marke.

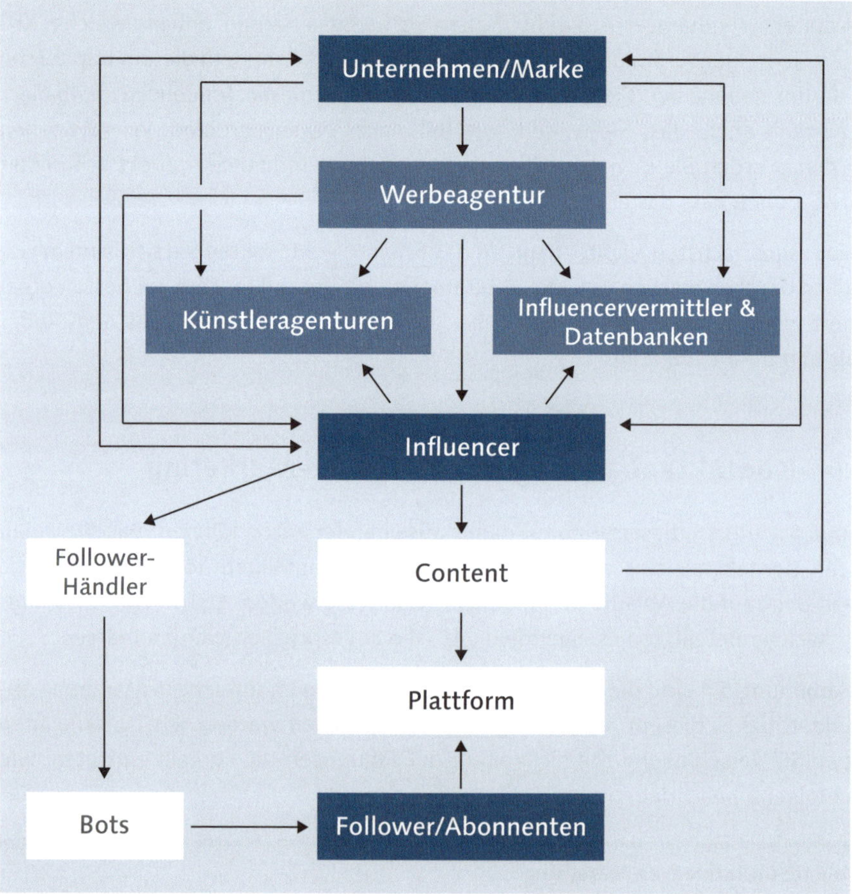

Abbildung 5.1 Ablaufdiagramm im strategischen Influencer-Marketing[1]

1 Grafik in Anlehnung an Borchers, N., Enge, N. (2018): Ergebnisbericht »Management Strategischer Influencer-Kommunikation«, S. 9.

5.1.1 Der direkte Weg

Der direkte Kontakt zwischen Unternehmen und Influencern kommt vor allem zustande, wenn Sie Influencer auf einer Social-Media-Plattform entdeckt oder eine Empfehlung bekommen haben. Teilweise eignen sich auch Netzwerk-Events und Konferenzen, um mit Influencern direkt in Kontakt zu kommen.

Bei der Online-Kontaktaufnahme ist es empfehlenswert, die von den Influencern in ihren Profilen angegebenen Kontaktdaten für »Business-Anfragen« zu verwenden. Bedenken Sie: Wer in den sozialen Netzwerken viele Follower hat, erhält täglich unzählige Direktnachrichten. Selbst Micro-Influencer berichten davon, dass sie keinen Überblick mehr über die direkt auf den Plattformen verschickten Nachrichten haben. Neben Nachrichten der Follower erhalten Influencer hier nämlich auch Nachrichten zweifelhafter Accounts, die für bestimmte Dinge werben oder um Aufmerksamkeit betteln. Deshalb ist es umso wichtiger, die für geschäftliche Anfragen bereitgestellten Kontaktdaten zu nutzen – meist handelt es sich dabei um eine E-Mail-Adresse.

Influencer, die sich selbst managen

Wenn Sie mit ihrer Anfrage tatsächlich einen Influencer direkt erreichen, so kann es durchaus auch sein, dass er sich selbst managt. Vor allem bei Micro-Influencern ist das sehr häufig der Fall, da sich deren Tätigkeit andernfalls kaum lohnen würde. Nicht selten übernehmen auch Partner/Ehepartner das Management eines Influencers. Stellen Sie sich aber darauf ein, dass selbst gemanagte Influencer oft unerfahren in der Verhandlung sind: Fantasie-Konditionen und teilweise auch unrealistische Vorstellungen zur Kampagnenabwicklung sind hier keine Seltenheit.

5.1.2 Künstleragenturen/Künstlermanagement

Entgegen der häufig geäußerten Meinung, dass eine Vollzeittätigkeit als Influencer keine ernsthafte Arbeit sei, ist die permanente (und oft tägliche) Produktion neuer Inhalte durchaus eine Herausforderung: Themenfindung, langfristige strategische Ausrichtung der Online-Präsenz und Selbstvermarktung, Produktion der Inhalte inklusive Postproduktion sowie die plattformoptimierte Veröffentlichung sind da nur ein Teil der Aufgaben. Dazu kommen Aufgaben wie Verhandlungsführung und Konzepte für Kooperationspartner, Buchhaltung und Steuer oder eine lückenlose Rechteverwaltung. Professionell agierende Influencer haben also durchaus etwas mehr zu tun, was dazu führt, dass sie sich von Künstleragenturen (auch als Künstlermanagements bekannt) unter die Arme greifen lassen.

Künstlermanagements vertreten meist relativ wenige Influencer (vor allem im Vergleich zu Multichannel-Netzwerken, siehe Box), dafür aber umso intensiver. Viele Künstlermanagements haben sich dabei auch auf bestimmte Themenbereiche wie

Beauty, Fashion oder Gaming spezialisiert, um die vertraglich gebundenen Influencer besser vertreten zu können – wenngleich das aber auch keine Regel ist.

Ein Beispiel: Die Hype Media Group (siehe Abbildung 5.2) vertritt ausschließlich Social-Media-Influencer.

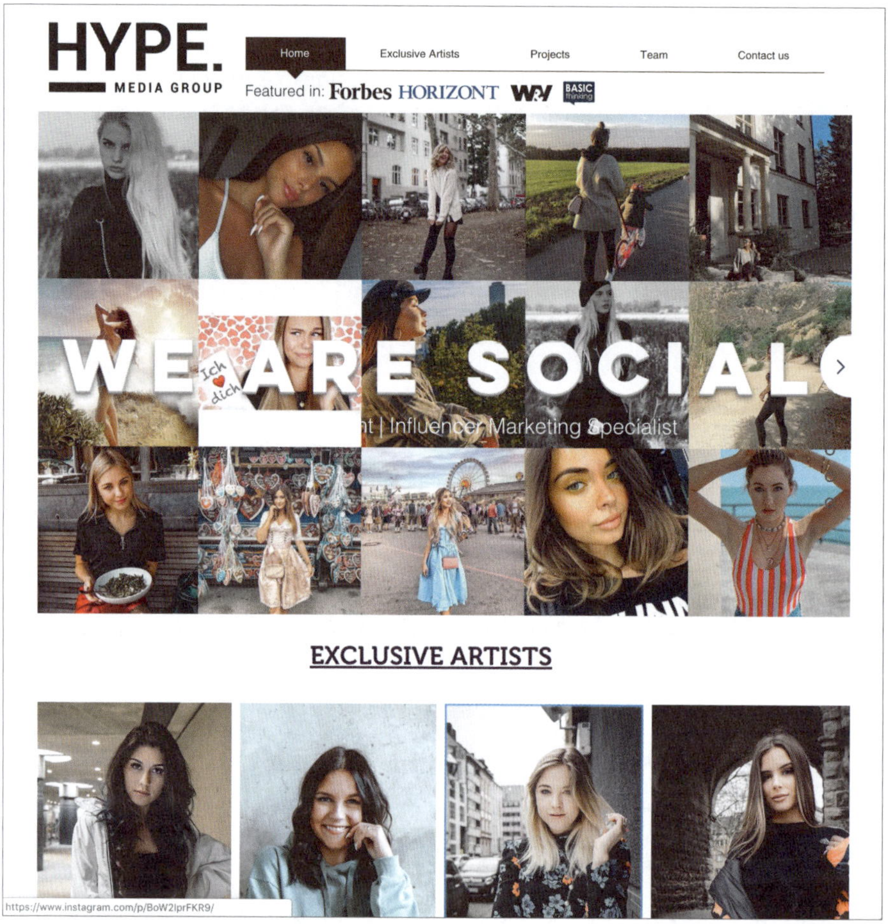

Abbildung 5.2 Hype Media Group vertritt zahlreiche bekannte Social-Media-Influencer als »Exclusive Artists« (http://hypemediagroup.de).

Das Management BWM Communications hingegen vertritt »bekannte Persönlichkeiten«, darunter auch solche, die in den sozialen Medien als Influencer bekannt sind. Die Leistungen umschreibt BWM wie folgt:

> *Die Kernfelder unserer Management-Tätigkeit sind: Verhandlung im TV-, Social-Media, Werbe-, PR- und Event-Bereich. Eine besondere Stärke unseres Management-Ansatzes ist die Organisation von Auftritten jedweder Art, Buchhaltung,*

Ausstattung sowie alle anfallenden Back-Office-Aufgaben, die wir für unsere Klientinnen und Klienten übernehmen, um eine größtmögliche künstlerische Freiheit und Eigenständigkeit zu gewährleisten.[2]

Wenn Sie – wie im vorigen Abschnitt erwähnt – Influencer über deren angegebene Kontaktdaten zur geschäftlichen Kommunikation kontaktieren, werden Sie vielfach direkt beim Künstlermanagement des Influencers landen. Hier haben Sie einen professionellen und erfahrenen Verhandlungspartner an der Hand, der mit Ihnen über weitere Schritte sprechen kann. Ebenso geben viele Influencer in ihrem Pflichtimpressum die Adresse ihres Managements an: Post, die Sie an diese Adresse schicken, wird also vom Management entgegengenommen und meist vorsortiert.

Multichannel-Netzwerke (MCNs)

Multichannel-Netzwerke (kurz MCNs) sind eine spezifische Form des Künstlermanagements, die bei manchen Influencern anzutreffen ist. Das wohl erste Multichannel-Netzwerk dürfte Maker Studios gewesen sein – gegründet im Jahr 2009. Wenig später folgte die Gründung entsprechender Unternehmen in Deutschland: Divimove, Mediakraft, Studio71 und TubeOne zählen zu den bekanntesten Netzwerken in Deutschland.

Alle Multichannel-Netzwerke wurden auf dem gleichen Grundgedanken aufgebaut: Mit einem möglichst großen Portfolio an Social-Media-Influencern einen für Werbekunden und Plattformen interessanten Verhandlungspartner darzustellen. Hinzu kommt, dass speziell die auf der YouTube-Plattform generierten Werbeeinnahmen durch AdWords einen interessanten Kapitalfaktor darstellten, an dem Multichannel-Netzwerke als Gegenleistung für ihre Arbeit beteiligt wurden. MCNs sind deshalb auch vor allem ein Phänomen, das durch die YouTube-Plattform vorangebracht wurde. Die Influencer stehen dabei unter Exklusivvertrag.

Die Leistungen für Influencer gliedern sich in verschiedene Bereiche auf: Verhandlungsführung mit Werbekunden, Backoffice-Leistungen, Produktionsunterstützung, Cross-Promotion der betreuten Kanäle oder auch Rechteverwaltung. Im Idealfall sollten etliche Stakeholder im Influencer-Marketing davon profitieren: Unternehmen, die nur auf wenige Ansprechpartner zugehen müssen. Influencer, die sich durch ein gutes Künstlermanagement auf ihre kreative Arbeit konzentrieren und gleichzeitig durch Cross-Promotion ihr Kanalwachstum vorantreiben können. Und letztendlich auch die Plattformen wie YouTube, die dadurch nur eine Handvoll Ansprechpartner bedienen müssen, um Belange von Influencern zu verhandeln.

Das Problem an der ganzen Sache: Multichannel-Netzwerke mussten irgendwann einsehen, dass es nicht sinnvoll ist, Abertausende Influencer unter Vertrag zu nehmen. Eine individuelle Betreuung ist so kaum noch möglich, und so häuften sich schnell die Beschwerden einzelner Influencer – wie zuvor auch schon am Fall von Simon Unge beschrieben.

2 Quelle: *https://www.bwm-com.com/ueberuns.php* (abgerufen am 1.10.2018)

Die Folge war, dass sich MCNs neu aufstellen mussten und dabei vor allem die Anzahl der betreuten Influencer massiv reduziert wurde. So haben die von »The Walt Disney Company« im Jahr 2014 übernommenen Maker Studios (heute ohne eigenen Namen integriert in »Disney Digital Network«) die Anzahl der betreuten Influencer Anfang 2017 von rund 60.000 auf rund 1.000 reduziert.

Je nachdem, welche Ausrichtung Sie mit Ihrem Influencer-Marketing erzielen möchten und auch welche Influencer dabei in Frage kommen, können Multichannel-Netzwerke Ihre Ansprechpartner sein. Beispielsweise bietet Studio71 als Tochterunternehmen der ProSiebenSat.1-Gruppe auch Promotion-Möglichkeiten im TV – bei entsprechender Marketing-Ausrichtung kann eine solche Möglichkeit durchaus interessant sein.

Abbildung 5.3 Studio71 bietet als Tochterunternehmen der ProSiebenSat.1-Gruppe Möglichkeiten, Kampagnen auch auf deren TV-Sender zu erweitern (https://www.studio71.com/de/).

»funk« ist kein MCN!

»funk« nennt sich das ursprünglich als »Junges Angebot« geplante Online-Angebot der öffentlich-rechtlichen Rundfunkanstalten ARD und ZDF, das federführend vom SWR betreut wird. Das Angebot richtet sich an junge Menschen im Alter von 14 bis 29 Jahren und soll damit eine Zielgruppe erreichen, die ansonsten kaum die klassischen Angebote der öffentlich-rechtlichen Rundfunkanstalten in Anspruch nimmt.

Allerdings ist »funk« kein Multichannel-Netzwerk im eigentlichen Sinn und auch kein eigener Fernsehsender, sondern versteht sich als Inhalte-Netzwerk, das vorrangig auf Drittanbieter-Plattformen wie YouTube, Instagram, Snapchat und anderen Plattformen Online-Formate finanziert. Darüber hinaus werden Formate aber auch auf der funk-Website oder in der speziellen Smartphone-App zur Verfügung gestellt.

5.1.3 Influencer-Vermittler und Datenbanken

In Kapitel 4, »Influencer-Auswahl«, haben Sie bereits die Influencer-Datenbank »InfluencerDB« kennengelernt, über die Sie die Möglichkeit haben, Instagram-Influencer komfortabel zu recherchieren. Neben solchen Datenbanken gibt es auch Plattformen wie Reachhero (siehe Abbildung 5.4) oder Buzzbird, deren Angebot darüber hinaus verschiedene Services einschließt.

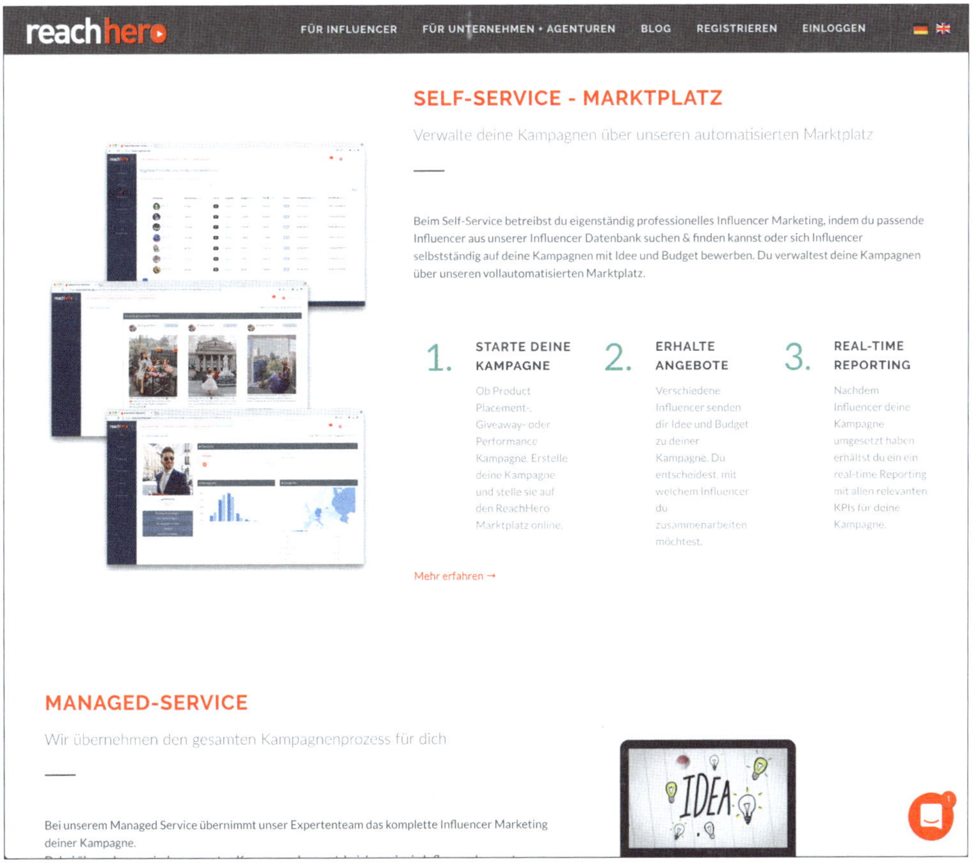

Abbildung 5.4 Reachhero bietet unter anderem einen Self-Service-Marktplatz an, über den Influencer angesprochen werden können (https://www.reachhero.de/product-placement/unternehmen).

So bietet Reachhero nach eigenen Angaben:

- Einen Self-Service-Marktplatz, über den passende Influencer gefunden und angesprochen werden können. Hier ist es auch möglich, eine Kampagne einzustellen, auf die sich interessierte Influencer mit einer Budget-Vorstellung bei Ihnen bewerben können. Im Anschluss an eine Kampagne haben Sie Zugriff auf Kampagnen-Reportings.
- Einen Managed Service, der aus dem Leistungsumfang einer Influencer-Marketingagentur besteht (siehe nächster Abschnitt).
- Eine Influencer-Relationship-Management-Software, mit deren Hilfe sich die Zusammenarbeit mit Influencern strukturiert organisieren und verwalten lässt.

Reachhero ist eine der populärsten Plattformen, die einen »Marktplatz« für Influencer-Kooperationen anbieten. Die dort vertretenen Influencer sind vor allem Micro- und Macro-Influencer – nach Angaben auf der Website von Reachhero insgesamt über 70.000.

Die meisten Plattformen erfordern eine Anmeldung, um Influencer suchen und Kooperationen ausschreiben zu können. Diese Anmeldung ist in der Regel kostenfrei. Achten Sie im Prozess aber darauf, an welcher Stelle die Plattformen mitverdienen – auch sie haben ein berechtigtes Interesse, für ihre Leistung bezahlt zu werden.

5.1.4 Werbeagenturen und Influencer-Marketingagenturen

Wie bereits im vorigen Abschnitt erwähnt, gibt es auch spezielle Influencer-Marketingagenturen, die den gesamten Prozess von der Kampagnen-Entwicklung über die Influencer-Auswahl und Influencer-Ansprache bis hin zu Abwicklung und Reporting für Sie übernehmen. Zu diesen Agenturen zählt auch die in diesem Buch bereits mehrfach erwähnte Influencer-Marketingagentur HitchOn aus Mainz. Eine Zusammenarbeit mit entsprechenden Agenturen kann durchaus einige Vorteile haben:

- Vor allem wenn Sie neu im Influencer-Marketing sind, punkten Influencer-Marketingagenturen mit ihrer Erfahrung. Sie wissen nicht nur, wie man mit Influencern auf Augenhöhe kommuniziert und verhandelt, sondern haben auch bereits zahlreiche Lehren aus abgeschlossenen Kooperationen gezogen.
- Sie wissen, wie Kooperationen authentisch gestaltet werden können und haben ein Gefühl dafür, welche Influencer eine Kooperation überhaupt glaubwürdig realisieren können. So entstehen strategisch ausgereifte Influencer-Marketing-Konzepte.

- Sie pflegen intensive Kontakte zu Influencern und deren Managements. Nicht zuletzt dadurch sind sie in der Lage, bessere Konditionen auszuhandeln. Die berechneten Agenturkosten können sich so schnell bezahlt machen.

Neben spezialisierten Influencer-Marketingagenturen pflegen aber auch zahlreiche etablierte Werbeagenturen Kontakte zu Influencern, Multichannel-Netzwerken und Künstlermanagements. Da sie jedoch nicht auf Influencer-Marketing spezialisiert sind, betreiben sie »Influencer-Marketing« oft wie eine Art »Blogger Relations« und informieren ihr Influencer-Netzwerk nur über anstehende Kampagnen, ohne die Kampagnen wirklich um Influencer herum zu konzeptionieren. Nach der Lektüre dieses Buches sollten Sie in der Lage sein, eine Bewertung der angebotenen Leistung vorzunehmen.

5.1.5 Influencer geht auf Unternehmen zu

Oftmals kommt es auch vor, dass Influencer auf Unternehmen zugehen und anfragen, ob sie an einer Zusammenarbeit interessiert sind. Das ist grundsätzlich als positiv zu bewerten: Influencer haben sich damit auseinandergesetzt, ob sich Ihre Marke und Ihre Produkte authentisch integrieren lassen. Wenn Sie Anfragen von Influencern erhalten, sollten Sie diese Anfragen also unbedingt beachten.

Vorsicht vor unseriösen Anfragen!

Ein Fehler wäre es allerdings auch, jeder Anfrage zuzustimmen: Prüfen Sie unbedingt, ob die Accounts Ihnen wirklich einen Mehrwert bieten und nicht nur eine scheinbare Reichweite, die im Endeffekt keine ist (Stichwort Fake-Accounts).

Wenn ein Influencer auf Ihr Unternehmen zugeht und Interesse zeigt, sind Sie zudem in einer wesentlich besseren Verhandlungsposition, aus der heraus Sie Konditionen einfacher aushandeln können. Der Influencer hat schließlich ein gewisses Interesse, das er Ihnen gegenüber durchsetzen möchte – nicht wie in den zuvor beschriebenen Fällen umgekehrt.

5.2 Was Sie bei der Ansprache beachten sollten

Sie können davon ausgehen, dass Sie nicht das einzige Unternehmen sind, das mit einem bestimmten Influencer zusammenarbeiten möchte. So erhalten Instagrammer mit weniger als 1.000 Followern bereits regelmäßig Kooperationsanfragen. Micro- und Macro-Influencer erhalten ein Vielfaches davon. Wenn Sie also eine Anfrage starten, dann machen Sie es nicht so wie alle anderen.

5.2.1 Stellen Sie sich vor!

Sie mögen vielleicht von Ihrem Unternehmen behaupten wollen, dass es jeder kennt: Trotzdem sollten Sie sich vorstellen. In die Vorstellung gehört auch hinein, für welches konkrete Produkt oder welche Marke Sie anfragen. Halten Sie Ihre Vorstellung kurz und knapp – einfach damit der Influencer weiß, mit wem er es zu tun hat.

5.2.2 Influencer individuell ansprechen

Keine Anfrage landet so schnell im Papierkorb eines Influencers wie eine ganz offensichtliche Standardanfrage. Vermeiden Sie es unbedingt, Standardfloskeln zu verwenden! Selbst wenn Sie zahlreiche Influencer anfragen, weil Sie vielleicht mit Micro-Influencern kooperieren und keine Zeit für die vielen Anfragen verschenken möchten: Geben Sie sich lieber Mühe, auf den Account und die Arbeit des Influencers einzugehen. So kommen Sie wesentlich effizienter ans Ziel und gewinnen im besten Fall auch diejenigen, die Ihre Marke vor Ihrer Anfrage noch nicht kannten.

Anfragen über die Kommentarfunktion

Es gibt keinen schlechteren Ort für eine Kooperationsanfrage als die Kommentare unter einem Beitrag – egal ob bei Instagram, YouTube, Facebook oder auf einem Blog. Jeder Account hat eine Kontaktfunktion und (noch besser) in aller Regel auch irgendwo eine E-Mail-Adresse für geschäftliche Anfragen. Anfragen in den Kommentaren gehen nicht nur regelmäßig unter, sondern werden auch eher als unseriös wahrgenommen. Kombiniert mit Standardfloskeln wird es da sogar ganz schnell peinlich:

»Wir mögen dein Bild. Schreib uns an, wenn du ein Geschenk von uns erhalten möchtest!«

Anfragen im oben genannten Stil sind vor allem auf Instagram sehr häufig anzutreffen – und in den allermeisten Fällen von eher unseriösen Unternehmen, die massenhaft solche Kommentare verfassen.

Wenn Sie also eine Anfrage an einen Influencer verfassen, versuchen Sie, folgende Punkte im Text zu berücksichtigen:

- Was gefällt uns genau an deinem Account und dir so gut?
- Bezug darauf, warum Ihr Produkt/Ihre Marke so gut zu dem angefragten Influencer passt.

5.2.3 Warum haben Sie den Influencer ausgewählt?

Sie haben sich im Vorfeld Gedanken darüber gemacht, warum Sie ausgerechnet mit einem bestimmten Influencer zusammenarbeiten möchten: Ihre Produkte haben eine Relevanz für die Themen, die er bearbeitet, seine Zielgruppe entspricht Ihrer anvisierten Zielgruppe, und auch der Stil des Influencers gefällt Ihnen.[3]

Schreiben Sie das dem Influencer: Warum möchten Sie ausgerechnet mit ihm zusammenarbeiten? Warum haben Sie ihn ausgewählt? So wird für ihn deutlich, dass Sie sich tatsächlich auch Gedanken über eine Kooperation gemacht haben und nicht einfach nur Reichweite für Ihr Produkt suchen.

5.2.4 Idee zur Zusammenarbeit kurz beschreiben

Sicherlich haben Sie bereits viele Ideen, wie eine Kooperation aussehen könnte. Schlagen Sie dem Influencer in Ihrer Anfrage etwas vor, in welchem Rahmen Sie sich eine Zusammenarbeit vorstellen könnten – möglichst in Verbindung mit einer Begründung, warum ausgerechnet er dafür in Frage kommt (siehe voriger Abschnitt) Das kann zum Beispiel sein:

- Wir würden gerne im Rahmen unserer Kampagne X zum Produkt Y mit dir zusammenarbeiten.
- Dazu könnten wir uns vorstellen, dich auf eine Reise nach Z einzuladen, wo unser Produkt vorgestellt wird.
- Wir würden dir gerne eine Auswahl unserer Produkte zusenden.
- Wir würden gerne ein Werbevideo zu Produkt X mit dir realisieren, in dem das Thema Z im Vordergrund stehen soll.

So kann der angefragte Influencer recht schnell entscheiden, ob die Vorstellungen überhaupt zueinanderpassen. Influencer handhaben Kooperationsanfragen sehr individuell, und nicht jeder lässt sich für alle Arten der Zusammenarbeit engagieren.

5.2.5 Mehrwert für Influencer darstellen

Finanzielle Entlohnung ist die eine Sache, eine Win-win-Situation die andere. Langfristig erfolgreiche und authentische Influencer sind daran interessiert, ihr eigenes Profil zu stärken und sich vielleicht auch persönlich weiterzuentwickeln. Sie sehen einen Mehrwert für den Influencer oder Chancen, einen solchen zu generieren? Dann schreiben Sie es in die Anfrage.

Der Mehrwert sollte aber schon ein echter Mehrwert sein und nicht konstruiert: *»Deine Follower werden unsere Marke lieben«* ist kein Mehrwert, sondern eine Verkaufsfloskel. Ein besserer Mehrwert könnte sein:

---

3 Wenn Sie Ihre Auswahl nicht in dieser Form getroffen haben und stattdessen einfach alle möglichen Influencer anschreiben möchten, gehen Sie bitte zurück auf Los.

»Wir haben gesehen, dass du dich für den nachhaltigen Lebensstil einsetzt. Bei der Produktion unserer Lebensmittel legen wir Wert auf [...]. Vielleicht wäre ein Video im Rahmen einer Kooperation über deinen Besuch in unserer Herstellung ein interessantes Thema für deinen YouTube-Kanal?«

Wenn natürlich kein Mehrwert vorhanden ist, versuchen Sie, sich in der Anfrage nicht künstlich zu verbiegen. Falls einer gefunden werden kann, sollten Sie ihn jedoch auch erwähnen.

Begeisterung wecken

In den sozialen Netzwerken ist man per Du. Umso einfacher ist es, eine lockere Anfrage zu verschicken, die aber trotzdem seriös sein sollte. Wer mit jemandem per Du ist, kann aber auch eines viel einfacher: Begeisterung wecken! Sicherlich wissen Sie, was Ihre Marke und die Produkte »cool« macht und warum man sie unbedingt haben möchte. Bringen Sie das in Ihre Anfrage ein, und wecken Sie die Begeisterung bei Ihrem Gegenüber!

5.2.6 Freundlich nach Interesse fragen

Denken Sie daran, dass der Influencer Sie vielleicht gar nicht kennt – auch wenn Sie sich bereits mit seinen Inhalten auseinandergesetzt haben und das Gefühl haben, ihn bereits auf einer persönlichen Ebene zu kennen. Fallen Sie also nicht mit der Tür ins Haus, sondern fragen Sie zunächst einmal freundlich nach einem grundsätzlichen Interesse.

Wie Sie in Abschnitt 5.5, »Kreative Freiheit in der Zusammenarbeit«, noch lesen werden, schränkt es die Entwicklung von kreativen Ideen ein, wenn Sie bereits im Erstkontakt ein detailliertes Briefing mitschicken und alle Einzelheiten festlegen. Kein Influencer möchte eine Kooperation aufgezwungen bekommen.

5.2.7 Keine Preise in der ersten Anfrage!

Vermeiden Sie es unbedingt, bei der ersten Kontaktaufnahme vorzugeben, was Sie im Falle einer Kooperation bereit sind zu zahlen. Influencer haben ihre eigenen Vorstellungen, was sie für eine Kooperation als Gegenleistung verlangen. Die erste E-Mail ist aber nicht der richtige Zeitpunkt, um über die Konditionen zu verhandeln. Hier geht es erst einmal darum, ein generelles Interesse an der Zusammenarbeit seitens des Influencers festzustellen. Erwecken Sie aber auch nicht den Eindruck, dass Sie nicht bereit sind, für eine Kooperation ein Honorar zu zahlen!

5.3 Die Zusammenarbeit organisieren

Sie wissen nun, welche Möglichkeiten Sie haben, um den Kontakt zu Influencern herzustellen, und haben Ihre erste erfolgreiche Anfrage verschickt. Nun stellt sich die Frage, wie es nach dem ersten Kontakt weitergeht. Wenn Sie Ihr Influencer-Marketing über eine Influencer-Marketingagentur oder Werbeagentur steuern, werden Ihnen sehr wahrscheinlich Prozesse vorgegeben, die denen in Abbildung 5.5 sehr ähnlich sehen dürften. Wenn Sie Ihre Kooperationen selbst organisieren, ist es umso wichtiger, erprobte Prozesse im Influencer-Marketing zu kennen.

Während der ersten beiden Phasen – Strategie und Influencer-Auswahl – haben Sie noch relativ wenig Kontakt zum Influencer. Beide Punkte haben Sie bereits in den vorigen Kapiteln kennengelernt. Hier geht es vor allem darum, eine Micro-, Macro- und Mega-Influencer-Strategie festzulegen, die Art der Kooperation zu bestimmen und Influencer auf Basis Ihrer Marke, Ihrer Ziele und so weiter auszuwählen.

Bei einer ersten Kontaktaufnahme gibt es verschiedene Herangehensweisen: Manche Unternehmen, die ihre Kooperationen selbst organisieren, übersenden den ausgewählten Influencern direkt ein erstes Briefing, um ihre Vorstellungen zu verdeutlichen. Eine erste Anfrage kann aber auch zunächst dazu genutzt werden, ein generelles Interesse seitens des Influencers festzustellen. Dazu muss eine Kooperation noch nicht bis ins kleinste Detail in Form eines Briefings mitgeschickt werden – ein grober Umriss, was man sich vorstellt, reicht Influencern für eine erste Einschätzung und erstickt Kreativität und Ideen des Influencers nicht im Keim (siehe Abschnitt 5.2, »Was Sie bei der Ansprache beachten sollten«).

Nach einem ersten Kontakt und einem grundsätzlichen Interesse des Influencers sollen Sie ihm ein Briefing zukommen lassen (siehe Kapitel 6, »Briefing«). Der Influencer wird sich im nächsten Schritt um die Produktion der Inhalte kümmern. Hier ist es sinnvoll, Freigaben zu vereinbaren: Erst wenn Sie zugestimmt haben, werden die Inhalte im Anschluss veröffentlicht.

Je nach Herangehensweise steht im Anschluss eine Auswertung der Kooperation an (siehe hierzu auch Kapitel 8, »Influencer-Kooperationen auswerten«). Sie kann mit und ohne Beteiligung des Influencers oder der betreuenden Agentur erfolgen.

Erstkontakt für Produktplatzierungen

Sie möchten ein Produkt im Video eines YouTube-Influencers platzieren? Hier müssen Sie unbedingt das Trennungsgebot beachten (siehe Kapitel 11, »Influencer-Marketing & Recht«), wonach redaktioneller Inhalt und Werbung nicht vermischt werden dürfen. Für Produktplatzierungen sollten Sie deshalb folgendes Vorgehen bevorzugen:

1. Fragen Sie beim Influencer an, ob er Interesse hat, Ihre Marke oder Ihre Produkte in ein Video zu integrieren.

2. Lassen Sie sich eine Ideenskizze schicken, wie er Ihr Produkt einbinden würde.
3. Ihnen gefällt die Idee? Dann stimmen Sie der Kooperation zu (siehe »Konzeptannahme« in Abbildung 5.5), ohne Einfluss auf Gestaltung oder Inhalt zu nehmen!

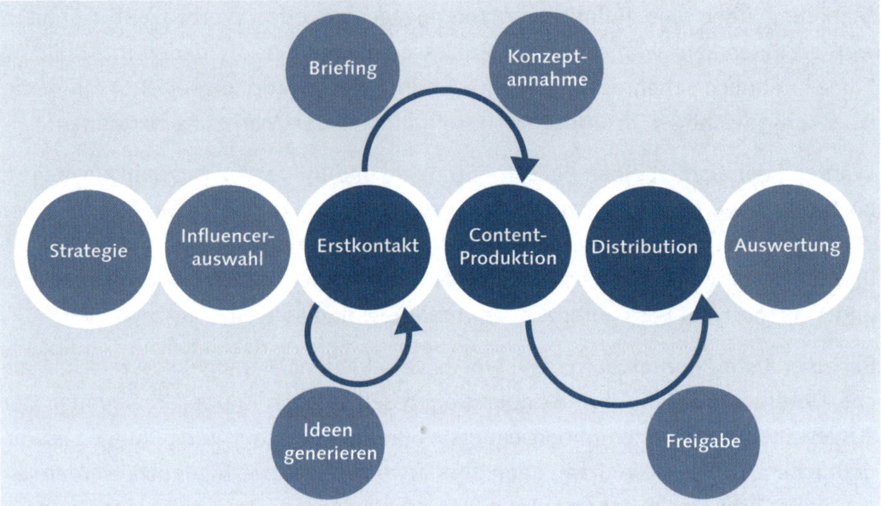

Abbildung 5.5 Influencer-Marketing erfordert eine gute Abstimmung in der Zusammenarbeit mit den Influencern.

5.4 Welche Rollen Influencer in der Zusammenarbeit übernehmen

Influencer unterscheiden sich wie Tag und Nacht: Da gibt es die einen, die fast schon permanent Werbepostings mit starken Vorgaben der beauftragenden Unternehmen auf Instagram veröffentlichen und es dennoch schaffen, authentisch zu wirken. Und dann gibt es zum Beispiel auch diejenigen, die in erster Linie sich selbst vermarkten und einen stärkeren Mehrwert bieten möchten. Letztere sind mit Kooperationen gegebenenfalls wählerischer und achten auf den perfekten Markenfit.

Bei allen Influencern muss man aber festhalten: Wer glaubt, einen beliebigen Influencer buchen zu können, der ein Produkt »in die Kamera hält«, verfolgt den falschen Ansatz. Stattdessen übernehmen Influencer nicht nur die Bewerbung eines Produkts, sondern vereinen in einer Person noch wesentlich mehr Funktionen (siehe Abbildung 5.6), die eine gelungene Influencer-Kooperation erst wertvoll machen.

Konzepter

Influencer kennen nicht nur ihr Zielmedium aus dem Effeff, sondern stehen vor allem auch in einem Austausch mit ihrer Zielgruppe. Das verschafft ihnen den Vorteil, ein sehr gutes Gespür für ihre Zielgruppe zu besitzen. Sie wissen, welche Themen ihre Follower beschäftigen, was die aktuellen Trends sind und wie die Zielgruppe auf Marken und ihre Werbebotschaften reagieren wird. Für Unternehmen ist es deshalb sehr wichtig, Influencer bereits in die Konzept- und Ideenphase einzubinden. Das kann sogar so weit gehen, Influencer in die Produktentwicklung einzubeziehen und auf ihre Expertenmeinung zurückzugreifen. So können Produkte entstehen, die echte Relevanz für die Zielgruppe besitzen und für die ein Influencer glaubhaft in den sozialen Netzwerken seine Überzeugung äußern kann.

Influencer sind also Konzepter und Ideengeber: Sie liefern Einblicke in die Bedürfnisse der Zielgruppe, bauen darauf basierend Konzepte und schaffen so die Grundlage für eine überzeugende Kommunikation. Beziehen Sie Influencer unbedingt in die Konzeptphase ein, oder überlassen sie ihnen sogar die Konzeptphase gänzlich, um nicht zuletzt auch Freiraum für neue Ideen zu schaffen. Nur der Influencer weiß, wie er mit seiner Zielgruppe am authentischsten kommunizieren kann – und das meist intuitiv.

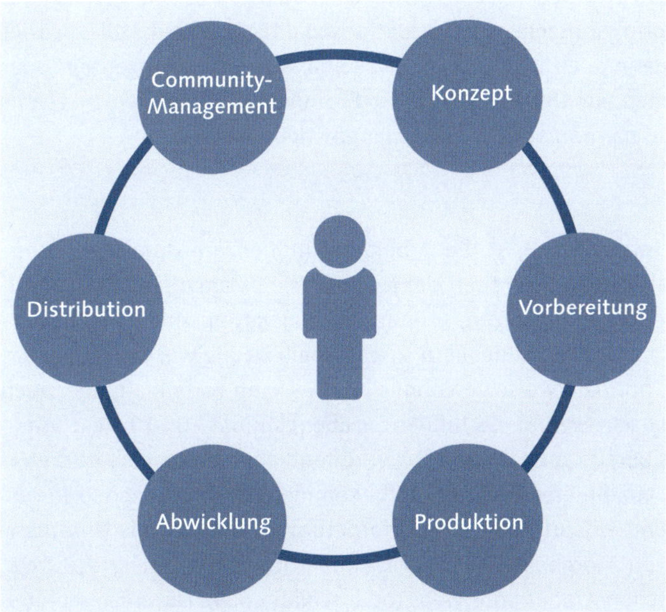

Abbildung 5.6 Influencer vereinen viele Rollen in einer Person.

Produktionsvorbereitung

In aller Regel überlassen Marken die Produktionsvorbereitung den kooperierenden Influencern. Und das ist auch gut so, denn hier gilt: Influencer haben ihren individuellen Stil, sich auszudrücken und mit der Zielgruppe zu kommunizieren. Ein Influencer, der regelmäßig Bilder auf Instagram veröffentlicht, weiß bestens, was für die Produktion der Inhalte notwendig ist.

Produktion

Moderator, Kameramann, Regisseur, Produzent, Cutter, Bildbearbeiter – all das sind nur einige Positionen, die von den meisten Influencern in Personalunion übernommen werden. Das ist für die hohe Taktung, mit der sie Inhalte in den sozialen Netzwerken veröffentlichen, auch notwendig. Lange Abstimmungsprozesse entfallen, und wenngleich die Inhalte am Ende vielleicht nicht in jeder Hinsicht perfekt sind, so sind sie vor allem eines: glaubwürdig. Handwerkliche Fehler, Versprecher und die fehlende Maske vermitteln dem Konsumenten: Die auf inhaltlicher Ebene vermittelte Botschaft stammt tatsächlich von der sichtbaren Person und wurde nicht einmal von einem Produktionsteam beeinflusst.

Unzählige Beispiele zeigen jedoch auch, dass viele Influencer mittlerweile auf einem so hohen Niveau produzieren, dass manche Produktionsfirma angesichts des Verhältnisses von Produktionszeit und Produktionsqualität vor Neid erblasst. Hier arbeiten Influencer dann auch oft nicht mehr alleine, sondern besetzen ein oder zwei weitere Positionen zur Unterstützung der Produktion. Diese kleinen Teams sind hocheffizient und harmonieren auf einer langfristigen Basis.

Abwicklung

Für kooperierende Unternehmen ist die Arbeit mit Influencern durchaus besonders: Ein Influencer als Ansprechpartner, der sich um alle Belange selbst kümmert, kann Dinge nicht nur schnell umsetzen, sondern auch zielgruppenbezogen bewerten. Abstimmungsprozesse mit Influencern sind deshalb häufig wesentlich kürzer, als Unternehmen das normalerweise gewohnt sind. Das kann vorteilhaft, aber auch gewöhnungsbedürftig sein: Wenn ein Influencer abends um 23:00 Uhr ein Video fertiggestellt hat, das bereits am nächsten Tag veröffentlicht werden soll, ist die Erwartungshaltung oft, ein direktes Feedback zu bekommen. »Kann das Video so veröffentlicht werden, und entspricht es den Anforderungen?« Wenn das Unternehmen dann am nächsten Morgen um 8:00 Uhr Änderungswünsche schickt, ist der Influencer vielleicht schon wieder unterwegs (oder schläft noch). Natürlich arbeiten nicht alle Influencer chaotisch, und sehr viele sind sogar top organisiert, damit sie überhaupt erfolgreich sein können. Trotz allem sollte man sich darauf einstellen, dass insbesondere in der Abwicklungsphase viele Influencer eine hohe zeitliche Erwartungshaltung besitzen.

Distribution

Wenn die Inhalte fertiggestellt und abgenommen sind, kümmert sich der Influencer darum, sie auf seinen Plattformen zu veröffentlichen. Er recherchiert Keywords, setzt Hashtags, ordnet Kategorien zu, verlinkt andere Accounts und Orte oder erstellt Thumbnails. Dabei steht das Ziel an oberster Stelle, die Sichtbarkeit der Inhalte zu garantieren. Influencer exportieren Fotos und Videos also nicht nur in der richtigen Größe und drücken einen Upload-Button, sondern sind auch SEO-Experten. Dazu gehört es, den optimalen Zeitpunkt für die Veröffentlichung der produzierten Inhalte zu finden: Wann sind die Follower eigentlich online und können die Inhalte direkt sehen?

Community-Management

Wer als Unternehmen heute selbst in den sozialen Netzwerken aktiv ist, hat meist mindestens einen Social Media Manager eingestellt, der sich auch um das Community-Management kümmert. Auch Influencer sind wahre Community-Management-Experten und pflegen den Kontakt zu ihren Followern neben der Veröffentlichung neuer Inhalte auf den verschiedensten Wegen: Kommentare und persönliche Nachrichten beantworten, Fan-Fotos liken oder auch der persönliche Kontakt bei einem Community-Treffen vor Ort. All das sind zeitaufwendige Aufgaben, die aber das Verhältnis zu den Followern stärken und den Influencer noch nahbarer machen.

5.5 Kreative Freiheit in der Zusammenarbeit

Die wohl größte Überwindung in der Realisierung erfolgreicher Influencer-Kooperationen bedeutet für Unternehmen die Aufgabe der absoluten Kontrolle in der Zusammenarbeit mit Influencern. Natürlich haben Sie bei als werblich gekennzeichneten Inhalten auch im Influencer-Marketing die Möglichkeit, so einiges vorzugeben und zu kontrollieren – Sie werden damit aber dafür sorgen, dass der Influencer nicht mehr so mit seiner Zielgruppe kommuniziert und interagiert, wie er es ansonsten auf seine eigene natürliche Art machen würde. Und das führt letztendlich dazu, dass die ganze Kooperation nicht mehr als authentisch wahrgenommen wird.

Wie Sie in Abbildung 5.7 sehen, besteht die Herausforderung also im Spagat zwischen der Bewahrung Ihrer Markenpositionierung und der Freiheit und damit auch Authentizität des Influencers.

Abbildung 5.7 Das Gleichgewicht zwischen gewahrter Markenpositionierung und Freiheit des Influencers ist eine Herausforderung bei der Zusammenarbeit mit Influencern.

Wie können Sie also sichergehen, dass die Vorteile des Influencer-Marketings – nämlich die authentische Kommunikation mit einer Zielgruppe – gewahrt werden und Sie trotzdem nicht die Kontrolle über Ihre Marketing-Kommunikation verlieren? Wenn Sie ein paar Seiten zurückblättern und Abbildung 5.5 erneut betrachten, haben Sie an mehreren Stellen die Möglichkeit, sich die Ideen und Konzepte des Influencers anzuhören. Hier sollten Sie auch wirklich die Gelegenheit nutzen und genauer hinhören: Deckt sich die Vorstellung des Influencers mit dem, was Sie kommunizieren möchten? Falls nicht, sollten Sie ein Re-Briefing ansetzen oder gegebenenfalls Konzepte ablehnen und auf die Kooperation verzichten.

Bei einer vereinbarten Freigabe haben Sie auch im späteren Stadium noch die Möglichkeit, Inhalte vor der Veröffentlichung abzulehnen – unter Beachtung der eventuell bereits angefallenen Kosten!

Durch dieses Vorgehen überlassen Sie es dem Influencer, seine Art der Kommunikation zu realisieren, und können notfalls einschreiten. Dabei liegt die Betonung auf »notfalls«: Die wenigsten Influencer sind selbst daran interessiert, Ihre Marke nicht zu gefährden und machen sich deshalb Gedanken darüber, wie Inhalte einer Kooperation vermittelt werden können. Nur wenn Sie eine Gefahr für Ihre Markenpositionierung sehen, sollten Sie auch eingreifen.

In Kapitel 9, »Sehenswerte Influencer-Kooperationen«, werden Sie noch zwei Beispiele kennenlernen, in denen die Marken Nike und Mercedes mit Casey Neistat zusammengearbeitet haben und dem YouTuber eine große Freiheit in der Gestaltung überlassen haben. In Abbildung 5.8 sehen Sie ein Beispiel des Influencers Aaron Troschke, der auf seinem Kanal regelmäßig Videos von Messebesuchen veröffentlicht, die er in seinem Stil dokumentiert. Für ein solches Video seines Besuchs auf der IFA 2018 kooperiert er mit der Marke Logitech, die ihn das Video in seinem Stil drehen lässt.

Abbildung 5.8 Der YouTuber Aaron Troschke veröffentlicht auf seinem Kanal regelmäßig Messevideos (https://youtu.be/MjvUGrQQmCc).

5.6 Feedback zur Kooperation

Ebenfalls wichtig in der Zusammenarbeit mit Influencern: Geben Sie Feedback, wie die Kooperation aus Ihrer Sicht gelaufen ist! Die meisten Unternehmen schreiben höchstens, wenn ihnen etwas nicht gefallen hat. Was aber, wenn die Kooperation gut geklappt hat? Dann ist es umso wichtiger, auch einfach mal Danke zu sagen für die gute Kooperation. Schließlich wollen Sie vielleicht auch noch mal mit dem Influencer zusammenarbeiten und in guter Erinnerung bleiben.

Apropos weitere Zusammenarbeit: Sie haben nun erfolgreich mit einem Influencer zusammengearbeitet. Er hat Ihre Marke bei seiner Community eingeführt und eine positive Resonanz erhalten. Wie wäre es, wenn Sie den Kontakt weiterhin halten, beispielsweise im Rahmen von Influencer Relations? Viele Kontakte im Rahmen von Influencer Relations entstehen aus Kooperationen im Influencer-Marketing heraus.

Einige wenige Unternehmen gehen in der langfristigen Zusammenarbeit mit Influencern noch einen Schritt weiter und machen einzelne, besonders eng mit der Marke verbundene Influencer zu sogenannten Ambassadors (Botschaftern). Wer als Influencer Brand Ambassador ist, ist besonders stolz auf die langfristige Zusammenarbeit mit einer Marke und kann seine Begeisterung noch besser teilen.

Anforderungen an Brand Ambassadors

Die wenigsten Influencer werden sich einfach zum Brand Ambassador befördern lassen, ohne dass sie wirklich einen sehr starken Bezug zur Marke haben. Es bedeutet für sie schlicht ein sehr hohes Commitment, eine so enge Beziehung zu eine Marke einzugehen. Zum Brand Ambassador sollten Sie aber auch nicht einfach jeden Influencer machen, mit dem Sie langfristig in Kontakt bleiben wollen. Vielmehr sollten Brand Ambassadors folgende Eigenschaften mitbringen:

- die Marke auch nutzen, wenn vielleicht niemals eine Kooperation zustande gekommen wäre
- sehr hohe und weit überdurchschnittliche Identifikation mit der Marke und vor allem auch mit den Markenwerten
- gute Vernetzung innerhalb der relevanten Szene
- überdurchschnittlich gut informiert über die Markenwelt

6 Briefing

Im Influencer-Marketing geht nichts über ein vernünftiges Briefing: Wissen, was wo wann passieren soll – das ist für alle Beteiligten wichtig, um die Erwartungen auch erfüllen zu können.

Sobald der passende Wunschkandidat gefunden und der erste Kontakt hergestellt ist, geht es darum, die genauen Eckpunkte der Kooperation zu definieren. Dazu gehört auch, dass Sie sich mit gängigen Influencer-Formaten auskennen, um überhaupt im Briefing angeben zu können, was sie in der Kooperation für Inhalte erwarten.

6.1 Wie ein Influencer-Briefing abläuft

Wer mit Influencern zusammenarbeiten möchte, sollte sich zuvor Gedanken darüber gemacht haben, was er eigentlich erwartet. Diese Erwartungen müssen ausformuliert und dem Influencer als Dokument zur Verfügung gestellt werden – man nennt dieses Dokument »Briefing«.

Ein Briefing steht erst dann an, wenn Sie bereits mit dem Influencer einen ersten Kontakt aufgenommen haben. Es gibt Unternehmen, die das Briefing bei der ersten Kontaktaufnahme bereits mitschicken – das ist eher nicht empfehlenswert, da beim Erstkontakt zunächst ausgelotet werden sollte, ob grundsätzlich überhaupt ein Interesse zur Zusammenarbeit besteht. Hier ergeben sich dann eventuell auch Aspekte, die vom Influencer oder seinem Management geäußert werden, und auf die sie dann im Briefing später eingehen können.

Je nachdem, wie Sie eine Influencer-Kooperation angehen – ob über eine Agentur oder im Direktkontakt – muss ein Briefing unterschiedlich formuliert werden. Eine Agentur können Sie problemlos umfangreich briefen, damit diese einen möglichst genauen Einblick in Ihre Marke und Ihre Vorstellungen erhält. Darauf basierend kann die Agentur dann die Kampagne planen und im weiteren Verlauf den Influencer selbst mit den relevanten Daten briefen.

Wenn Sie allerdings mit dem Influencer in direktem Kontakt stehen und ein Briefing vorbereiten müssen, konzentrieren Sie sich auf die in den nächsten Abschnitten genannten wesentlichen Punkte. Ein gutes Influencer-Briefing konzentriert diese Punkte auf eine Seite mit Stichpunkten, sodass der Influencer einen schnellen Überblick über Ihre Vorstellungen bekommt.

Die nachfolgenden Abschnitte beschreiben Aspekte, die Sie im Influencer-Briefing berücksichtigen sollten. In einem Agenturbriefing ist es durchaus üblich, noch umfangreichere Informationen zu Ihrer Marke, Ihrem Unternehmen und ihrer derzeitigen Markenausrichtung zu ergänzen. Am Ende des Abschnitt 6.1 werden die beschriebenen Punkte in einer Checkliste zusammengefasst, mit der Sie ein Briefing erfolgreich gestalten können. Die Checkliste stammt aus der Influencer-Praxis und wird so auch von der Agentur HitchOn verwendet.

Trennungsgebot beachten

Beachten Sie die Hinweiskäste in den nächsten Abschnitten: Die meisten Punkte, die für das Briefing genannt werden, dürfen nur für Werbevideos festgelegt werden.

6.1.1 Termine und Fristen

In jeder Influencer-Kooperation gibt es Termine und Fristen, die eingehalten werden sollen. Insbesondere wenn Sie mit mehreren Influencern zu einer Kampagne zusammenarbeiten, sollten Sie planen, wann die einzelnen Inhalte der Influencer online gehen sollen. Legen Sie dabei nicht nur ein Datum, sondern auch eine Uhrzeit fest! Für beides ist es allerdings auch sinnvoll, mit dem Influencer zuvor Rücksprache zu halten: Er hat Einblicke in das Verhalten seiner Follower/Abonnenten und weiß, was der perfekte Veröffentlichungszeitpunkt ist.

Sollten Sie eine Abnahme der Inhalte vereinbart haben, gehört auch der Abnahmetermin in das Briefing. Ein Abnahmetermin sollte lange genug vor dem Veröffentlichungsdatum liegen und trotzdem so kurzfristig wie möglich sein. Kein Follower möchte Bilder oder Videos sehen, die bereits Monate vorher produziert wurden. Eine andere Frisur, ein altes Setting oder ähnliches verraten vorproduzierte Inhalte.

Abnahme der Inhalte

Eine Abnahme der Inhalte ist durchaus sinnvoll, um böse Überraschungen zu vermeiden, die am Ende Ihrer Marke mehr schaden als nutzen. Es gibt dem Influencer zudem die Sicherheit, dass er das Briefing richtig verstanden hat. Denken Sie aber bei einer Abnahme daran, nur das Briefing zu überprüfen und keinen Einfluss auf die kreative Ausgestaltung zu nehmen. Der Influencer weiß, wie er mit seiner Zielgruppe kommuniziert und was sein Stil ist – Sie sollten ihn nicht verändern, wenn der Influencer in der Kooperation authentisch bleiben soll!

Je nach Kooperation können aber auch weitere Termine relevant sein, die in das Briefing gehören: Der Influencer soll auf eine Veranstaltung kommen? Wann genau soll er dort sein? Gibt es vor Ort Termine, die eingehalten werden müssen? Nennen Sie Uhrzeiten, die eingehalten werden müssen, damit der Influencer auch vor Ort ist, wenn Sie mit ihm rechnen.

Sicherheit auf Veranstaltungen

Sie planen eine Veranstaltung, zu der Sie einen Influencer einladen, um mehr Aufmerksamkeit für die Veranstaltung zu generieren? Was grundsätzlich gut funktionieren kann, sollte unbedingt mit einem guten Sicherheitskonzept durchdacht sein. Wenn sich bekannte Influencer für eine Veranstaltung auf ihren Accounts ankündigen, kommen schon mal gerne mehr als eine Hand voll Follower, die ihn treffen möchten. Ein gutes Sicherheitskonzept vor Ort ist deshalb unerlässlich!

6.1.2 Art der Kooperation

Im nächsten Schritt ist es wichtig, dem Influencer die Art der Kooperation mitzuteilen und in einigen Punkten zu umreißen. Was ist das Ziel der Kampagne? Wenn Sie glauben, ein bestimmtes Format könnte besonders geeignet sein, teilen Sie es dem Influencer mit (siehe hierzu auch die noch folgenden Abschnitte in diesem Kapitel)! Hier können Sie auch angeben, wie und in welchem Umfang das Produkt eingebunden werden soll (Hinweis-Box zu Werbevideos und Produktplatzierungen beachten).

Unterscheidung Werbevideo und Produktplatzierung

Im Influencer Marketing auf YouTube muss grundsätzlich zwischen Werbevideo und Produktplatzierung unterschieden werden. Wer sich nicht an die vom Gesetzgeber vorgeschriebenen Vorgehensweisen und Kennzeichnungen hält, riskiert hohe Strafen.

Das Werbevideo

Bei Werbevideos steht die Marke mit ihren Produkten klar im Fokus des Videos. Das Video dreht sich nur um die Marke. Das Unternehmen kann bei Werbevideos beliebigen Einfluss auf die Gestaltung nehmen und vorgeben, wie das Produkt dargestellt werden soll.

Das Product Placement

Bei einem Product Placement wird die Marke mit ihren Produkten zwar eingebunden, ist aber nicht wesentlicher Bestandteil des Videos. Seitens des Unternehmens darf keine Einflussnahme auf den Inhalt genommen werden. Eine Einflussnahme schließt sich aufgrund des Gebots zur Trennung von Werbung und Inhalt im Briefing für ein Video mit Produktplatzierung grundsätzlich aus. Ein ordnungsgemäßes Vorgehen, bei dem die Marke trotzdem noch etwas Kontrolle hat: Der Influencer gibt ein grobes Konzept ab und das Unternehmen sagt für das vorgelegte Konzept zu oder ab.

Im vorigen Abschnitt haben Sie bereits Termine und Fristen für die Veröffentlichung festgelegt: Nun gilt es zu definieren, auf welchen Kanälen des Influencers die Inhalte veröffentlicht werden sollen. Die meisten Influencer sind auf mehreren Social-Media-Plattformen aktiv – auf welche Plattform möchten Sie die Kooperation konzentrieren?

Damit es hinterher keine Abmahnungen gibt, ist es zudem wichtig zu definieren, wie die Kooperation gekennzeichnet werden muss. Beachten Sie hierzu auch Kapitel 11, »Influencer-Marketing & Recht«, in dem Ihnen Rechtsanwalt Christian Solmecke Tipps zur richtigen Kennzeichnung im Influencer-Marketing gibt. Bezogen auf YouTube ist es spätestens hier auch notwendig, die Unterscheidung Werbevideo und Produktplatzierung zu treffen.

6.1.3 Key Messages

Nun geht es an den Inhalt: Was ist die Kernaussage Ihrer Kampagne?[1] Teilen Sie dem Influencer mit, welche Informationen im Video erwähnt werden sollen und worauf hingewiesen werden soll. Alle Punkte, die den Inhalt der Beiträge betreffen, sind in diesem Abschnitt aufgehoben.

Definiert werden kann übrigens auch, was nicht gesagt werden soll. Beachten Sie aber: Es soll Influencer geben, die gegen Bezahlung Negativ-Inhalte über die Konkurrenz erstellen. Nicht nur, dass dieses Vorgehen rechtlich bedenklich ist: Es wirft auch kein gutes Licht auf Ihre Marke!

6.1.4 Verlinkungen

Wenn Sie die Resonanz auf Ihre Kampagne über die KPIs des Influencers hinaus tracken möchten, geben Sie im Briefing an, welche Tracking-Links der Influencer verwenden kann. Das ist nicht nur von Interesse, wenn Sie mit dem Influencer einen Gutschein-Code ausgehandelt haben, der getrackt werden soll, sondern auch bei anderen Aktionen, zu denen Sie einen Link zur Verfügung stellen.

Viele Kampagnen sind zudem nicht nur auf die Kanäle des Influencers beschränkt, sondern nutzen auch die Kanäle des Unternehmens. Geben Sie im Briefing an, wie diese Kanäle heißen und wie sie verlinkt werden können.

1 Unbedingt beachten: Kernaussage und Ziel einer Kampagne sind zwei grundverschiedene Dinge! Bei der Kernaussage handelt es sich um etwas inhaltliches, bei dem Ziel um eine strategische Festlegung.

Auf YouTube gibt es die Möglichkeit, am Ende eines jeden Videos weitere Videos auf einer sogenannten Endcard zu verlinken. Wenn Sie vom Influencer auf ein Video Ihres eigenen Kanals verlinken möchten, geben Sie dem Influencer an, um welches Video es sich dabei handelt.

Auch die Infocard-Funktion von YouTube könnten Sie mit Links zu weiteren Inhalten füllen lassen.

Briefing-Checkliste – an alles gedacht?

Haben Sie in Ihrem Briefing an alles gedacht? Diese Checkliste kann Ihnen helfen, das Briefing nochmal zu überprüfen.

Datum

- Wann soll der Content zur Abnahme eingereicht werden?
- Wann soll er veröffentlicht werden (Datum und genaue Uhrzeit)?

Art der Kooperation

- Was ist das Ziel der Kampagne/Zusammenarbeit?
- In welchem Stil soll der Content produziert werden (z. B. Vlog, Tutorial etc.)?
- Wie und in welchem Umfang soll das Produkt eingebunden werden?
- Auf welchem Kanal soll der Beitrag veröffentlicht werden?
- Wie muss der Inhalt gekennzeichnet werden?
- Handelt es sich um ein Werbevideo oder um eine Produktplatzierung?
- Was ist sonst noch für die Kooperation relevant?

Key Messages

- Welche Informationen sollen im Video erwähnt werden?
- Worauf soll hingewiesen werden?
- Was soll vermittelt werden?
- Was soll gezeigt werden?
- Was soll nicht gesagt oder sogar vermieden werden (z. B. Konkurrenz)?

Verlinkungen

- Welche (Tracking-)Links sollen wo hinterlegt werden?
- Gibt es Gutscheincodes, die genutzt werden sollen?
- Welche Social-Media-Accounts werden zusätzlich bedient?
- Welches Video/welcher Kanal soll in der Endcard platziert werden?
- Sollen Infocards im Video eingeblendet werden?

6.2 Typische Influencer-Formate

Um sinnvoll mit Influencern über ein Briefing sprechen zu können, sollte man unbedingt typische Formate kennen, die Influencer auf den Social-Media-Plattformen und auf YouTube nutzen.

6.2.1 Videoformate

Die nachfolgend genannten Videoformate sind vor allem auf der YouTube-Plattform anzutreffen. Sie können aber auch in lockerer Form auf anderen Plattformen anzutreffen sein, sofern die Plattform Videoinhalte zulässt. YouTube hat zum gegenwärtigen Zeitpunkt allerdings immer noch die mit Abstand größte Relevanz, wenn es um regelmäßige Videoformate geht.

Vlogs und Follow-me-arounds

In den Anfangszeiten von YouTube wurden Vlogs vorrangig mit Webcams aufgenommen und die Erzählperson kommentierte bestimmte Themen in ihrem privaten Umfeld. Die meisten heutigen Vlogs überschneiden sich mit Follow-me-arounds, wobei der Fokus wesentlich stärker auf einer Dokumentation der Erlebnis- und Gedankenwelt der Erzählperson liegt und das »Mitnehmen« des Zuschauers zu einem besonderen Anlass wie beim Follow-me-around in den Hintergrund gerät.

Vlogs und Follow-me-arounds sind personenbezogene Formate. Sie werden besonders häufig für die Dokumentation eines besonderen Moments des alltäglichen Lebens, Veranstaltungen und Hintergrundgeschichten mit einem hohen Realitätsbezug eingesetzt, und spiegeln das persönliche Erleben der Erzählperson wider. Die Machart ist dabei relativ einfach: Die Erzählperson spricht die Zuschauer direkt an und filmt sich und die Umgebung mit einer kompakten Kamera zumeist selbst. Dabei führt sie den Zuschauer durch die eigene Erlebniswelt, kommentiert das Geschehen und zeigt es aus ihrer Perspektive.

Beispielsweise präsentiert die Influencerin Anna-Valentina hin und wieder auf ihrem YouTube-Kanal Vlogs, wie von einer Reise nach Kuba (siehe Abbildung 6.1). Ihre Abonnenten erhalten dadurch einen Einblick in einen für sie besonderen Moment ihres Lebens und sind gegebenenfalls inspiriert, eine ähnliche Reise anzutreten.

Vlogs sind das wohl vielseitigste Format für Influencer-Kooperationen. Das Format lässt sich gut abwandeln und Produkte lassen sich in den Handlungsstrang gut einbinden. Besonders prädestiniert ist das Format für Reisen oder Veranstaltungen, zu denen der Influencer eingeladen wird.

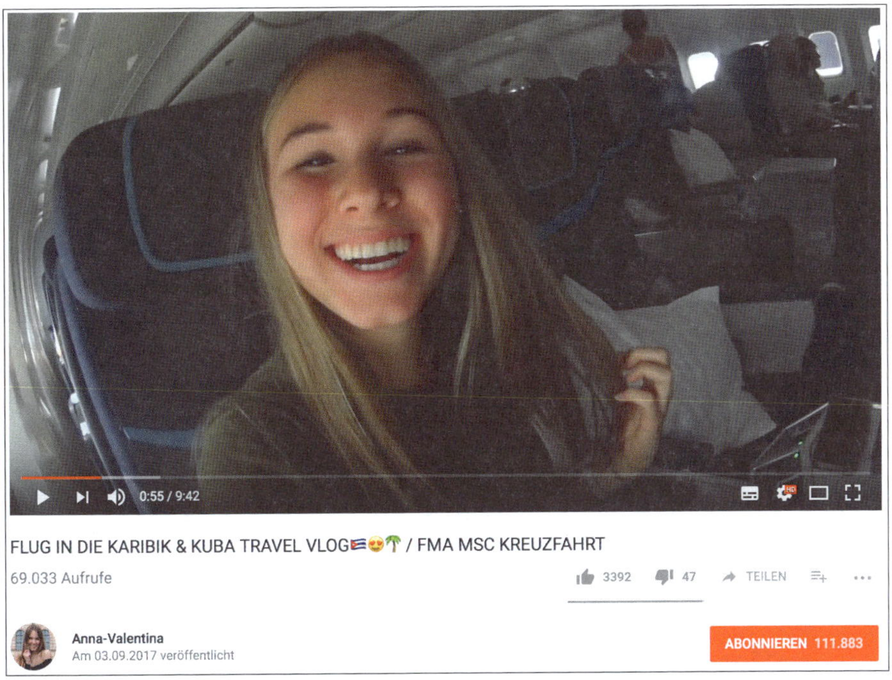

Abbildung 6.1 Die YouTuberin Anna-Valentina nimmt ihre Zuschauer in einem Video mit auf ihre Reise nach Kuba (https://youtu.be/BLn0p7vlJLY).

Daily-Vlog

Der Daily-Vlog ist das Urgestein unter den YouTube-Formaten und wird von vielen YouTube-Stars als das entscheidende Mittel zum Erfolg genannt, auch weil der YouTube-Algorithmus täglich erscheinende Inhalte mit regelmäßigen Zuschauern hoch bewertet. Beim Daily-Vlog veröffentlichen YouTuber also täglich ein Video mit ihren Erlebnissen des Vortags. Insbesondere bei Daily Vlogs baut der Zuschauer eine starke parasoziale Beziehung auf und verfolgt die Geschehnisse konstant über große Zeiträume.

Parasoziale Beziehung

Unter dem Begriff *parasoziale Beziehung* versteht man in der Medienwissenschaft das gefühlte Verhältnis eines Zuschauers zum Akteur eines Videos, etwa eines Vlogs. In einer intensiven parasozialen Beziehung empfindet der Zuschauer den Akteur meist als einen engen Freund, weil er sehr viel über ihn weiß. Durch die direkte Ansprache und die Illusion des persönlichen Kontakts entsteht für den Zuschauer das Gefühl eines engen Verhältnisses. Umgekehrt hat der Akteur jedoch in der Regel nicht einmal Kenntnis vom einzelnen Zuschauer und auch keinen Einblick in dessen Leben.

Mit rund 1,2 Millionen Abonnenten gehört der YouTuber Jon Olsson mit seinem gleichnamigen Kanal zu den etablierten Influencern. Auf seinem Kanal veröffentlicht er seit über zwei Jahren Daily-Vlogs und gibt dabei Einblicke in sein abwechslungsreiches Leben (siehe Abbildung 6.2). Die Produktionsqualität der Videos ist vergleichsweise hoch – was auch daran liegt, dass Jon Olsson von einer zweiten Person mit der Kamera begleitet wird.

Abbildung 6.2 Der YouTuber Jon-Olsson veröffentlicht seit über zwei Jahren Daily-Vlogs auf seinem YouTube-Kanal (https://youtu.be/yOulcaEQEio).

Routine

Routinen als YouTube-Videos sind eine gute Möglichkeit, die Beziehung zu den Abonnenten weiter zu erhöhen. Dabei filmt sich der Influencer bei bestimmten wiederkehrenden Tätigkeiten, die er also als »Routine« ausführt. Sehr beliebt ist vor allem die Morgen-Routine: Hier wird der gesamte Prozess vom Aufstehen bis zum Verlassen der Wohnung im Detail gezeigt. Der Einblick in einen sehr persönlichen Moment und eine sehr persönliche Umgebung ist das entscheidende Kriterium für die Bindungsintensivität dieses Formats. Dass die meisten Routinen eine heile Welt inszenieren, rückt dabei eher in den Hintergrund.

Routinen eignen sich gut zur authentischen Einbindung verschiedenster Produkte und Marken: Von Einrichtungsgegenständen in der Wohnung des Influencers, über Apps, die er morgens nutzt, bis hin zu Frühstücksutensilien oder Beauty- und Pflegeprodukten. So kann eine Hautcreme in der Morgenroutine eines Influencers vorkommen, die er vorgibt, jeden Morgen zu nutzen. Ein ähnliches Beispiel bildet das in Abbildung 6.3 gezeigte Video der Influencerin Diana zur Löwen.

Abbildung 6.3 Diana zur Löwen in ihrer Morgenroutine (https://youtu.be/TaqMR0I7OB8)

Lookbook

Lookbooks sind vor allem bei fashionaffinen Influencern beliebt. In den Videos stellen sie verschiedene Outfits nacheinander vor und verlinken die einzelnen Kleidungsstücke unter den Videos. Häufig werden Lookbooks unter bestimmte Themen gesetzt, wie zum Beispiel Sommer-Outfits oder Back-To-School-Looks. Das Format ist auch bei den Abonnenten sehr beliebt: Sie können dadurch nachvollziehen, welche Marken der Influencer als ihr Vorbild trägt, und sich bei Interesse nun selbst entsprechend kleiden.

Die Influencerin Allegra Shaw veröffentlicht regelmäßig Lookbooks (siehe Abbildung 6.4). Die Videos erreichen regelmäßig mehr Views als der Kanal Abonnenten aufweist, was die Popularität auch über den Kanal hinaus als Such-Content unterstreicht.

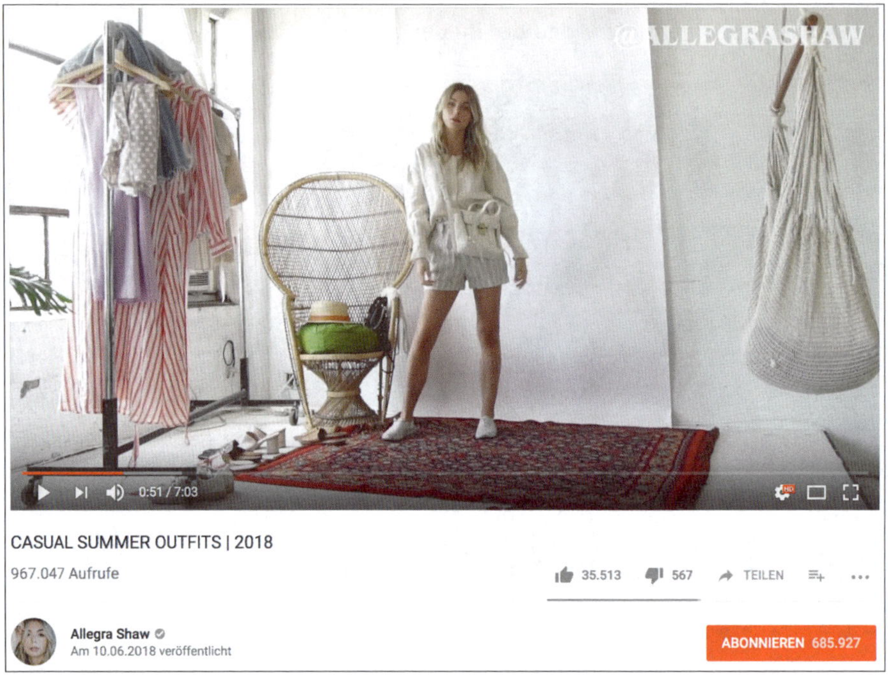

Abbildung 6.4 Die YouTuberin Allegra Shaw veröffentlicht regelmäßig Lookbooks (https://youtu.be/7AcQx7seXE0).

Aufgebraucht

Ein ebenfalls immer beliebter werdendes Format nennt sich »Aufgebraucht«: Dabei zeigen Influencer leere Verpackungen und Produktflaschen von Verbrauchsgütern, die sie in einem bestimmten Zeitraum gesammelt haben. Dabei erzählen sie auch über ihre Erfahrungen mit den Produkten und geben Tipps. Auf dem Kanal BarbaraSofie ist ein solches Video erschienen, wie in Abbildung 6.5 zu sehen. Die Zuschauer erhalten auch bei diesem Format einen genaueren Einblick in das Leben des Influencers. Darüber besteht auch ein inhaltliches Interesse: War ein Produkt ein Fehlkauf?

Abbildung 6.5 Die YouTuberin BarbaraSofie zeigt in einem Video, was sie innerhalb eines Jahres aufgebraucht hat (https://youtu.be/49UBUrp6jOY).

Review

In Review-Videos stellt ein Influencer ein bestimmtes Produkt genau vor. Er beleuchtet Vor- und Nachteile, zeigt Anwendungsszenarien auf und teilt seine persönliche Meinung zum Produkt. Reviews sind für technische Produkte äußerst beliebt – was aber nicht bedeutet, dass für andere Produkte keine Review-Videos gedreht werden. So testet der YouTube-Kanal »Ryan ToysReview« für seine 16 Millionen Abonnenten alle möglichen Kinderspielzeug-Produkte.

Reviews eigenen sich gut für Influencer-Kooperationen. Zu beachten ist: Der Influencer wird seine Meinung über das Produkt äußern. Es kann also durchaus sein, dass bei einer Teststellung auch mal ein negativer Aspekt des Produkts genannt wird. In Abbildung 6.6 sehen Sie eine mögliche Influencer-Kooperation, die etwas anders gelagert ist: Der YouTube-Kanal »iKnowReview« kooperiert hierbei mit dem Mobilfunkanbieter »mobilcom debitel« für den Test eines neuen Handymodells.

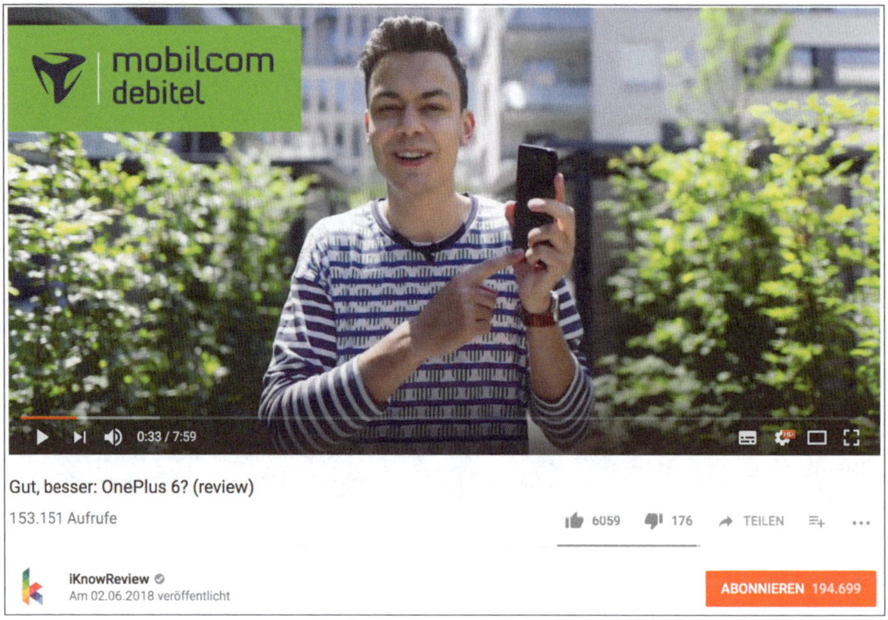

Abbildung 6.6 Reviews eigenen sich gut zur Produktplatzierung (https://youtu.be/SnnyrDUk6cs).

Unboxing

Für viele Menschen ist es ein besonderes Erlebnis, neue Produkte auszupacken. Das wissen auch die Hersteller und geben sich oft viel Mühe bei der Produktverpackung. Sogenannte Unboxing-Videos sind ein wichtiger Bestandteil der Netzkultur: Dabei werden neue Produkte vor der Kamera erstmals ausgepackt[2] – daher auch das Wort »Unboxing«.

Auf dem YouTube-Kanal iJustine veröffentlicht die Kanalbetreiberin regelmäßig solche Unboxing-Videos und packt die technischen Geräte und Gadgets »mit ihrer Community« gemeinsam aus. Ihre Reaktion und die dabei für den Zuschauer sichtbaren Emotionen treiben die Klickzahlen nach oben. Unboxing-Videos sind auch in anderen Themenbereichen zu finden. Für Marken ist dieses Format vor allem dann spannend, wenn die Produktverpackung aufwendig gestaltet wurde. Viele Influencer packen auch Pakete vor der Kamera aus, die ihnen ungefragt zugeschickt wurden – beispielsweise von Fans, aber auch von Unternehmen.

2 Es geht wirklich nur um das Auspacken!

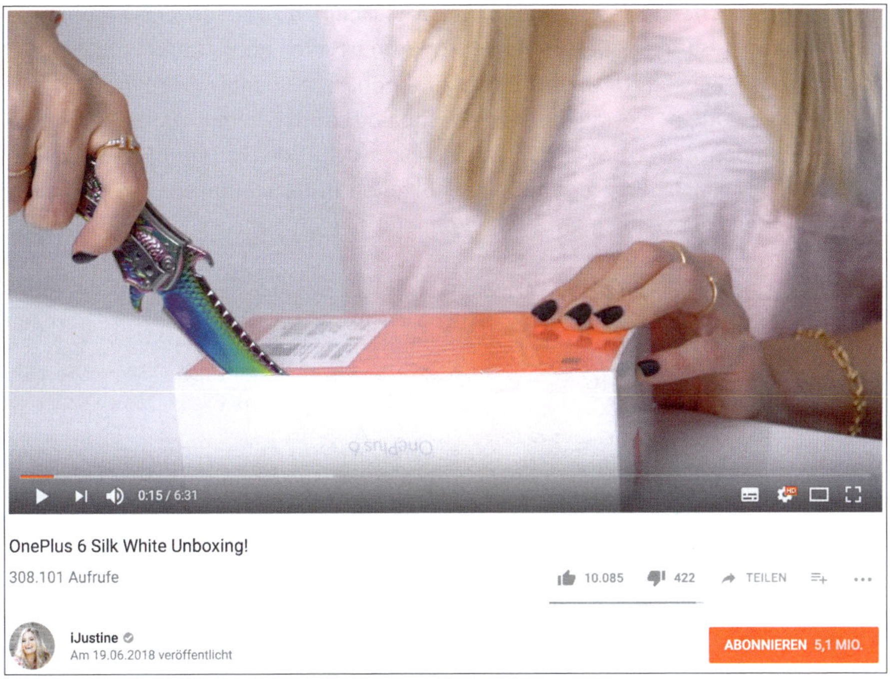

Abbildung 6.7 iJustine zeigt ein Unboxing eines neuen Smartphones (https://youtu.be/HFIRDfivN2U).

Tutorials/DIYs

In Tutorial-Videos werden Dinge und Vorgänge erklärt, für die andernfalls eine Anleitung oder ein Fachbuch notwendig wäre. Auf YouTube sind die Ersteller vor allem Privatpersonen, wenngleich auch viele Unternehmen eigene Tutorial-Formate einsetzen, um den Umgang mit ihren Produkten zu erklären und so den Support-Aufwand zu reduzieren. Die Zuschauer kommen bei Tutorials häufig über die YouTube-Suche auf die Videos, weil sie gezielt nach entsprechenden Videos zu einem Produkt suchen.

Auf dem Kanal »Sizzle Brothers« dreht sich alles um das Thema »Grillen«. Die Betreiber stellen unter anderem in Tutorial-Videos bestimmte Grilltechniken vor oder erklären, wie ein Holzkohlegrill richtig angezündet wird (siehe Abbildung 6.8). Viele Zuschauer folgen dem Kanal langfristig und schauen sich die Videos an, aber einige gelangen auch über die YouTube-Suche auf die Videos des Kanals. Im Beispiel suchen sie dann nach einem Video, in dem das richtige Grillanzünden erklärt wird.

Tutorial-Videos sind sehr gut für Produktplatzierungen geeignet: Bezogen auf das Beispiel könnte ein Grillhersteller mit dem YouTube-Kanal eine Kooperation eingehen, um die eigenen Produkte in den Videos erscheinen zu lassen. Das erhöht nicht nur die Aufmerksamkeit für die Marke, sondern ist auch im Rahmen von SEO eine attraktive Möglichkeit, die Sichtbarkeit zu erhöhen: Influencer werden durch ihre Nischenbesetzung hervorragend gerankt, sodass Produkte einer Marke gemeinsam mit dem Influencer weit oben bei Google- und YouTube-Suchen erscheinen. Der Aufwand, das gleiche Ergebnis mit einem eigenen Unternehmenskanal zu erzielen, ist in aller Regel wesentlich größer und bedeutet einen höheren Kostenaufwand.

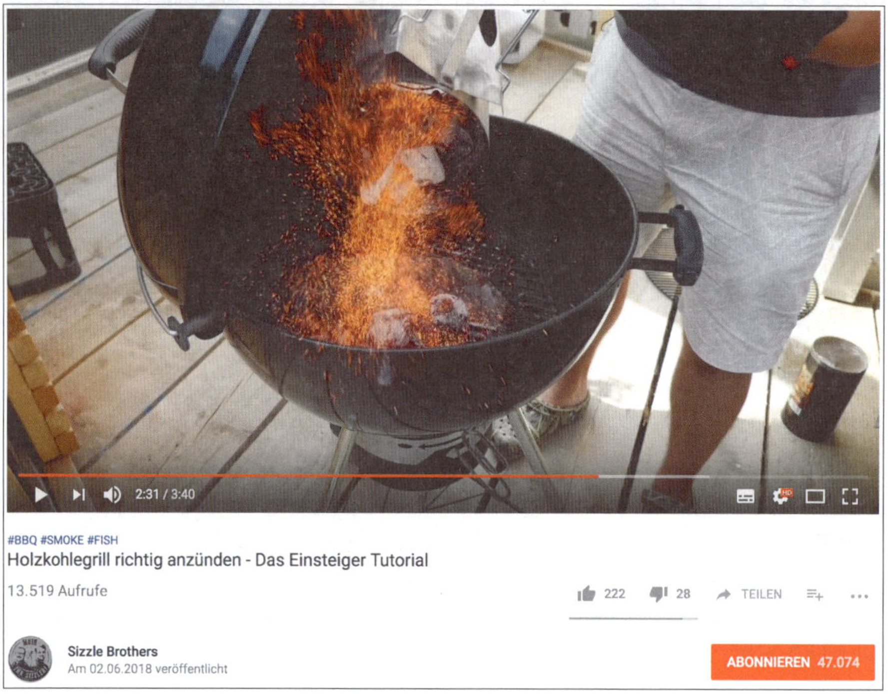

Abbildung 6.8 Tutorials generieren Views vor allem durch die YouTube-Suche, wie hier bei »Sizzle Brothers« (https://youtu.be/DwalKEMujHk).

Haul

Den Haul könnte man auch als eine moderne Form von Verkaufsformaten bezeichnen. Das Wort leitet sich aus dem Englischen ab und kann mit »Ausbeute« übersetzt werden. Dabei präsentieren die Protagonisten ihre Einkäufe (den Haul) und erläutern Vor- und Nachteile der Produkte sowie die ursprüngliche Kaufabsicht. Unpacking-Videos haben einen ähnlichen Charakter und zeigen, wie die neu erworbenen Produkte zum ersten Mal ausgepackt werden, sind aber dennoch von Hauls abzugrenzen. Für Unternehmen sind diese Formate im Rahmen von Product Placements mit Influencern besonders interessant. Denkbar ist zum Beispiel ein vorgegebener »Gutschein«, für den der Influencer sich Waren eines Unternehmens zusammenstellen kann.

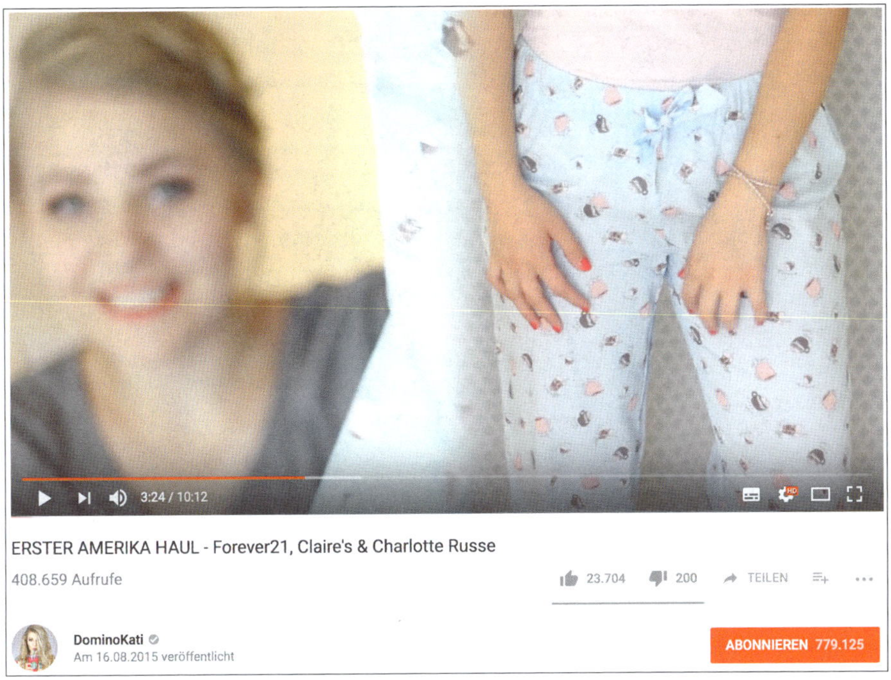

Abbildung 6.9 Bei Haul-Videos werden die Einkäufe vor der Kamera präsentiert, wie hier auf dem Kanal »DominoKati« (https://youtu.be/vgNtsD8hsOM).

Auf dem Kanal »DominoKati« zeigt die Kanalbetreiberin unter anderem auch Hauls. Im Beispiel in Abbildung 6.9 werden im Video Produkte eines Einkaufs in den USA gezeigt. Charakteristisch und hier gut sichtbar sind die zu Beginn gezeigten Einkauftüten, aus der die nacheinander präsentierten Produkte herausgeholt werden.

Let's Play

Computer- und Konsolenspiele erfreuen sich großer Beliebtheit und haben zum Phänomen der Let's-Play-Videos geführt. Dabei spielt ein Einzelner oder eine kleine Gruppe ein Videospiel, zeichnet das Bildschirmgeschehen mit Kommentaren auf und lädt die dabei entstandenen Videos auf YouTube hoch. Bei Let's-Plays stehen Witz und Unterhaltung im Vordergrund. Die Videos sind teilweise sehr lang und gehören dennoch zu den beliebtesten auf YouTube. Die um Let's-Play-Kanäle gebildeten Communitys haben oft einen sehr starken Zusammenhalt, und Zuschauer konsumieren die langen Videos meist in voller Länge. Entsprechende Formate sind als Influencer-Kooperationen vor allem für Unternehmen interessant, die in diesem oder einem angrenzenden Marktsegment aktiv sind.

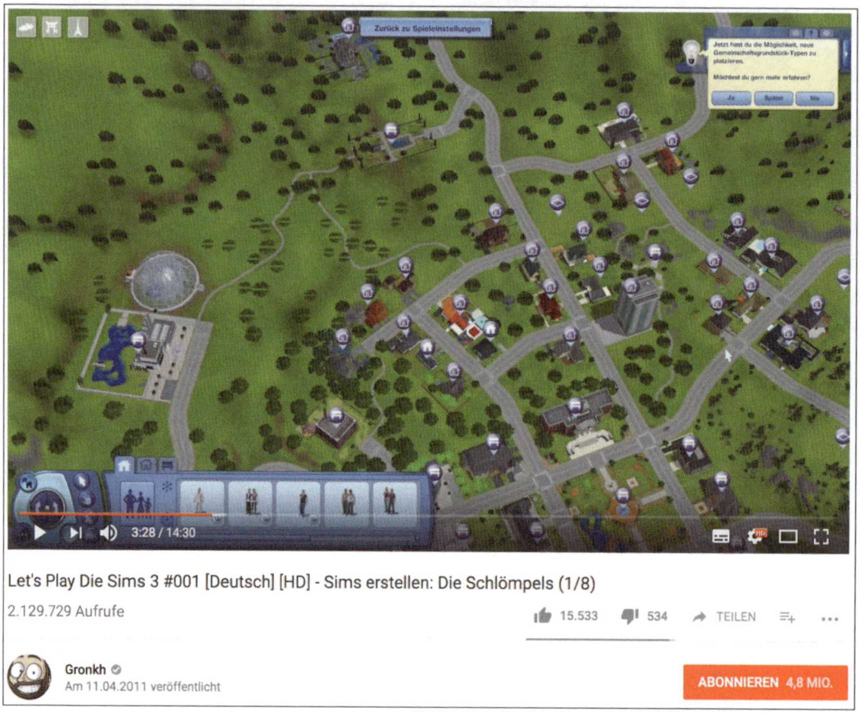

Abbildung 6.10 Der Gaming-Bereich ist auf YouTube sehr stark vertreten, vor allem mit Let's-Play-Videos wie hier auf dem Kanal »Gronkh« (https://youtu.be/MNglgPD6BB8).

Mit rund 5 Millionen Abonnenten ist »Gronkh« einer der größten deutschen YouTube-Kanäle. Der YouTuber Erik Range präsentiert auf diesem Kanal in erster Linie Let's-Play-Videos – und das trotz oft sehr langer Videos sehr erfolgreich. Die Videos werden dabei in Serien und mehreren Teilen hochgeladen, so wie bei dem Let's Play zu dem Spiel »Sims« (siehe Abbildung 6.10).

Challenges und Tags

Es ist nicht einfach, als neuer Kanal ein großes Publikum zu erreichen und viele Abonnenten zu gewinnen, wenn kein Zugang zu einem bestehenden Publikum vorhanden ist. Im Rahmen der Community-Bildung haben sich deshalb Challenges und Tags etabliert. Bei Challenges kooperieren YouTube-Kanäle in gemeinsamen Videos und absolvieren dabei in einem Wettbewerb eine oder mehrere spezifische Aufgaben. Der Verlierer erhält eine Bestrafung, die zur Belustigung des Zuschauers in der Regel recht unappetitlich ist.

Meist wird der Inhalt dabei in zwei eigenständige Videos verpackt, die aufeinander aufbauen und auf beiden Kanälen gleichzeitig veröffentlicht werden – ein Mechanismus, der die Zuschauer zum Besuch und Abonnieren des jeweils anderen Kanals bringen soll. Ein prominentes Beispiel für die Nutzung von Challenges durch Marken ist die Oreo-Lick-Challenge mit den Kanälen Dagibee und LiontTV. Dabei galt es, das weiße Innere eines Oreo-Keks möglichst schnell abzulecken – es gewinnt derjenige, der dabei am schnellsten ist. Etliche andere Kanäle haben diese Challenge aufgegriffen und unter dem Hashtag #OREOlickforit auf YouTube veröffentlicht.

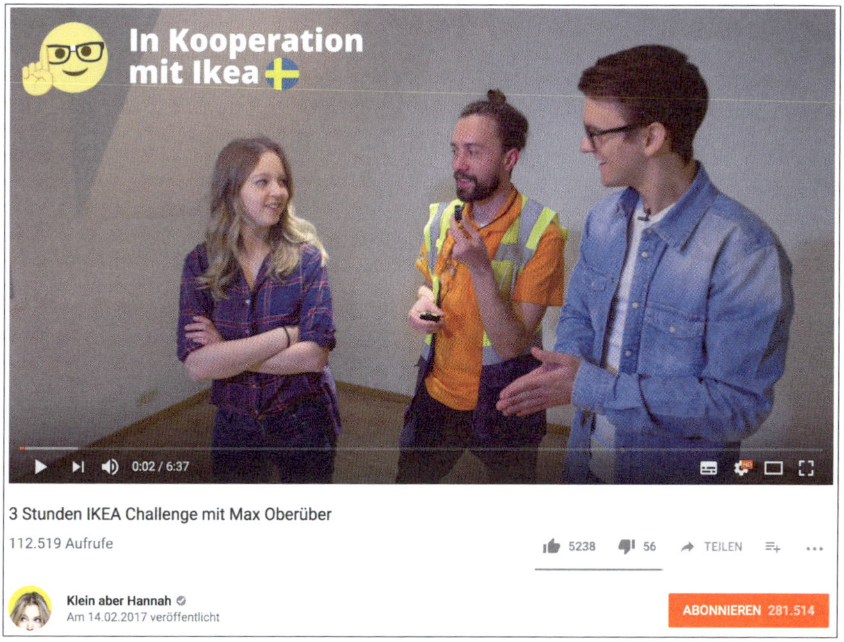

Abbildung 6.11 Eine Abwandlung der auf YouTube beliebten Challenges in Kooperation mit Ikea (https://youtu.be/2vLCiERrOAY)

Ikea ist eine sehr gelungene Kooperation mit mehreren Influencern eingegangen (siehe Abbildung 6.11). Dabei hatten die Influencer die Aufgabe, innerhalb einer vorgegebenen Zeit ein Zimmer im Ikea-Warenhaus einzurichten, indem sie sich die entsprechenden Artikel direkt vor Ort zusammensuchten.[3] Das Zimmer blieb als Musterzimmer im Anschluss mehrere Tage vor Ort eingerichtet, damit es von Followern und Abonnenten besucht werden konnte. Die Kooperation unterstreicht, wie schnell ein Zimmer mit Ikea-Produkten eingerichtet werden kann, und spielt mit dem Traum, einmal aus dem kompletten Ikea-Katalog beliebig auswählen zu können.

3 *https://www.wuv.de/marketing/ikea_punktet_mit_erster_influencer_challenge_auf_youtube*

Wenn sich Kanäle gegenseitig »taggen«, müssen sie in einem Video Fragen zu einem bestimmten Themenbereich beantworten, für den sie das Tag erhalten haben. Nach Beantwortung der Fragen können sie selbst Kanäle taggen, die ihrerseits ebenfalls Fragen aus einem vorhandenen Fragenkatalog oder Zuschauerfragen zu dem Thema beantworten müssen. Der Zuschauer erhält dadurch einen Einblick in die Ansichten der einzelnen Kanalbetreiber, und die Kanäle können sich durch die unterschiedlichen Antworten positionieren. Der Abonnentenzugewinn entsteht durch die Nennung der Tag-Partner.

Comedy und Parodien

Der Bereich Comedy deckt in sozialen Netzwerken ein großes Spektrum ab. Gemeinsamer Nenner ist jedoch immer der Unterhaltungswert. Sehr beliebt sind beispielsweise 10-Arten-Videos, Straßencomedy und Parodien. Bei 10-Arten-Videos werden zehn verschiedene Varianten eines bestimmten Themas humorvoll präsentiert. Auch hierbei gibt es Unternehmen, die im Rahmen von Product Placements mit diesen Formaten arbeiten: Die YouTuberin Joyce Ilg hat in Kooperation mit der Marke Rügenwalder zehn Arten typischer Vegetarier-Situationen präsentiert, um schließlich mit Vorurteilen gegenüber Vegetariern aufzuräumen (siehe Abbildung 6.12).

Abbildung 6.12 Comedy-Videos und Parodien, wie hier ein Video auf dem Kanal »Joyce«, haben ein großes Potenzial, geteilt zu werden (https://youtu.be/HhfK4pLevHs).

Ein sich öffnendes Unternehmen, zu dessen Marke ein humorvoller Umgang passt, kann Comedy-Videos durchaus auch auf seinem eigenen Kanal nutzen und so die Influencer-Kampagne weitertragen.

(Cover-)Musik

Einige Musiker sind erst durch soziale Netzwerke bekannt geworden und konnten internationalen Erfolg verbuchen – so wie die britische Sängerin Jasmine Thompson, die 2015 gemeinsam mit dem DJ Robin Schulz den internationalen Sommerhit »Sun goes down« liefern durfte. Zuvor hatte sie auf ihrem YouTube-Kanal etliche Coversongs hochgeladen, die sie mit einfachen Mitteln in ihrer Privatwohnung aufgenommen hatte. Auch für Unternehmen außerhalb des Musikgeschäfts sind diese Formate von Bedeutung, sofern sie im Rahmen von Product Placements genutzt werden.

6.2.2 Fotokategorien (Auswahl)

Neben Videoformaten gibt es in den sozialen Netzwerken die Möglichkeit, Fotos zu veröffentlichen und sie zumindest mit einem kurzen Text zu beschriften. Auch wenn Instagram derzeit die mit Fotos führende und für das Influencer-Marketing höchst relevante Plattform ist, können Fotos auch auf Facebook, Twitter, LinkedIn oder Pinterest veröffentlicht werden.

Es würde sicherlich den Rahmen dieses Buches sprengen, sämtliche Fotoformate der sozialen Netzwerke ausführlich zu betrachten und zudem die starke Dynamik der Plattformen zu berücksichtigen. Stattdessen sollen zumindest die relevantesten Themenbereiche genannt werden, zu denen Sie je nach Plattform-Funktionalität recherchieren können, wie Formate aufgebaut werden. Auf Instagram würden sich Formate beispielsweise in Hashtags manifestieren. Auf Pinterest finden Sie stattdessen gängige Themenkategorien, die von Influencern angelegt werden.

Foto-Kategorien, die von Influencern in den sozialen Netzwerken sehr stark bedient werden, sind beispielsweise:

- Adventure & Nature
- Food
- Lifestyle
- Fitness
- Outdoor-Sports
- Travel
- Fashion

- Fotografie
- Architektur
- Arbeit
- Blogger
- Hunde/Katzen (Tiere)
- Minimalismus/Kunst
- Musik
- Automobil/Carspotting
- zu Hause & Inneneinrichtung

Bezogen auf Instagram finden sich für diese Kategorien einzelne weit verbreitete Hashtags wieder. In der Kategorie »Food« ist das zum Beispiel #foodporn. Instagrammer posten unter diesem Hashtag Bilder von Essen, das besonders begehrenswert erscheint. Ein Beispiel-Hashtag der Kategorie Fashion könnte #ootd sein: Unter diesem veröffentlichen Instagrammer Fotos, auf denen sie mit ihrem aktuellen Tagesoutfit zu sehen sind (siehe Abbildung 6.13).

Abbildung 6.13 Ein gängiges Fotoformat auf Instagram ist das sogenannte »Outfit of the day« unter dem Hashtag #ootd. Dabei präsentieren Influencer ein Outfit, das sie an diesem Tag tragen.

6.2.3 Textformate

Viele Influencer betätigen sich auch als Blogger, und so ist dieses Format in Kombination mit einer Aktivität in den sozialen Netzwerken durchaus relevant im Influencer-Marketing. Sollten Sie also einen Influencer auswählen, der auch einen Blog betreibt, kann es durchaus interessant sein, dieses Medium auch in die Kooperation mit einzubeziehen.

Es gibt unzählige Textformate, die sich für einen Blog eignen. An dieser Stelle sollen und können jedoch bei weitem nicht alle Textformate vorgestellt werden, die für Blogs existieren. Stattdessen konzentriert sich dieser Abschnitt darauf, die für Influencer-Kooperationen besonders interessanten Textformate kurz vorzustellen.

Rezensionen

Egal, ob Bücher, Filme oder andere Medien: In Rezensionen bespricht der Influencer ein erschienenes Medium und teilt den Lesern seine Meinung mit. Wichtig: Eine Rezension besteht nicht nur aus einer Meinung, sondern eben auch aus der ausführlichen Vorstellung des Mediums! Warum eignet sich dieses Format für Influencer-Kooperationen? Natürlich ist eine Rezension ein recht spezifisches Format, das einem Testbericht ähnelt (siehe weiter unten). Dennoch bietet es zum Beispiel Verlagen die Möglichkeit, ihre Erscheinungen von einem Influencer diskutieren zu lassen. Eine ausführliche Rezension kann ein Video auf YouTube oder ein Posting auf Instagram ergänzen: Hier setzt sich der Follower dann intensiver mit dem Medium auseinander, was gegebenenfalls seine Kaufabsicht vergrößert.

Testberichte und Produktvorstellungen

Bei Testberichten und Produktvorstellungen werden Produkte ausführlich getestet und vorgestellt. Blogbeiträge in einem solchen Format eignen sich wie Rezensionen gut für eine Influencer-Kooperation: Auch sie ergänzen Inhalte aus anderen Medien, sodass sich die Follower des Influencers weitergehend ausführlich mit den vorgestellten Produkten auseinandersetzen können.

How-tos und Tutorials

Tutorials im Textformat entsprechen im Wesentlichen einem Video-Tutorial – nur eben in Textform. Für einen komplizierten Sachverhalt oder ein erklärungsbedürftiges Produkt kann es für Unternehmen auch hier zu einer SEO-Strategie zählen, eine Influencer-Kooperation einzugehen: Ein Tutorial in einem Blog mit einem guten Ranking in den Suchmaschinen wird dem Hilfesuchenden an vorderster Stelle seiner Suchergebnisse präsentiert.

Blogger-Reisen, Events und VIP-Veranstaltungen

Sehr beliebt unter Influencern generell sind sogenannte Pressereisen, die es auch schon vor der Etablierung sozialer Netzwerke für Vertreter der Presse gab. Heute nennt man sie meist Blogger-Reisen: Dabei werden ausgewählte Personen zu einer Reise eingeladen, die so zusammengestellt ist, dass ausgewählte Ziele dem Kommunikationsziel einer Marke zuträglich sind. Beispielsweise kann eine Reise Produktionsstandorte, Treffen mit Produktdesignern und Entwicklern oder aber auch einfach Orte, die mit einer Marke in Verbindung stehen, beinhalten.

Besondere Events und VIP-Blogger-Veranstaltungen können in solche Blogger-Reisen eingeschlossen sein, müssen dies jedoch nicht sein. Vielfach werden Influencer auch zu Veranstaltungen eingeladen, über die sie dann auch in Textform berichten. Da Blogs auch Bilder und Videos beinhalten können, werden die Beiträge häufig durch visuelle Eindrücke aufgewertet. Eine Verknüpfung von Videobeiträgen auf YouTube und Textbeiträgen auf einem Blog ist durchaus möglich.

6.3 Gelungen vs. nicht authentisch

Wie Sie in diesem Kapitel gesehen haben, sorgt ein gutes Briefing dafür, dass Influencer gut einschätzen können, wie eine Kooperation für beide Seiten erfolgreich gestaltet werden kann. Gleichzeitig ist das Briefing so für Unternehmen auch eine Möglichkeit, dem Influencer zu vermitteln, wie die Marke kommuniziert und was sie sich von der Kooperation erhofft.

Ein schlechtes Briefing hingegen führt schnell dazu, dass Kooperationen nicht authentisch sind: Wenn Influencer und Marke nicht zusammenpassen und dann auch noch unklar ist, wie die gewünschte Botschaft vermittelt werden soll, häufen sich die negativen Kommentare und Bewertungen.

In diesem Abschnitt lernen Sie zwei Beispiele kennen: Im ersten Fall, einer Kooperation von Mercedes mit den »German Roamers«, war die Kooperation gut geplant und bis ins Detail durchdacht, um eine authentische Wirkung zu erzielen. Wie ich Ihnen schildern werde, hatte die Marke »Coral« hingegen so ihre Schwierigkeiten bei der Kooperation mit Instagram-Influencern.

6.3.1 Mercedes mit German Roamers

Der Automobilhersteller Mercedes hat unter dem Hashtag #MBfacingthenorth drei Mitglieder der German Roamers auf einen Roadtrip durch Kanada und Alaska geschickt. Als Fahrzeug diente die G-Klasse der Marke, die auch auf den Bildern der Influencer erscheint.

Die drei Instagrammer sind Landschaftsfotografen und bereisen auch ohne Kooperationen die unterschiedlichsten Orte. Die Bilder sind authentisch, da Marke, Produkt und Stil der Influencer miteinander harmonieren. Es ist denkbar, dass die Entscheidung für ein solches Fahrzeug von den Influencern auch ohne Kooperation hätte getroffen werden können.

Wenn das Fahrzeug visuell eingebunden wird, fügt es sich in die Landschaftsfotografien natürlich ein. Marke und Influencer haben erfolgreich darauf geachtet, die Kernelemente beider Marken miteinander zu verbinden.

Abbildung 6.14 Die Kooperation zwischen Mercedes und dem German-Roamers-Mitglied Hannes Becker ist gelungen.

Über die Bilder auf Instagram hinaus begleitet Mercedes die Kooperation auch auf den eigenen Kanälen. In Abbildung 6.15 sehen Sie die Aufbereitung als Blogpost auf der Mercedes-eigenen Website.

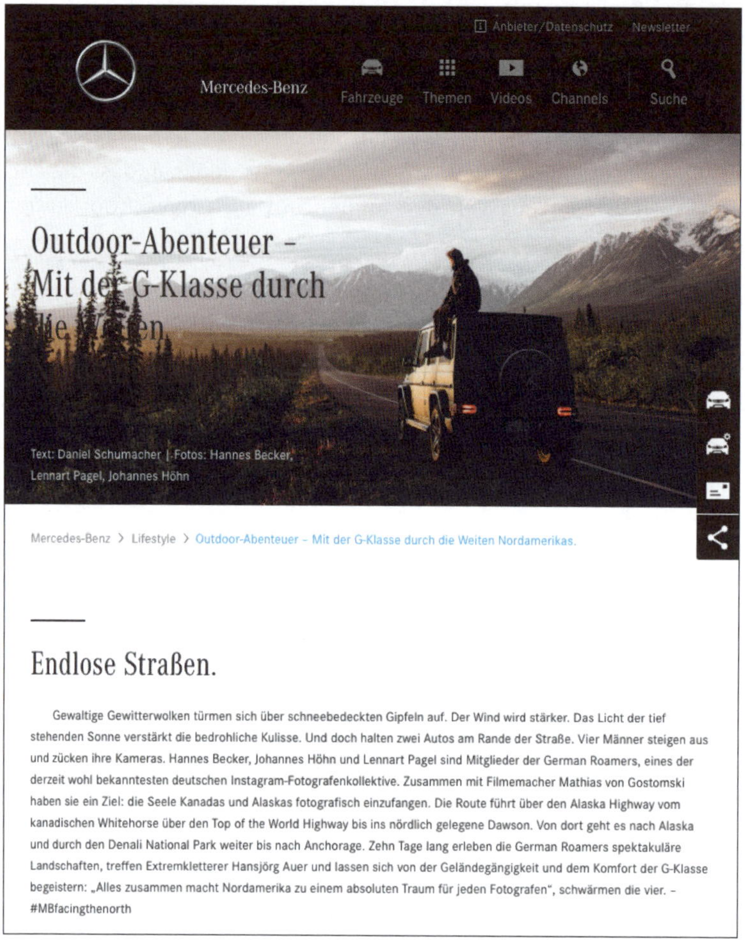

Abbildung 6.15 Mercedes begleitet die Instagram-Kooperation auf den eigenen Kanälen – hier auf der Website des Unternehmens (https://www.mercedes-benz.com/de/mercedes-benz/lifestyle/reisen/outdoor-abenteuer-mit-der-g-klasse-durch-die-weiten-nordamerikas/).

6.3.2 Coral mit #coralliebtdeinekleidung

Es gibt wohl keine Influencer-Kooperation, über die sich das Netz häufiger lustig macht, als die Instagram-Kampagne der Waschmittelmarke Coral unter dem Hashtag #coralliebtdeinekleidung.[4] Man kann sicherlich argumentieren, dass allein dadurch schon eine hohe Reichweite generiert wird. Trotzdem sollte die Kampagne aus Sicht einer inhaltlich gut umgesetzten Kooperation kein Maßstab für andere Unternehmen sein.

4 Die Facebook-Seite »Perlen des Influencer-Marketings« sei an dieser Stelle empfohlen.

Was genau ist Bestandteil der Kooperation? Coral kooperiert in diesem Fall mit Micro- und Macro-Influencern, die auf Instagram ein Foto veröffentlichen, auf dem sie in den ungewöhnlichsten Situationen mit einer Flasche Waschmittel zu sehen sind. Das Waschmittel spielt in fast allen Fällen bei den dargestellten Situationen keinerlei Rolle: Es ist Beiwerk. Und man kann durchaus sagen, dass die Coral-Flasche störendes Beiwerk ist.

Da veröffentlicht der Instagram-Account »julesvogel« ein Bild des Pärchens im morgendlichen Bett, während die Waschmittelflasche ohne ernsthaften Bezug auf der Bettdecke drapiert wird. Im gleichen Stil veröffentlicht »clea_lacy« ein Bild, auf dem sie an einer Hauswand gelehnt, die Coral-Flasche in der linken Hand haltend, in die Ferne schaut.

Die Bilder sind nicht authentisch – sie mögen der Marke eine wie auch immer geartete Aufmerksamkeit bescheren, aber die kooperierenden Influencer rücken ihr Influencer-Dasein in ein negatives Licht. Sie schaden damit ihrer eigenen Marke. Es entsteht beim Nutzer das dringende Gefühl, dass es der Marke lediglich um Reichweite und den kooperierenden Influencern um Bezahlung ging – ein Vorgehen, das bei Followern nicht gern gesehen ist. Manche Medien und Blogs beurteilen die Kampagne sogar als »peinlich«.[5]

Dem Autor liegt das Briefing zur Kampagne nicht vor. Denkbar sind zwei Varianten: Entweder es gab kein Briefing und auch keine Abnahmen, oder im Briefing war gewollt, dass die Influencer genau solche Inhalte erstellen (die Influencer parodieren sich also bewusst oder unbewusst selbst). Sollte die erste Variante zutreffen, verdeutlicht die Kampagne, wie wichtig eine Kontrolle der Werbebeiträge ist.

Die erwähnten Bilder und weitere Beispiele der Kampagne können unter dem genannten Hashtag auf Instagram gefunden und betrachtet werden.

5 Siehe auch: *http://www.absatzwirtschaft.de/coralliebtdeinekleidung-ist-das-die-peinlichste-instagram-kampagne-2017-110571/*

7 Budgetierung/Kalkulation

Ja, Influencer verdienen Geld. Viele agieren so professionell, dass sie von ihren Einnahmen ihren Lebensunterhalt bestreiten. Wer mit Influencern zusammenarbeiten will, sollte also wissen, wie Influencer ihre Reichweite zu Geld machen.

Es ist längst kein Geheimnis mehr, dass viele Influencer ein gutes Leben führen können, weil sie ihre Reichweite monetarisieren. Neben der Werbefinanzierung durch Google AdWords und Co. nutzen sie auch Methoden der Selbstvermarktung und bringen beispielsweise Merchandise für ihre Follower heraus. Darüber hinaus kooperieren sie allerdings auch mit Unternehmen, um deren Marken und Produkten zu mehr Aufmerksamkeit zu verhelfen. Um Letzteres geht es bekanntlich in diesem Buch.

Wer mit Influencern zusammenarbeiten möchte, muss sich also darüber im Klaren sein, dass es in den meisten Modellen nicht damit getan ist, ein Produkt leihweise zur Verfügung zu stellen. Das ist auch aus vielerlei Hinsicht gar nicht zu rechtfertigen: Die Pflege einer Community, das kontinuierliche Erstellen neuer Inhalte und alles, was Influencer täglich an geschäftlichen Aufgaben übernehmen, erfordert einen hohen Zeiteinsatz. Eine große Reichweite kommt nicht von ungefähr. Gleichzeitig ist diese Reichweite für Unternehmen wertvoll: Influencer sind glaubwürdig in ihrer Zielgruppe und haben großen Einfluss auf Kaufentscheidungen. Entsprechend muss dieser Wert auch beziffert werden.

7.1 Modelle im Influencer-Marketing

Im Influencer-Marketing haben sich verschiedene Modelle etablieren können, nach denen Influencer ihre Leistungen berechnen. So kann man beispielsweise für die Reichweite an sich bezahlen (siehe Abschnitt 7.1.1, »Berechnung nach TKP«) oder auch provisionsbasiert (siehe Abschnitt 7.1.2, »Affiliate-Modell«). Welches Modell für eine Kooperation in Frage kommt, hängt einerseits vom Marketingziel ab und andererseits von der Verhandlungsbereitschaft des Influencers: Nicht jeder Influencer rechnet nach allen etablierten Modellen ab.

7.1.1 Berechnung nach TKP

Wenn Sie eine Kooperation nach erzielter Aufmerksamkeit vergüten möchten, eignet sich am ehesten die Berechnung nach dem sogenannten Tausender-Kontakt-Preis (TKP). Der TKP schafft zugleich eine Vergleichbarkeit, da sich auch andere Marketing-Aktivitäten über einen TKP beziffern lassen.

Tausender-Kontakt-Preis (TKP)

Der Tausender-Kontakt-Preis bezeichnet eine Kenngröße aus der Mediaplanung und stellt den Betrag dar, der aufgebracht werden muss, um 1.000 Menschen mit einer Werbebotschaft zu erreichen.

Tatsächlich ist die Berechnung nach TKP eine der häufigsten Berechnungsarten im Influencer-Marketing – auch, weil sich der TKP relativ leicht ermitteln lässt. Er ist mit jedem Influencer individuell auszuhandeln und variiert je nach Reichweite des Influencers (wie viele Follower hat er, oder wie viele Menschen haben seine letzten Postings gesehen) und auch je nach Plattform, auf der die Kooperation stattfinden wird.

Für YouTube-Videos ist es beispielsweise üblich, die letzten Videos des Influencers zu betrachten und einen Durchschnittswert zu ermitteln. Dabei schließt man Ausreißer mit überdurchschnittlich vielen oder wenigen Views aus der Berechnung aus – zum Beispiel, wenn der Influencer geheiratet und sein Hochzeitsvideo sehr viele Views generiert hat. Um realistische Zahlen zu erhalten, bietet es sich an, die letzten zwölf Videos zu betrachten, sofern sie nicht älter als sechs Monate sind.

Es ist unbedingt ratsam, die so errechneten Zahlen im Vorfeld als Grundlage für die Vergütung zu verwenden. Wer sich darauf einlässt, die Berechnung erst später nach Veröffentlichung zu einem festgelegten Zeitpunkt vorzunehmen und die tatsächlich erzielten Views als Grundlage zu nutzen, läuft Gefahr, dass die Views nicht-organisch gepusht werden – beispielsweise durch Google AdWords-Kampagnen, die für mehr Views sorgen und für die Influencer wesentlich günstiger sind als die erzielten TKP-Preise in der vereinbarten Kooperation. So kann es zwar passieren, dass ein Video am Ende weniger Views erzielt als prognostiziert – aber umgekehrt gibt es auch keine Nachverhandlung, wenn das Video eine unerwartet hohe Aufmerksamkeit erfährt.

7.1.2 Affiliate-Modell

Ein bei vielen Unternehmen beliebtes Modell nennt sich Affiliate. Im Affiliate Marketing erhalten Empfehlungsgeber im Falle eines Kaufs eine Provision. Affiliate Marketing war bereits beliebt, bevor Influencer ihren Siegeszug in den sozialen

Netzwerken antraten. So nutzten Blogger beispielsweise Plattformen wie AWIN, um in ihren Blogartikeln Affiliate-Links einzubinden, die auf die Onlineshops der bei AWIN gelisteten Unternehmen führen. AWIN ist eine der größten Plattformen zur Zusammenbringung von Unternehmen und Empfehlungsgebern im deutschen Markt. Ebenfalls sehr beliebt bei Bloggern und Influencern ist das Partnerprogramm von Amazon, über das Empfehlungslinks für Amazon-Produkte generiert werden können.

Varianten

Im Affiliate-Marketing gibt es verschiedene Varianten: Pay-per-Sale, Pay-per-View oder Pay-per-Click sind drei weit verbreitete. Je nach Variante zahlt das Unternehmen bei anderen Aktionen des Nutzers – also beispielsweise beim Klick auf einen Link oder erst beim Kauf eines Produkts.

Abbildung 7.1 AWIN bietet auch Affiliate-Lösungen für Influencer.

Im Influencer-Marketing lassen sich solche Modelle mit und ohne Nutzung großer Affiliate-Plattformen realisieren. Wichtiger ist der Mechanismus, der im Influencer-Marketing gut durchdacht sein sollte. Was auf YouTube mittels direkter Links in der Videobeschreibung oder auf den Info-Cards funktionieren kann[1], klappt auf Instagram schon nicht: Es gibt auf Instagram mit der Profilbeschreibung nur eine einzige Stelle, an der anklickbare Links platziert werden können.

Deshalb bedient man sich sogenannter Rabattcodes, die ebenfalls ein Tracking ermöglichen. Die Funktionsweise: Der Influencer stellt einen Code zur Verfügung, bei dessen Nutzung während des Bestellprozesses die Follower einen Rabatt auf ihren Einkauf erhalten. Wurde ein Kauf getätigt, lässt die Nutzung des Rabattcodes Rückschlüsse auf die Herkunft der Promotion zu, und der Influencer kann durch eine Provision beteiligt werden.

Abbildung 7.2 Die Uhrenmarke Daniel Wellington ist wohl das bekannteste Beispiel für Affiliate-Marketing mit Rabattcodes auf Instagram.

Rabattcodes haben gegenüber Affiliate-Links eine größere Wahrscheinlichkeit, für einen Einkauf genutzt zu werden, da sie einen Benefit für die Follower bieten: Wer einen Rabattcode nutzt, erhält einen Nachlass beim Einkauf. Der Umstand, dass der Influencer im Moment des Kaufs eine Provision erhält, gerät bei Rabattcodes für die Follower in den Hintergrund, da sie selbst eine große Motivation haben, Codes zu ihrem eigenen Nutzen einzusetzen. Rabattcodes werden deshalb nicht nur auf Instagram genutzt, sondern auch auf anderen Plattformen.

1 Achtung: In der Praxis erweisen sich Links auf YouTube häufig als nicht so effektiv, da Zuschauer kaum gewillt sind, die Plattform zu verlassen.

7.1.3 Vergütung nach Tagessatz

Je nach Aufgabe lassen sich einige Influencer auch zu Tagessätzen buchen. Tagessätze ergeben immer dann Sinn, wenn der Influencer vor Ort anwesend ist. Auf eine Messe, eine Konferenz oder zu einer anderen Veranstaltung kommen Influencer als Redner oder auch einfach nur als exklusive Gäste nicht immer aus purer Freude. Wenn dahinter eine klare kommerzielle Absicht eines Unternehmens steht, wird dieses Engagement zu Tagessätzen berechnet. Je nach Wunsch kann der Influencer auch hier seine Reichweite nutzen und beispielsweise mit einem Fantreffen seine Follower zu einer Jobmesse für Auszubildende locken. Auch wenn ein Influencer auf einem Branded Channel auftritt, können Tagessätze ein gutes Vergütungsmodell darstellen.

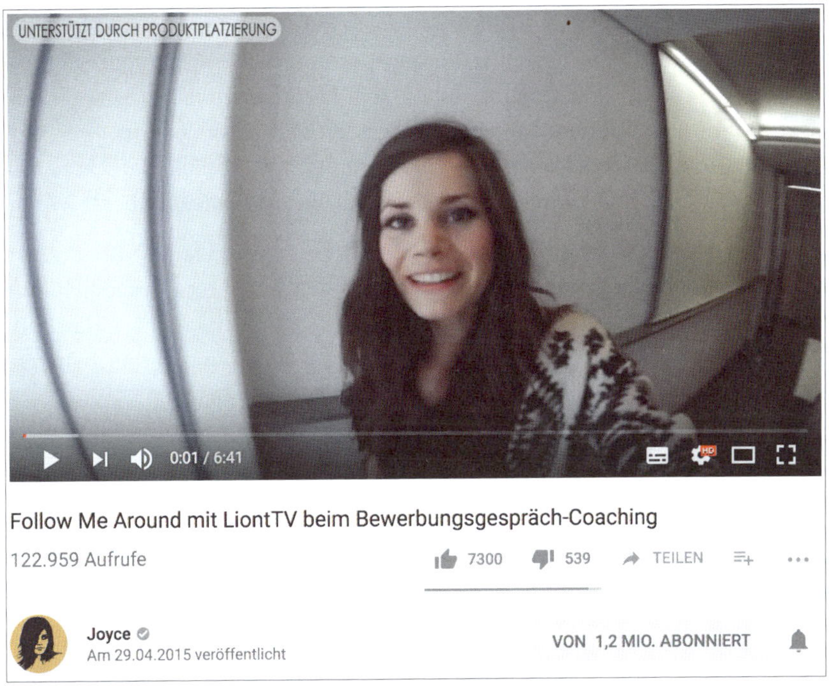

Abbildung 7.3 Die YouTuberin Joyce Ilg war für Rewe zu Gast bei einem Bewerber-Event. Für eine ähnliche Kooperation ist durchaus eine Tagessatzvergütung denkbar (https://youtu.be/zJ5m0VB085M).

Wie hoch die Tagessätze von Influencern sind, lässt sich pauschal nicht beantworten und ist reine Verhandlungssache mit dem Influencer selbst oder seinem Management. Einflussfaktoren können sein Expertenstatus, seine Reichweite oder die Beziehung zu der Marke/dem Unternehmen sein. Tagessätze im drei- und vierstelligen Bereich sind jedoch üblich. Vereinbart werden sollte zudem, wie mit weiteren Auslagen des Influencers wie zum Beispiel Fahrtkosten verfahren wird.

7.1.4 Pauschale Vergütung

Vor allem bei Micro-Influencern mit noch relativ wenigen Followern ist oftmals auch eine pauschale Vergütung ohne TKP-Grundlage möglich. Hier wird ein Fixbetrag vereinbart, der für das Engagement des Influencers gezahlt wird. Insgesamt gesehen ist eine pauschale Vergütung ohne zugrunde gelegte Reichweite allerdings eher selten. Wer ein interessantes Thema zu bieten hat, für das sich bestimmte Influencer gerne engagieren, hat höhere Chancen, eine pauschale Vergütung vereinbaren zu können.

7.1.5 Kooperation ohne Vergütung

Nicht immer müssen Influencer für eine Kooperation bezahlt werden. Je nach Ausrichtung und Größe des Influencers ist es vor allem auf Instagram üblich, als Marke lediglich Produkte zur Verfügung zu stellen. Insbesondere Micro-Influencer haben Interesse daran, durch die Zusammenarbeit mit Marken schneller zu wachsen. Influencer profitieren in diesem Fall von spannenden Produkten, die bei ihrer Zielgruppe gut ankommen, aber auch durch Erwähnungen und Verlinkungen auf Markenkanälen, die ihnen Traffic und gegebenenfalls auch neue Follower beschweren.

In den meisten Fällen werden die Produkte dem Influencer dauerhaft überlassen, und Influencer haben bei niedrigpreisigen Produkten auch eine entsprechende Erwartungshaltung. Je nach Influencer wird aber durchaus auch erwartet, dass teurere Produkte wie Gaming-Rechner im Anschluss an eine Kooperation behalten werden dürfen. Mit entsprechenden Kosten müssen Sie also rechnen.

Wenn Influencer Ihre Produkte testen möchten

Viele Unternehmen erhalten mittlerweile unzählige Anfragen von Influencern, die gerne deren Produkte testen möchten. Der Fall der Influencerin Elle Darby beschäftigte in diesem Zusammenhang das halbe Internet: Die Influencerin hatte bei dem Inhaber des Hotels »The White Moose Café« angefragt, gegen kostenfreie Übernachtungen Werbung für das Hotel auf ihren Social-Media-Kanälen zu machen. Der Hotelbesitzer erteilte der Anfrage eine öffentlich publizierte Absage und stellte die Influencerin bloß.[2]

Wägen Sie grundsätzlich immer ab, ob Sie Anfragen von Influencern wirklich eine Absage erteilen oder sie nicht wenigstens in einen internen Influencer-Pool aufnehmen, aus dem Sie später auswählen können. Grundsätzlich ist es positiv zu bewerten, wenn Influencer auf Ihr Unternehmen zukommen, da sie sich im Vorfeld bereits Gedanken darüber gemacht haben, ob Ihre Produkte auf ihren Social-Media-Kanälen funktionieren könnten.

2 Nachzulesen unter *https://www.derwesten.de/panorama/luxushotel-erteilt-allen-bloggern-hausverbot-nachdem-eine-influencerin-umsonst-uebernachten-wollte-id213172209.html*

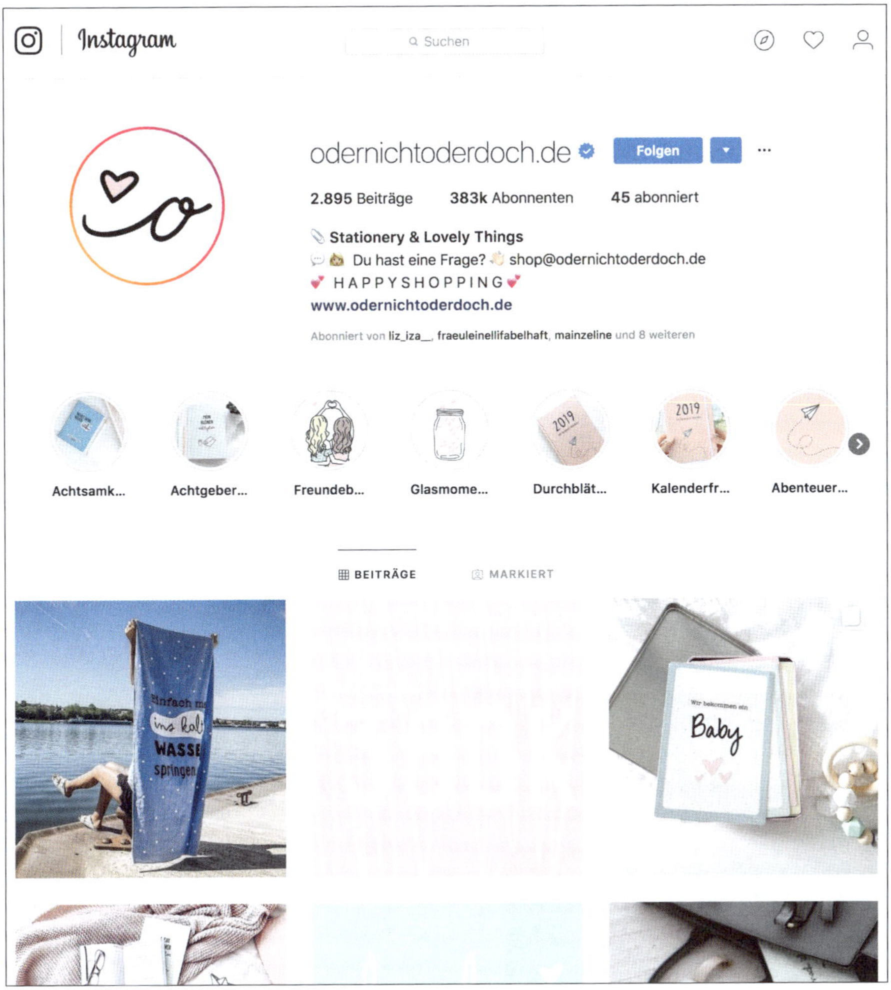

Abbildung 7.4 Ein schönes Beispiel für eine Marke, die regelmäßig Fotos ihrer Micro-Influencer postet, ist odernichtoderdoch.de (https://www.instagram.com/odernichtoderdoch.de/).

Die meisten Kooperationen ohne Vergütung werden von Unternehmen eigenständig und höchstens unter Zuhilfenahme einer Agentur zu Recherchezwecken organisiert.

7.2 Was kostet Influencer-Marketing?

Die wohl spannendste Frage in diesem Kapitel ist die nach den tatsächlichen Kosten für eine Zusammenarbeit mit Influencern. Wie Sie im vorigen Abschnitt bereits gemerkt haben dürften, sind die Kosten je nach Modell Verhandlungssache. Das betrifft sowohl Tagessätze als auch pauschale Vergütungen. Während Affiliate-Marketing abhängig davon ist, für wie viele Conversions der Influencer sorgt, müssen Sie bei Kooperationen ohne Vergütung intern kalkulieren, wie hoch die Kosten für eine Überlassung von Produkten für Sie sind. Wesentlich einfacher können Sie hingegen im Vorfeld bei einer Vergütung nach TKP kalkulieren. Diese Variante ist eine der gängigsten auf den relevanten Plattformen und soll deshalb nachfolgend beispielhaft durchgerechnet werden.

Grundsätzlich können dabei vor allem vier verschiedene Kosten entstehen (siehe dazu auch Abbildung 7.5):

1. die Kosten für das Engagement des Influencers, die wie zuvor nach dem TKP berechnet werden
2. eventuell anfallende Agenturkosten für Recherche, Kampagnenkonzeption, Kommunikation mit dem Influencer oder Abnahmeprozesse
3. eventuelle Kosten für zusätzliche AdWords-Schaltungen oder Hervorhebungen durch Sponsored Posts
4. eventuelle Kosten für die Erstellung einer Kampagnen-Auswertung

Abbildung 7.5 Die Kosten im Influencer-Marketing setzen sich aus vier Bausteinen zusammen.

Während Punkt 1 essenziell für die Kooperationsvariante ist, sind die Punkte 2 bis 4 optional: Wer ein Influencer-Konzept selbst erstellt, die passenden Influencer eigenständig recherchiert und letztendlich auch anspricht, für den fallen Kosten für eine ansonsten zu beauftragende Agentur weg. Ebenso verhält es sich mit Kosten für AdWords oder Hervorhebungen durch Sponsored Posts: Wer darauf verzichtet, die Reichweite des Influencers nochmals zu erweitern und die reine organische Reichweite des Influencers nutzt, für den fallen diese Kosten nicht an (siehe dazu auch nachfolgende Empfehlungen). Und wer keine Auswertung der Influencer-Aktivitäten wünscht, der kann sich auch diese Kosten sparen – auch wenn er dann natürlich nicht weiß, wie viel das Ganze gebracht hat.

AdWords und Sponsored Posts – Ist das noch Influencer-Marketing?

Im vorigen Abschnitt wurden mögliche Kosten für AdWords oder Sponsored Posts erwähnt. Aber ist es überhaupt sinnvoll, im Influencer-Marketing Beiträge von Influencern zusätzlich zu pushen, indem man die Social-Media-Plattform für eine erweiterte Ausspielung bezahlt? Ist das dann überhaupt noch Influencer-Marketing? Es gibt immer wieder Werbeagenturen, die genau das verkaufen: Da werden sehr häufig vor allem Micro-Influencer engagiert, deren Beiträge mit günstigen Werbeschaltungen auf eine wesentlich höhere Reichweite gepusht werden. In der Praxis hat dies allerdings einige Nachteile: Es entstehen neue Streuverluste, da die Beiträge sehr vielen Nutzern angezeigt werden, die sich gar nicht dafür interessieren. Diese Nutzer haben auch keinerlei Bezug zu den Influencern: Sie folgen ihnen nicht und kennen sie auch gar nicht. In der Folge sinkt die Engagement Rate enorm und die eigentliche Wirkung des Influencer-Marketings geht verloren.

7.2.1 Die Influencer-Kosten

Je nach Plattform, Reichweite und behandeltem Themenbereich variieren die von Influencern aufgerufen TKPs. Auf YouTube sollte man durchschnittlich mit 80 Euro pro 1.000 Views rechnen. Je nach Thema können zum Beispiel für Kooperationen im Bereich Beauty auch bis zu 150 Euro oder im Gaming-Bereich nur 65 bis 70 Euro pro 1.000 Views üblich sein. Kleinere YouTube-Kanäle sind bezogen auf den TKP oftmals teurer, weil der Aufwand für die Produktion ähnlich wie bei größeren YouTube-Kanälen ist und sich die Kooperation trotzdem lohnen muss. Allerdings verlangen auch Mega-Influencer durchaus erhöhte TKPs für ihre Testimonial-Wirkung.

Auf Instagram fallen TKPs mit maximal 10 bis 15 Euro wesentlich geringer aus. Die Berechnung erfolgt dort meist über die Anzahl der Follower, da die Reichweite nicht öffentlich einsehbar ist. Der Kostenunterschied zwischen verschiedenen Themenbereichen ist hier weniger spürbar.

Interessant für die Werbewirkung: Ist ein Influencer auf mehreren Plattformen wie YouTube und Instagram gleichzeitig aktiv, ist die kombinierte Buchung in aller Regel wesentlich günstiger. So kann der Influencer beispielsweise auf YouTube ein Werbevideo veröffentlichen und die Botschaft auf seinem Instagram-Account weiterführen.

Wer seine Kooperationen über eine Agentur organisieren und abwickeln lässt, muss mit etwa 20 Prozent Aufschlag auf die TKPs rechnen. Werbevideos sind auf den TKP bezogen gegenüber Produktplatzierungen bis zu 20 Prozent teurer – im Beauty- und Fashion-Bereich wird hier stärker unterschieden als in anderen Kategorien.

Werbevideo vs. Produktplatzierung

Ob es sich um ein Werbevideo oder eine Produktplatzierung handelt, hängt davon ab, wie groß der redaktionelle Anteil gegenüber der Produktvorstellung ist. Auch der Grad der Vorgaben durch die Unternehmen bestimmt, ob es sich noch um eine Produktplatzierung handelt oder bereits um ein Werbevideo.

7.2.2 Agenturkosten

Agenturen können einiges an Arbeit abnehmen und haben bei entsprechender Spezialisierung auf die Arbeit mit Influencern mehr Erfahrung in Kommunikation und Verhandlung. Viele Agenturen pflegen Kontakte zu diversen Managements und sind so in der Lage, Preise besser auszuhandeln. Ihre Leistungen lassen sich Agenturen in Agentur-Tagessätzen bezahlen: 800 bis 1.200 Euro sind in der Branche üblich.

Gezahlt wird also nach Aufwand. Wer eine Agentur nur zur Recherche passender Influencer einsetzt und die Ansprache selbst übernimmt, zahlt einen entsprechend geringeren Aufwand. Die Konzeption einer Kampagne, die Kommunikation mit Influencern oder die Organisation von Abnahmeprozessen bedeuten entsprechenden Mehraufwand.

7.2.3 AdWords und Sponsored Posts

Das Pushen von Influencer-Kooperationen per Google AdWords (oder bei Facebook und Instagram per Sponsored Posts) ist preislich beliebig skalierbar. Bei Google AdWords kann durchschnittlich mit etwa 3 Cent pro View (Cost per View, CPV) gerechnet werden. Spitze Zielgruppen oder Tools wie Remarketing treiben den CPV aber auch weiter nach oben.

7.2.4 Auswertung

Ob eine oder mehrere Kooperationen erfolgreich waren, lässt sich durch eine Auswertung feststellen. Auswertungen kann man selbst erstellen (siehe dazu Kapitel 8, »Influencer-Kooperationen auswerten«) oder von einer Agentur vornehmen lassen. Während man bei Agenturen die in Abschnitt 7.2.2 genannten Tagessätze von 800 bis 1.200 Euro zahlt, sollte man den Eigenaufwand intern kalkulieren. Für eine umfassende Auswertung sollte man je nach Umfang der Kooperation zwischen einem halben und eineinhalb Tagen Zeit einplanen.

7.3 Eine Beispielrechnung

Mit den zuvor genannten Kosten lassen sich nun relativ leicht die voraussichtlichen Kosten von Influencer-Kooperationen berechnen. In diesem Abschnitt soll eine Beispielberechnung für folgende Ausgangslage erfolgen:

> *Produktplatzierung mit zwei YouTube-Influencern im Bereich Interior und Wohnungseinrichtung, deren durchschnittliche Views zuletzt bei 340.000 und 540.000 lagen. Dazu soll eine Agentur beauftragt werden, die sowohl Konzeption und Abwicklung als auch Auswertung von jeweils einem Video mit den Influencern übernimmt. Auf zusätzliche AdWords-Schaltungen wird verzichtet.*

Die voraussichtlichen Kosten berechnen sich wie folgt:

Agenturaufwand für Konzeption und Abwicklung	
3 Tagesätze à 800 Euro	*2.400 Euro*
Influencer-Engagement	
TKP von 80 Euro:	
540.000 Views	*43.200 Euro*
340.000 Views	*27.200 Euro*
20 % Agenturaufschlag	*14.080 Euro*
Agenturaufwand für Auswertung	
0,5 Tagesätze à 800 Euro	*400 Euro*
Summe:	**87.380 Euro**

Wer sich mit Recherche, Kampagnenkonzeption, Influencer-Ansprache und Abwicklung unternehmensintern auseinandersetzt und auch keine Auswertung in Auftrag gibt, kann für die gleiche Kooperation mit folgenden Kosten rechnen (TKP kann aber auch höher ausfallen, wenn keine Agentur die Preise verhandelt):

Influencer-Engagement	
TKP von 80 Euro:	
540.000 Views	*43.200 Euro*
340.000 Views	*27.200 Euro*
Summe:	**70.400 Euro**

Wie bereits erwähnt, fallen Kooperationen auf Instagram deutlich günstiger aus. Wer obige Kooperation mit zwei Influencern auf Instagram planen würde und dazu die zuvor angenommenen View-Zahlen mit den Followern eines Accounts gleichsetzt (hier dann also 340.000 und 540.000 Follower), könnte gegebenenfalls mit einem TKP von 13 Euro rechnen. In der Beispielrechnung ohne Agenturbeteiligung ergibt sich daraus:

Influencer-Engagement	
TKP von 13 Euro:	
540.000 Follower	*7.020 Euro*
340.000 Follower	*4.420 Euro*
Summe:	**11.440 Euro**

Aus den Beispielrechnungen wird auch ersichtlich, warum viele Unternehmen Kooperationen mit Micro-Influencern inhouse planen und umsetzen. Wenn sich die Zahl der Kooperationen mehrt, fallen die Agenturkosten gegenüber dem Engagement der Influencer recht hoch aus. In den Beispielrechnungen mit zwei Macro-Influencern überwiegen hingegen die Kosten für die Influencer-Engagements.

7.4 Kostenfaktoren für die Content-Erstellung

Es gibt zahlreiche Beispiele, in denen Unternehmen die Influencer bei der Content-Erstellung unterstützen, um eine höhere visuelle und technische Qualität zu erzielen. Grundsätzlich sollte ein solches Vorgehen ausreichend überdacht werden: Follower und Abonnenten sind von Influencern eine individuelle, charakteristische Ansprache und auch eine eigene visuelle Qualität gewohnt. Wenn bei einer Influencer-Kooperation nun eine wesentlich höhere Produktionsqualität erzielt und die Ansprache in Richtung Fernsehwerbespot- oder Plakatwerbungscharakter verändert wird, ist die Wahrscheinlichkeit hoch, dass Follower und Abonnenten diese Inhalte als nicht mehr authentisch wahrnehmen!

Wie die Kampagne #wireinander der Techniker Krankenkasse zeigt, kann bei einer guten Einbindung der Influencer eine höhere Produktionsqualität und filmische Inszenierung dennoch als authentisch wahrgenommen werden (siehe Abbildung 7.6). Der Charakter der Influencer wird hierbei gewahrt und sie spielen weiterhin die hauptsächliche Rolle.

Abbildung 7.6 In der Kampagne #wireinander werden die Influencer durch ein Produktionsteam unterstützt (https://youtu.be/7VXu7zqeHWI).

In Abbildung 7.7 sehen Sie die Phasen der Produktion von YouTube-Videos und erfahren, welche Positionen Sie gegebenenfalls besetzen müssen. Die in den nachfolgenden Abschnitten aufgeführten Kostenfaktoren beziehen sich auf diese Ablaufskizze.

Wenn Sie in der Kooperation mit Influencern kein Bewegtbild einsetzen, sondern beispielsweise Fotografien, würden sich die besetzten Positionen in der Produktionsunterstützung entsprechend durch Fotografen und Bildbearbeiter anpassen. Die grundsätzlichen Schritte von Idee, Planung, Produktion und Postproduktion bis hin zur Veröffentlichung bleiben jedoch bestehen.

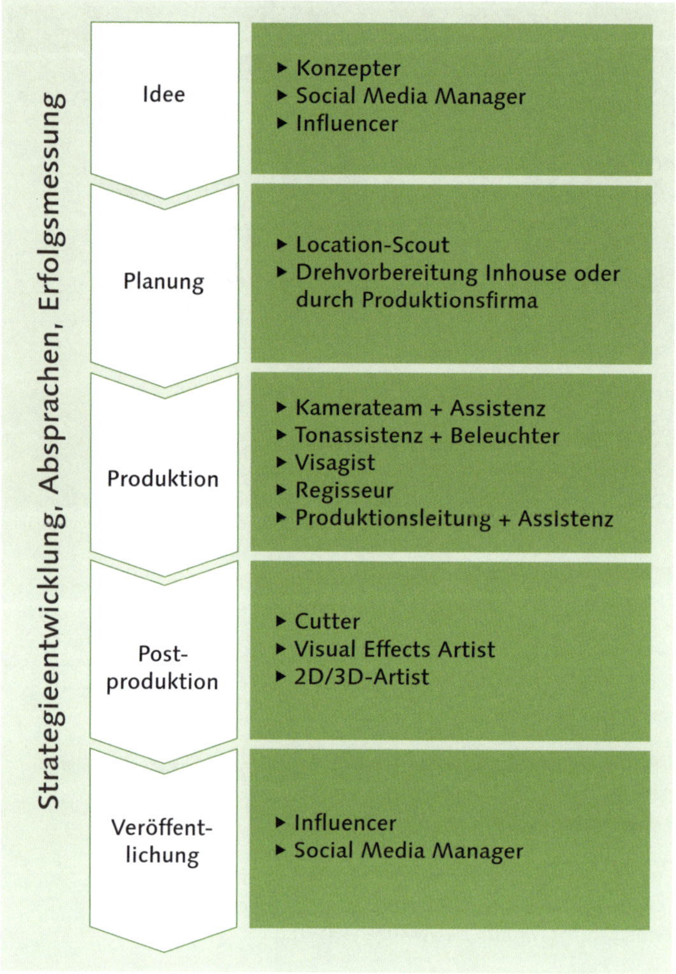

Abbildung 7.7 Bei einer Bewegtbildproduktion beteiligte Personen

Es ist darüber hinaus möglich (und in den meisten Fällen auch empfehlenswert), Influencer höchstens in bestimmten Phasen bei der Produktion zu unterstützen. Influencer vereinen normalerweise alle genannten Positionen in einer Person, um ihre Inhalte zu erstellen. Ebenso ist die Unterstützung beliebig skalierbar – sowohl personell als auch technisch.

7.4.1 Konzepter

Ein Konzepter entwirft Konzepte für Videoproduktionen und Kampagnen. Er recherchiert und strukturiert Informationen und tritt mit den anderen Projektbeteiligten in einen ausführlichen Dialog. Ergebnis seiner Arbeit können ein Exposé, aber auch Storyboards und Prototypen sein. Zumeist arbeiten Konzepter in Agenturen und erstellen dort entsprechende Konzepte für deren Kunden. Die Rolle des Konzepters kann auch intern durch den Social Media Manager übernommen werden. Im Influencer-Marketing sollten die Influencer in die Konzeptphase mit einbezogen werden.

7.4.2 Kamera- und Postproduktions-Crew

Je nachdem, was für ein Video Sie planen, benötigen Sie außer einer Kamera vielleicht sogar ein ganzes Kamera- und Produktionsteam. Ein professionelles Filmteam kann beispielsweise aus den folgenden Produktionsmitgliedern bestehen:

- Kameramann und Kameraassistent
- Tonassistent
- Beleuchter
- Visagist
- Regisseur
- Produktionsleiter und Produktionsassistent
- Cutter

Im Sinne einer kostengünstigen Produktion werden Sie für die meisten YouTube-Produktionen allerdings eher auf kleine Teams setzen, die mehrere Aufgaben gleichzeitig übernehmen können. So ist es für viele Formate durchaus üblich, dass eine YouTube-Produktion von einer oder zwei Personen geleistet wird, die das Drehbuch schreiben, die Produktion planen und während der Produktion alle Aufgaben wie Kamera, Ton, Regie und Schnitt gemeinsam übernehmen. YouTube-Influencer übernehmen diese Positionen im Normalfall in Personalunion.

7.4.3 Animierte Elemente

Je nach Idee kann es notwendig sein, animierte Elemente einzufügen. Zum Erstellen solcher Animationen bedarf es eines entsprechend ausgebildeten 2D-/3D-Animators. Es gibt aber auch zahlreiche Designbüros und Animationsstudios, die sich auf die Erstellung animierter Inhalte spezialisiert haben und eine entsprechende Leistung anbieten.

7.4.4 Equipment

Kameras, Stative, Mikrofone, Scheinwerfer und ähnliches Equipment können Sie kaufen oder leihen. Bei einer Produktionsunterstützung im Influencer-Marketing ist eine Leihoption der sinnvollste Weg, da das Equipment nicht täglich benötigt wird. Gegebenenfalls kann hier auch der Influencer vorhandenes Equipment mitbringen. Verleiher für Video- und Filmtechnik gibt es in allen großen Städten vor Ort (beispielsweise *www.pillefilm.de* oder *www.711rent.com*). Zahlreiche Anbieter vermieten ihr Equipment mittlerweile auch online und verschicken es per Spedition. Die aktuellen (Netto-)Kosten finden Sie auf den Websites der jeweiligen Verleiher. Denken Sie in jedem Fall daran, eine Versicherung für das Equipment abzuschließen – entweder beim Verleiher gegen Aufpreis (meist rund 10 Prozent) oder separat bei einem Versicherer.

7.4.5 Fahrzeug-, Reise- und Cateringkosten

Sie müssen Equipment transportieren, und das Produktionsteam sowie die Influencer müssen zum Drehort anreisen? Entsprechende Kosten müssen einkalkuliert werden. Kosten entstehen für Kfz und Sprit, aber auch für Bus, Bahn, Flugzeug oder im Rahmen einer Fahrtkostenerstattung.

Insbesondere bei länger andauernden Produktionen sollten Sie sich zudem um das Catering Gedanken machen. Nur ein gestärktes Team kann auch volle Leistung erbringen. Erfragen Sie hierzu bei lokalen Catering-Anbietern die Kosten für die Verpflegung Ihres Teams. Das erspart Ihnen Organisationsaufwand, und Sie können sich auf Ihr eigentliches Ziel konzentrieren: die Videoproduktion.

7.4.6 Locations, Set-Design und Requisiten

Vor allem bei aufwendigen Produktionen kann es notwendig sein, eine geeignete Location für den Dreh anzumieten – beispielsweise eine alte Fabrikhalle. Die Kosten sind meist Verhandlungssache, solange kein Studio angemietet wird, das feste Konditionen hat (zum Beispiel ein Blue- oder Greenscreen-Studio wie in Abbildung 7.8). Kosten können auch entstehen, wenn bestimmte Bereiche abgesperrt werden müssen. Hier sind meist die entsprechende Stadt und das dortige Ordnungsamt verantwortlich, die solche Maßnahmen gegen Gebühr genehmigen und durchführen.

Wenn Sie in einem Studio drehen, müssen Sie zunächst ein Set erschaffen. Ein Set kann aus Möbeln, aber auch aus künstlichen Wänden bestehen. Hier entstehen Kosten für die benötigten Materialien und für einen Set-Designer, der oftmals in Form eines spezialisierten Innenarchitekten solche Aufgaben übernimmt. Bei Bluescreen- und Greenscreen-Produktionen müssen Sie die Erstellung der virtuellen Hintergründe einkalkulieren.

Abbildung 7.8 Ein Bluescreen-Studio kann notwendig sein, wenn Personen oder Objekte in einen anderen Hintergrund montiert werden sollen.

Eventuell benötigen Sie auch Requisiten, die Sie leihen oder kaufen müssen. Kosten für Requisiten können vom einfachen Kugelschreiber bis zur Miete eines Luxusfahrzeugs reichen.

7.5 ValU: Ein Berechnungstool für YouTube-Influencer

Viele Influencer haben Schwierigkeiten, ihren Marktwert und damit auch die Kosten für Kooperationen sinnvoll zu berechnen. Das Tool ValU bietet YouTube-Influencern die Möglichkeit, anhand verschiedenster Kriterien einen realistischen Preis für Kooperationsanfragen zu berechnen. Zusätzlich zu einem Marktwert können zum Beispiel Reise- oder Produktionskosten angegeben werden, die in die Berechnung einfließen.

Dieses Buch ist zwar nicht für Influencer geschrieben, sondern vorrangig für Unternehmens- und Agenturvertreter. Dennoch kann das Wissen um ein solches Tool interessant sein, wenn man in der Preisverhandlung mit einem YouTuber auf keinen gemeinsamen Nenner kommt. Das Tool ist unter *https://hitchon.de/valu/* erreichbar.

Abbildung 7.9 Mit dem Tool ValU können Influencer mit Hilfe eines Algorithmus ihren eigenen Marktwert für ein YouTube-Video errechnen. Der TKP wird hier von verschiedenen Faktoren wie beispielsweise der Videokategorie beeinflusst.

7.6 Wie viel Geld Unternehmen für Influencer-Marketing einplanen

Nach einer von Linqia im Jahr 2016 durchgeführten Studie[3] geben 33 Prozent der Unternehmen etwa 25.000 bis 50.000 Dollar für Influencer-Marketing aus. 20 Prozent der Unternehmen haben Budgets von 50.000 bis 100.000 Dollar und immerhin 14 Prozent planen mit 100.000 bis 500.000 Dollar. Nur ein Prozent der Unternehmen gab an, mehr als 500.000 Dollar für Influencer-Marketing auszugeben. Ganze 32 Prozent der Unternehmen haben nach der Studie Budgets von teilweise weit unter 25.000 Dollar.

Bereits 2016 gaben in der genannten Studie 48 Prozent der Unternehmen an, diese Budgets erhöhen zu wollen. Es kann also davon ausgegangen werden, dass sich die Budgets heute insbesondere im mittleren Bereich von 50.000 bis 100.000 Dollar und zu einem nicht unerheblichen Anteil auch darüber bewegen. Dieser Umstand

3 Abrufbar unter *http://www.linqia.com/wp-content/uploads/2016/11/The-State-of-Influencer-Marketing-2017_Final-Report.pdf*

wird auch durch Daten von Goldmedia unterstützt, die von Statista ausgewertet wurden (siehe Abbildung 7.10). Nach Prognosen geht Goldmedia im Zeitraum von 2017 bis 2020 nahezu von einer Verdopplung des Marktvolumens für Influencer-Marketing in der DACH-Region aus.

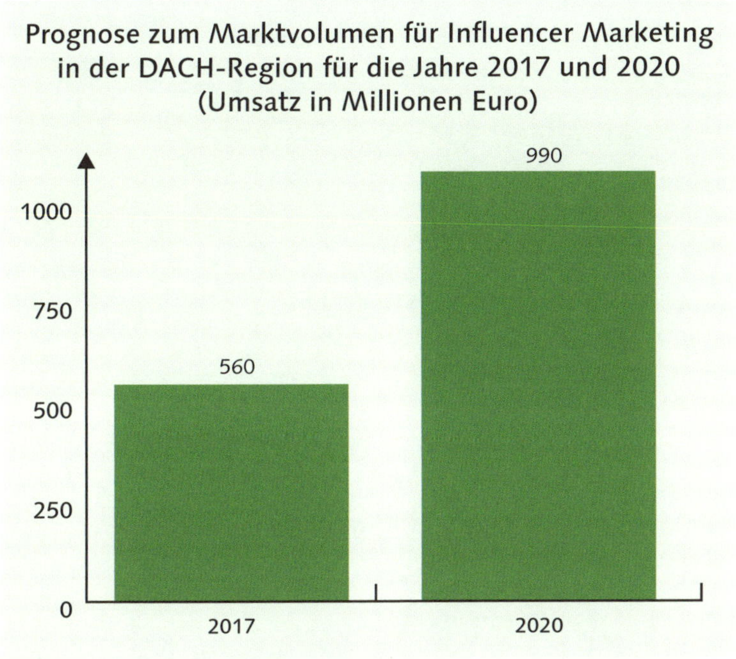

Abbildung 7.10 Goldmedia geht nahezu von einer Verdopplung des Marktvolumens für Influencer-Marketing von 2017 bis 2020 aus.[4]

Wie Sie sehen, ist es nicht möglich, eine pauschale Aussage zu treffen, wie viel Geld Unternehmen für Influencer-Marketing einplanen. Faktoren sind wie bei allen anderen Marketing-Budgets auch die Größe des Unternehmens, die Aufgeschlossenheit gegenüber Influencer-Marketing und der Fokus auf bestimmte Marketing-Aktivitäten. Mehr und mehr Unternehmen entscheiden sich aber dafür, zumindest Teile ihres Marketing-Budgets in Influencer-Marketing zu investieren.

4 Quelle: *https://de.statista.com/statistik/daten/studie/818786/umfrage/marktvolumen-fuer-influencer-marketing-in-der-dach-region/*

8 Influencer-Kooperationen auswerten

Der große Vorteil von Marketing-Maßnahmen im Internet ist die hervorragende Auswertbarkeit. Auch im Influencer-Marketing lassen sich zahlreiche Daten betrachten, um die Effektivität der Zusammenarbeit mit Influencern bewerten zu können. Dazu gilt es zunächst, relevante Kenngrößen des Influencer-Marketings zu kennen, um diese im Anschluss zu beurteilen.

Sie haben mit einem Influencer zusammengearbeitet und möchten nun wissen, ob sich der (finanzielle) Aufwand gelohnt und die Zusammenarbeit die gewünschten Ziele erreicht hat? Je nach Art der Zusammenarbeit ist das gar nicht so trivial, weil in aller Regel eine Möglichkeit fehlt, die vom Influencer ausgelösten Mehrkäufe in Zahlen zu manifestieren. Selbst wenn ein Rabattcode oder Affiliate-Links in der Zusammenarbeit eingesetzt werden, anhand derer Conversions gemessen werden können, gehen Wirkungsweisen wie eine gesteigerte Brand Awareness über die messbaren Größen hinaus.

Und trotzdem ist Influencer-Marketing auswertbar – wenngleich hier andere Messgrößen den Erfolg einer Zusammenarbeit kennzeichnen. Branchen- und Kampagnenvergleiche orientieren sich hauptsächlich an auswertbaren Größen wie der erzielten Aufmerksamkeit oder dem Grad der Aktivierung einer Influencer-Community.

8.1 Messung der Werbewirkung: Relevante KPIs

Im Influencer-Marketing gibt es einige Kennzahlen, die für eine Kampagnen-Auswertung relevant sind. Man spricht in diesem Zusammenhang auch von sogenannten Key-Performance-Indikatoren (KPIs) des Influencer-Marketings. Damit sind Kennzahlen gemeint, die relevant für die Bewertung einer Influencer-Maßnahme sind. Die nachfolgenden Abschnitte gehen auf Kennzahlen ein, die im Influencer-Marketing zur Auswertung von Kooperationen genutzt werden.

8.1.1 Engagement Rate

Unter der Engagement Rate versteht man das Verhältnis von Interaktionen zu Reichweite. Die Reichweite stellt die Anzahl der Personen dar (Unique User), die einen Inhalt gesehen haben, während als Interaktionen die Anzahl der Likes, Kommentare und Bewertungen zu verstehen sind.

Je nach Plattform werden diese Zahlen unterschiedlich ausgelegt: Wie groß die Reichweite eines Beitrags ausfällt, ist auf Instagram nicht öffentlich einsehbar. Wer keinen Zugriff auf die nicht öffentlichen Daten eines Beitrags hat, hat somit zunächst keine Möglichkeit, diese Kennzahl zu erfassen. Stattdessen bedient man sich auf Instagram zumeist der Anzahl der Follower und setzt sie mit der Reichweite gleich – auch wenn aufgrund des Instagram-Algorithmus nicht jeder Follower einen Beitrag angezeigt bekommt.

Auf YouTube wird die Reichweite zumeist als die Anzahl der Views gewertet. Wer Einblick in die nicht öffentlichen Daten zu einem Video hat, muss aufpassen: YouTube gibt seit einiger Zeit Impressions in den Analytics aus und meinte damit, wie oft den YouTube-Nutzern ein Thumbnail angezeigt wurde. Das kann auf der YouTube-Startseite oder auch in der Seitenleiste sein. Auf das Video hat der Nutzer da noch nicht geklickt! Genau genommen lässt sich bei dieser Zahl auch nur die Attraktivität von Titel und Thumbnail beurteilen, da der Nutzer den eigentlichen Inhalt noch nicht zu Gesicht bekommen hat.

$$\text{Engagement Rate} = \frac{\text{Interaktionen}}{\text{Reichweite}} \times 100$$

Abbildung 8.1 Die allgemeine Berechnung der Engagement Rate

Für welche Berechnungsvariante Sie sich entscheiden, hängt von der Verfügbarkeit der vorliegenden Daten ab. Wer seine Kooperationen mit anderen Unternehmen vergleichen möchte, sollte aber darauf achten, dass die Engagement Rates von allen gleich berechnet wurden. Nachfolgend wird für die beiden Plattformen YouTube und Instagram folgende Berechnungsmethode zugrunde gelegt:

- YouTube: ER = (Interaktionen / Views) × 100

  In Interaktionen eingeschlossen werden die Anzahl der Kommentare sowie die Anzahl der Bewertungen.

- Instagram: ER = (Interaktionen / Follower) × 100

  In Interaktionen eingeschlossen werden die Anzahl der Likes und die Anzahl der Kommentare.

Normale Werte für Engagement Rates bei Influencer-Kooperationen liegen auf YouTube bei etwa vier bis fünf Prozent. Sechs bis sieben Prozent sind bereits sehr gute Werte. Wer hingegen wesentlich weniger als drei Prozent Engagement Rate misst, sollte die die Kennzahlen überprüfen. Auch wenn Sie bereits zuvor ausgeschlossen haben sollten, dass es sich bei Ihrem Kooperationspartner um einen Fake-Influencer handelt (siehe Abschnitt 4.4, »Fake-Influencer erkennen und meiden«), so können hier durchaus Views über AdWords zugekauft worden sein. Aber das muss auch nicht der Fall sein!

Eine niedrige Engagement Rate kann nämlich auch andere Ursachen haben: Sehr junge Zielgruppen (zum Beispiel im Altersbereich 12 bis 18 Jahre) sind meist sehr interaktionsfreudig. Sie liken und kommentieren Beiträge im Vergleich zu älteren (erwachsenen) Zielgruppen wesentlich häufiger. Daraus resultiert bei älteren Zielgruppen im Vergleich eine niedrigere Engagement Rate. Das bedeutet nicht, dass Influencer-Marketing für ältere Zielgruppen nicht wirkungsvoll ist – das Nutzungsverhalten variiert hier lediglich.

Wenn ein Influencer in einer Kooperation mehrere Plattformen mit Inhalten für Sie bespielt, sollten Sie unbedingt in der Auswertung darauf achten, Brutto- und Netto-Reichweiten nicht zu verwechseln. Meist werden Sie zwar nur die Möglichkeit haben, die Brutto-Reichweite über mehrere Plattformen hinweg zu beurteilen. Trotzdem sollten Sie wissen, dass zum Beispiel die Summe aller erzielten Impressions unterschiedlicher Plattformen keine Unique User sind: Die meisten Menschen folgen einem Influencer nicht nur auf einer Plattform und schauen sich auch ansonsten zum Beispiel ein YouTube-Video an, das ein Influencer auf Instagram anteasert.

Brutto- und Netto-Reichweite

Man unterscheidet in der Analyse zwischen Brutto- und Netto-Reichweiten. Unter der Brutto-Reichweite versteht man die Summe aller Kontakte, auch wenn sie über mehrere Plattformen hinweg entstanden sind. Dabei werden keine Nutzungsüberschneidungen berücksichtig. Hingegen werden mit der Netto-Reichweite die tatsächlich erreichten Personen angegeben (auch bekannt als Unique User). Eine im Vergleich zur Netto-Reichweite sehr hohe Brutto-Reichweite bedeutet das Vorliegen sehr vieler Kontaktpunkte pro Person. Bei Betrachtung beider Kennzahlen in Verbindung mit einer Conversion Rate kann eine Aussage über die Effektivität der Maßnahmen getroffen werden.

8.1.2 Like-Dislike-Ratio

Die meisten sozialen Netzwerke bieten vorrangig die Möglichkeit, Beiträge positiv oder gar nicht zu bewerten. Erst nach vielen Jahren konnte sich Facebook dazu durchringen, dem Daumen nach oben auch weitere sogenannte »Reactions« zur Seite zu stellen (siehe Abbildung 8.2). Auch auf Instagram gibt es außer einer konkreten Äußerung in den Kommentaren nur die Möglichkeit, Beiträge mit einem Herz zu liken. Anders hingegen hält es die YouTube-Plattform: Auf ihr ist es sehr wohl möglich, Videos sowohl positiv (Daumen hoch) als auch negativ (Daumen runter) zu bewerten.

Abbildung 8.2 Die Facebook-Reactions

YouTube gibt darüber hinaus an, wie viele positive und negative Bewertungen ein Video erhalten hat. Wenn Sie diese beiden Zahlen in ein Verhältnis setzen, erhalten Sie die sogenannte Like-Dislike-Ratio. Je größer das Verhältnis ist, umso positiver wurde ein Video im Verhältnis bewertet (wenn die Anzahl der Likes gegenüber den Dislikes überwiegt). Dabei ist es durchaus üblich, dass ein gewisser Prozentsatz der Zuschauer Videos auch negativ bewertet. Sollten Sie also zum Beispiel ein Verhältnis von 30:1 für ein Video berechnen, so können Sie von einem sehr gut bewerteten Video ausgehen. Übliche Werte liegen bei etwa 20:1.

Bei einer Like-Dislike-Ratio weit unter 10:1 sollte man jedoch schon einmal genauer hinsehen, was die Ursachen für die Bewertungen sind. Dazu kann zum Beispiel eine Kommentarbetrachtung hilfreich sein (siehe nächster Abschnitt). Zu beachten ist außerdem, dass Werbevideos von Influencern in aller Regel mehr negative Bewertungen erhalten.

Abbildung 8.3 In diesem YouTube-Beispiel liegt eine sehr gute Like-Dislike-Ratio von rund 27:1 vor.

Die Like-Dislike-Ratio ist YouTube-spezifisch und existiert auf anderen Plattformen, wie bereits beschrieben, nicht. Da sehr viele Influencer-Kooperationen mit YouTubern realisiert werden, ist dies allerdings ein für das Influencer-Marketing relevanter KPI.

Fun-Fact

Es gibt immer wieder YouTuber, die besonders negativ bewertete Videos in ihrem Portfolio haben. Meist ist die Ursache einfach zu erklären: Die negativen Bewertungen sind gewollt, und Zuschauer werden aktiv aufgefordert, das Video so oft wie möglich negativ zu bewerten. Der YouTuber PewDiePie ordnet sich mit aktuell 3,5 Millionen negativen Bewertungen auf das Video »Can this video get 1 million dislikes?« in die Liga der You-

Tuber mit den meisten negativen Bewertungen auf ein einzelnes Video ein (siehe Abbildung 8.4).

Abbildung 8.4 Der YouTuber PewDiePie hat mit 3,5 Millionen negativen Bewertungen auf ein einzelnes Video mit den höchsten Wert auf der Plattform.

8.1.3 Kommentare betrachten

Den größten Aufwand in der Auswertung betreibt, wer sich die Kommentare unter den Kooperationsinhalten genauer ansieht. Hier können sich allerdings interessante Einblicke in die tatsächliche Wahrnehmung bei den Followern und Abonnenten ergeben. Ist die Marke überhaupt wahrgenommen worden, oder haben sich die Follower eher auf andere Aspekte konzentriert? In der Einzelbetrachtung der Kommentare können solche Feinheiten genau analysiert werden.

Ein gutes Hilfsmittel für die Analyse der Kommentare sind sogenannte Word-Clouds (siehe Abbildung 8.5).

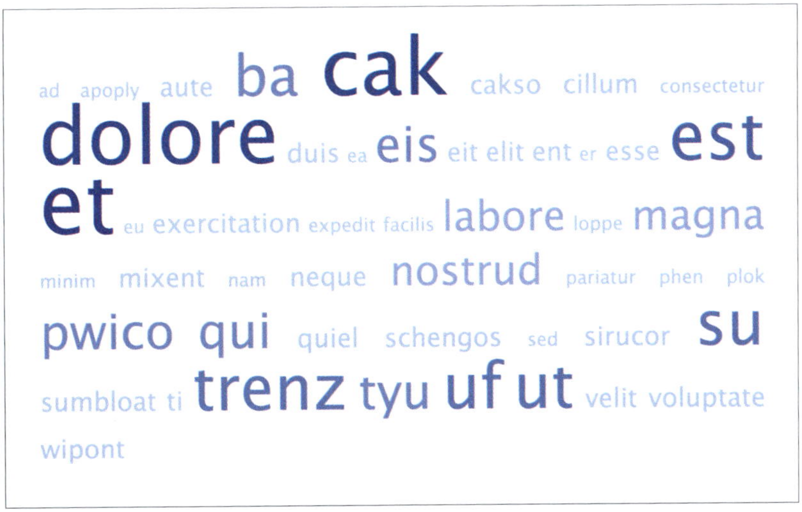

Abbildung 8.5 Mit einer Word-Cloud lässt sich beurteilen, welche Wörter häufig in einem Text (beispielsweise in Kommentaren) vorkommen – hier am Beispiel eines Blindtextes.

Hier werden die einzelnen Wörter aller Kommentare in ihrer Häufigkeit gezählt und je nach Auftreten größer oder kleiner dargestellt. In der Word-Cloud wird sichtbar, ob zum Beispiel der Markenname überhaupt verwendet wird. Wer sich nicht sicher ist, in welchem Kontext bestimmte Wörter stehen, sollte im Anschluss einen genaueren Blick auf die Kommentare werfen. Eine Word-Cloud kann also durchaus ein Einstiegswerkzeug für die nachfolgende Einzelbetrachtung sein.

Wer die Kommentarauswertungen noch weiter verfeinern möchte, kann über die Bildung eines Tonalitäts-Scores nachdenken. Hier wird das Verhältnis von positiven, negativen und neutralen Kommentaren betrachtet, um eine Aussage über Wahrnehmung und Akzeptanz des Inhalts treffen zu können. In der Praxis wird die Bildung eines Tonalitäts-Scores selten angewandt. Unternehmen mit eigenen Analysewerkzeugen können einen entsprechenden Score aber durchaus implementieren.

8.1.4 Verhältnis zwischen Kooperationsinhalt und durchschnittlichen KPIs

Wenn Sie sich mit einem Influencer auf eine Vergütung nach TKP geeinigt haben, sollten Sie im Vorfeld bereits die durchschnittlichen KPIs betrachtet haben. Bei einem YouTube-Video haben Sie sich zum Beispiel die durchschnittlichen Views der letzten Videos angesehen, um eine Berechnungsgrundlage zu haben (siehe Kapitel 7, »Budgetierung/Kalkulation«). Nun ist es an der Zeit, die erwarteten mit den erzielten KPIs zu vergleichen.

Eine Betrachtung könnte zum Beispiel folgendermaßen aussehen: Wenn ein Instagram-Influencer auf seine Inhalte außerhalb von Kooperationen durchschnittlich 1.000 Likes erhält und ein Kooperationsbeitrag nun »lediglich« 900 erhält, sollte das kein Anlass zur Sorge sein. Schließlich ist für die Follower ersichtlich, dass es sich um Werbung handelt, und so sind einige geneigt, die Inhalte nicht zu bewerten.

Wenn ein YouTube-Video aber statt der erwarteten 300.000 Views nur 100.000 erhalten hat, ist die Kooperation durchaus nicht so erfolgreich gewesen wie gedacht. Grundsätzlich sollten normale Schwankungen der KPIs immer berücksichtigt werden. Sie haben zwar den Durchschnitt von Views, Likes oder der Kommentaranzahl gebildet, können darüber aber nicht aussagen, wie stark die Abweichungen zwischen den KPIs der einzelnen Inhalte sind. So ist es durchaus realistisch, dass der Instagram-Inhalt eines Influencers 1.000 Likes erhält, ein anderer Inhalt nur 800 Likes und der darauffolgende 1.200 Likes.

Bei schwankenden KPIs spielen zahlreiche unterschiedliche Variablen vom Veröffentlichungszeitpunkt (Wochentag, Uhrzeit) bis hin zum Wetter, bei dem die Follower vielleicht nicht online sind, eine Rolle. Die Attraktivität des Inhalts muss dabei nicht einmal unbedingt ausschlaggebend sein. Durch die Kombination mit einer Einzelbetrachtung der Kommentare lässt sich der Grund gegebenenfalls erörtern. Je nach Plattform gewährt ihnen diese sogar einen Einblick in die Online-Zeit der Follower (siehe Abbildung 8.6).

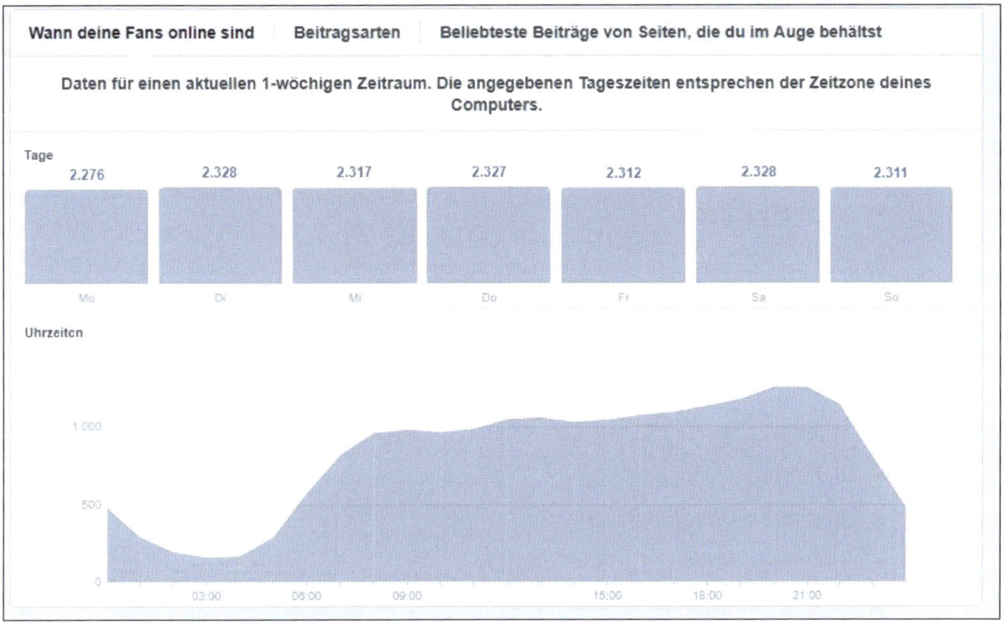

Abbildung 8.6 Auf Facebook kann sich ein Seitenbetreiber anzeigen lassen, wann die meisten Seiten-Fans online sind.

8.1.5 Conversion Rate

Als Conversion Rate bezeichnet man im Influencer-Marketing das Verhältnis zwischen konsumiertem Influencer-Inhalt und darüber hinaus getätigter Aktionen – beispielsweise einem abgeschlossenen Kauf in einem Onlineshop oder einer Registrierung für einen Newsletter. Wurde ein YouTube-Video zum Beispiel 1.000 Mal angesehen und haben sich im Anschluss aufgrund dieses Videos 50 Leute über einen Rabattcode ein Produkt der Marke in deren Onlineshop gekauft, würde eine Conversion Rate von fünf Prozent vorliegen.

Die Conversion Rate ist eine wichtige Kennzahl im Online-Marketing, um den Erfolg einer Marketingmaßnahme zu ermitteln. Je höher die Conversion Rate ausfällt, desto effektiver war die vorangegangene Maßnahme. Wer die Conversion Rate später auswerten möchte, muss allerdings im Vorfeld Maßnahmen treffen, um Conversions überhaupt tracken zu können – beispielsweise per exklusiver Landing-Page oder Rabattcode.

8.1.6 Weitergehende Analytics-Daten

Je nachdem, wie viel Zugriff Sie auf die Daten des Influencers haben, können Sie auch weitere Daten auswerten, die von den sozialen Netzwerken erfasst werden. Auf YouTube sind das unter anderem folgende Daten, die Sie nur in den Analytics abrufen können:

- Wiedergabezeit
- Zuschauerbindung
- Zugriffsquellen für Aufrufe
- Zugriffsquellen für Impressions
- Statistiken zur Gerätenutzung
- Wiedergabeorte (Kanalseite, Wiedergabeseite, Einbettung)
- Berichte zu Infokarten
- Berichte zur Demografie
- Heatmap-Berichte für 360°-Videos

vidIQ als Hilfsmittel zur Auswertung

Wer Kennzahlen von YouTube-Videos schnell und komfortabel betrachten möchte, sollte das weit verbreitete Browser-Addon »vidIQ« kennen. Es ist für den Browser Chrome verfügbar und gliedert sich nach der Installation auf jeder YouTube-Wiedergabeseite oberhalb der Videovorschläge ein. Wie Sie in Abbildung 8.7 erkennen, werden dabei verschiedene Kennzahlen ausgegeben. Im Abschnitt »Social« ist auf einen Blick auch eine Beurteilung der Engagement Rate einsehbar. Wer den Mauszeiger über die Beurteilung bewegt, erhält eine etwas genauere Angabe, wie groß die Engagement Rate in Zahlen ist.

Weiter unten werden Kennzahlen zu mit dem YouTube-Kanal verknüpften Social-Media-Accounts angezeigt. Auch interessant in der Sektion »SEO« ist der Bereich »Referrers« (in Abbildung 8.7 bei der blauen Zahl 127). Hier sehen Sie, wie viele Websites auf das YouTube-Video verlinken. Wer mit den von vidIQ ausgewiesenen Scores arbeiten möchte, sollte sich zuvor damit auseinandersetzen, wie sich die Scores zusammensetzen und ob sie überhaupt für die eigene Beurteilung aussagekräftig sind.

Abbildung 8.7 vidIQ hilft bei der schnellen Auswertung von YouTube-Videos.

Wer Zugriff auf mehr als nur die öffentlich einsehbaren Daten eines Influencers hat, kann unter Umständen Erkenntnisse erlangen, die vielleicht so im ersten Moment nicht zu erwarten wären. Maximillian Matthews beschreibt in einem Artikel auf LinkedIn die Resultate einer Analyse australischer Influencer.[1] In dem Artikel stellt er unter anderem dar, dass »Bikini-Models keine Bikinis« verkaufen: Gemeint sind damit Instagram-Influencer im mittleren Follower-Segment, deren Follower nicht vorrangig weiblich, sondern tatsächlich überwiegend männlich sind. Nach Matthews haben die in der Analyse aufgetretenen männlichen Follower aber andere Motivationsgründe, den Instagram-Accounts zu folgen. Der geringere Prozentsatz weiblicher Follower hingegen erweckte den Eindruck eines hohen weiblichen Engagements, da die meisten Kommentare durch Frauen erstellt wurden und inhaltlich auch produktbezogen waren. Ein solcher Umstand lässt sich (wenn nicht schon bei der Influencer-Auswahl berücksichtigt) spätestens durch eine Auswertung von Kooperationen aufdecken, um die gleiche Kooperation nicht wieder einzugehen.

8.2 Auswertung einer Kooperation

Sie kennen nun aus dem vorigen Abschnitt relevante Kennzahlen, die Sie interpretieren können. Die Interpretation der Daten sollte immer mit Blick auf die Ziele einer Kooperation erfolgen. Dabei unterscheidet man vor allem zwei übergeordnete Kooperationsziele im Influencer-Marketing: Image und Conversion.

8.2.1 Kooperationsziel: Image

Image-Kooperationen haben zum Ziel, ein Unternehmen oder eine Marke bei Kunden und in der öffentlichen Wahrnehmung in ein möglichst positives Licht zu rücken. Kooperationen, die das Image einer Marke steigern sollen, haben entsprechend psychologische Ziele wie:

- Steigerung des Bekanntheitsgrads oder der Kundenzufriedenheit
- stärkere und langfristige Bindung von Kunden an eine Marke
- Imagefaktoren wie Vertrauen oder Innovationsfreudigkeit
- Markentreue

1 Nachzulesen unter *https://www.linkedin.com/pulse/4-influencer-marketing-facts-you-need-know-maximillian-matthews/*

- die Erhöhung der Kaufintensität
- das Erlangen eines bestimmten Kompetenzniveaus

Wer mit einer Kooperation eines dieser Ziele verfolgt, für den steht die Wahrnehmung der Marke bei den Followern und Abonnenten im Vordergrund. Entsprechend ist die Reichweite in der Auswertung der wichtigste Faktor, gefolgt von einer Kommentarauswertung.

Während die Reichweite in Form von Impressions, Views sowie Like- und Kommentar-Anzahl eine quantitative Aussage über die Wahrnehmung des Kooperationsinhalts erlaubt, können Sie über eine Kommentarauswertung eine qualitative Betrachtung vornehmen: Wie haben Follower und Abonnenten des Influencers die Markenkooperation wahrgenommen? Ist die Marke in diesem Kontext überhaupt wahrgenommen worden?

Ebenfalls wichtig: Die Engagement Rate. Sie sagt etwas darüber aus, wie sehr sich Follower und Abonnenten mit dem Inhalt auseinandergesetzt haben. Wer mehr liket und kommentiert, hat sich intensiver mit dem Inhalt beschäftigt. Ergo wurden die vermittelten Botschaften auch intensiver wahrgenommen.

8.2.2 Kooperationsziel: Conversion

Kooperationen mit einem Conversion-Ziel bezwecken Ziele, die sich im Nachgang numerisch in gesteigertem Umsatz manifestieren. Dabei kann es sich zum Beispiel um folgende Aspekte handeln:

- Absatz- und Umsatzsteigerung
- Ausbau des Marktanteils
- Steigerung des Unternehmensgewinns durch gesteigerte Rentabilität
- Erhöhung des Distributionsgrads

Im Influencer-Marketing lässt sich das konkretisieren, indem man zum Beispiel auswertet, wie viele Produkte einer Marke durch die Kooperation verkauft wurden.

Wie bereits beschrieben, müssen für das Tracking von Conversions im Vorfeld der Kooperation Vorkehrungen getroffen werden. Ein Rabattcode kann Ihnen zum Beispiel dabei helfen, die darüber erzeugten Umsätze zu prüfen. Ein Link mit Tracking-ID hilft, den Ursprung eines Onlineshop-Besuchs und im Folgenden auch des Kaufs zu tracken.

Der Absatz von Produkten ist dabei nur ein Conversion-Ziel. Andere könnten zum Beispiel sein:

- Steigerung des Besuchs einer Landing-Page
- Anmeldung zu einem Newsletter
- Download einer App
- neue User eines Webdienstes

Dementsprechend müssen Sie die Kennzahlen in der Auswertung natürlich anpassen: Wie oft wurde ein Link angeklickt, der auf eine Landing-Page geführt hat? Oder wie viele App-Downloads gab es von dem Influencer-Inhalt als Quelle?

Shortlinks mit Tracking-Option

Wer die Customer Journey seiner Kunden noch nicht trackt und den technischen Aufwand scheut, für den bietet sich zumindest der Einsatz von Shortlinks mit Tracking-Option an. Mit Hilfe von Diensten wie *bitly.com* können Links zu Websites oder Onlineshops gekürzt werden. Sie bieten darüber hinaus aber auch die Möglichkeit, Klicks auf den Link zu erfassen. Nutzen Sie für jede Quelle nun eigene Shortlinks, und aktivieren Sie dabei das Tracking, so können Sie zumindest einschätzen, wie oft ein Link angeklickt wurde.

Abbildung 8.8 Bitly.com bietet einfache Klickstatistiken zu gekürzten Links.

8.3 Nachbereitung einer Kampagne

Waren die Kooperationen umfangreicher oder besonders erfolgreich, lohnt sich über die Kampagne hinaus eine weitere Auswertung. Der Begriff »Auswertung« ist hier allerdings im Sinne eines Weitertragens des Erfolgs gemeint. Das verschafft zusätzliche Aufmerksamkeit – nicht nur in der Branche. Denn wenn die Branche über etwas spricht, verbreitet sich die vermittelte Botschaft auch über deren Grenzen hinweg. Zudem dürfte es Ihnen bei späteren Kampagnen leichter fallen, attraktive Influencer für sich zu gewinnen. Ein positiv erfolgreich geprägtes Image der eigenen Unternehmung verhilft in der Zusammenarbeit mit Partnern – und zuvor auch in der Verhandlung über Rahmenbedingungen und Konditionen. Deshalb erzählen Sie unbedingt davon, wenn eine Influencer-Kampagne besonders gut gelungen ist! Nachfolgend lernen Sie drei Varianten kennen, wie Sie dazu vorgehen können.

8.3.1 Case-Filme

Case-Filme sind sehr beliebt bei Unternehmen für die Darstellung von Influencer-Aktivitäten und besondere Werbekampagnen. Oftmals sind die Ersteller die ausführenden Agenturen, die ihre Leistungen bei Wettbewerben einreichen und so die Umsetzung dokumentieren. Dabei bedient man sich unterschiedlicher Elemente wie Interviews und Making-of-Materials, um die Geschichte hinter den Aktionen zu erzählen. Viele Case-Filme besitzen durch die Besonderheit der dargestellten Inhalte virales Potenzial und verbreiten sich entsprechend auf den sozialen Plattformen.

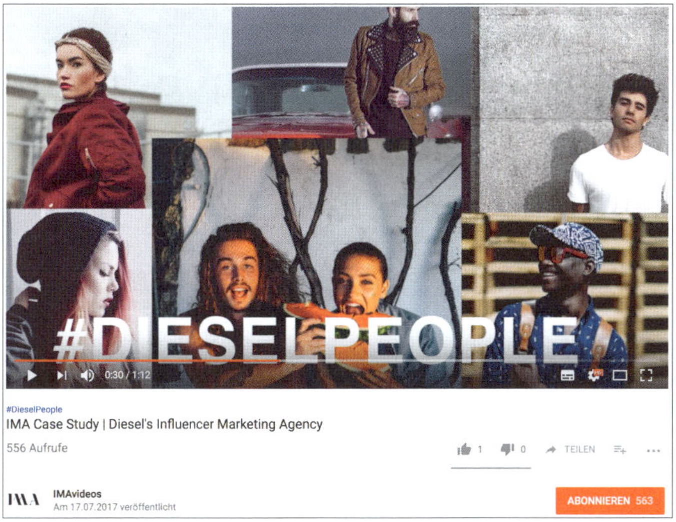

Abbildung 8.9 In diesem Case-Film stellt IMA die Influencer-Welt der betreuten Marke Diesel vor (https://youtu.be/ITVqCZhQKMA).

Ein gelungenes Beispiel für einen Influencer-Case-Film ist das Video zur Marke Diesel. Wie Sie in Abbildung 8.9 sehen können, ist dieses Video von der ausführenden Agentur »IMA« erstellt und auf YouTube hochgeladen worden, um die Arbeit der Agentur zu dokumentieren und öffentlich zu machen.

8.3.2 Über Kooperationen sprechen

Diverse Magazine und Blogs schreiben über Marketing-Themen. Wer möchte, dass die Branche über einen spricht, sollte sich mit Vertretern dieser Medien vernetzen. Podcasts und YouTube-Kanäle bieten darüber hinaus einen persönlicheren Kontakt und erfreuen sich vor allem in der Marketing-Branche immer größerer Beliebtheit. Wer dann noch die Möglichkeit hat, auf einer Veranstaltung oder Konferenz über seine Influencer-Kampagne zu erzählen, kann seine Botschaft ideal platzieren – denn über Konferenzen wird ja auch weitergehend gesprochen.

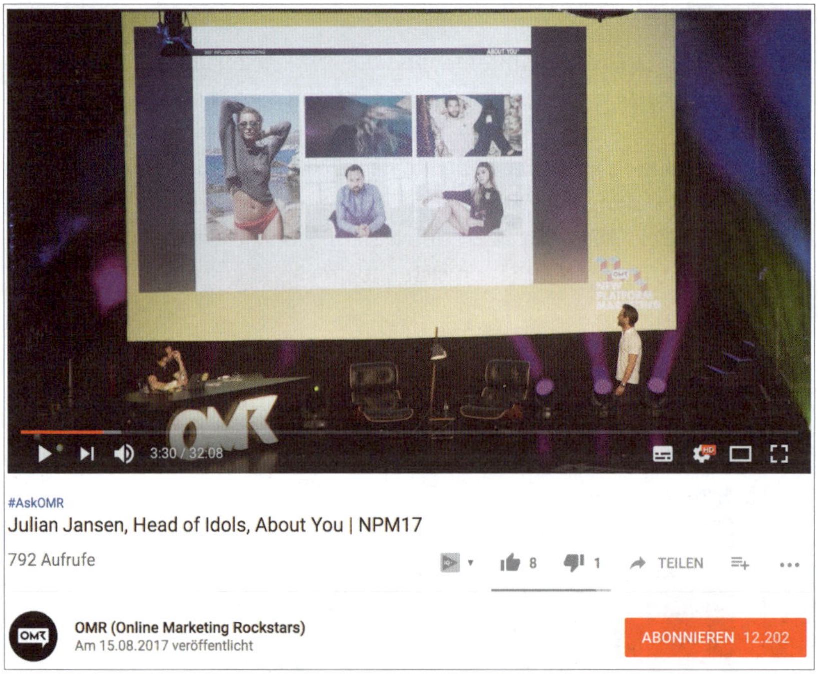

Abbildung 8.10 Auf der New Platform Marketing Konferenz haben Unternehmen u. a. ihre Influencer-Strategie vorgestellt (https://youtu.be/8wx1Sj6b5ak).

8.3.3 Wettbewerbe

In der Werbebranche gibt es zahlreiche Wettbewerbe, in denen Kampagnen ausgezeichnet werden. Einer der bedeutendsten Wettbewerbe ist der des Art Directors Club, kurz ADC (siehe Abbildung 8.11). Auch in diesem Wettbewerb gibt es mittlerweile eine Kategorie »Influencer-Marketing«. Wenngleich es aus Sicht des Autors sicherlich zu diskutieren ist, ob die bisher in der Kategorie ausgezeichneten Kampagnen zu 100 Prozent der Kategorie »Influencer-Marketing« zuzuordnen sind, so kann es durchaus interessant sein, besonders erfolgreiche Kampagnenkonzepte zum Wettbewerb einzureichen, um mehr Öffentlichkeit zu schaffen. Außer dem Wettbewerb des ADC gibt es auch andere Wettbewerbe, die Kategorien für Influencer-Marketing vorhalten.

Abbildung 8.11 Die Gewinner des ADC-Wettbewerbs in der Kategorie »Influencer-Marketing« – abrufbar unter gewinner.adc.de

Die Teilnahme an Wettbewerben ist in der Branche durchaus umstritten, vor allem bei Werbeagenturen. Einige der Wettbewerbe erheben nicht unerhebliche Teilnahmegebühren oder verlangen die persönliche Teilnahme an den Preisverleihungen, um ausgezeichnet zu werden. Darüber hinaus entsteht für Werbeagenturen der Druck, nach einer Auszeichnung in jedem Jahr wieder mit einer Auszeichnung vertreten zu sein, um weiterhin als relevant wahrgenommen zu werden. Bedenken Sie also, dass eine Auszeichnung zwar Öffentlichkeit verschafft, aber an sich gegebenenfalls keinen Oscar-Stellenwert besitzt.

8.4 Branded Channel mit hohem Influencer-Anteil

Notfallverhütung ist noch nicht so bekannt in Deutschland – dabei ist es wichtig zu wissen, dass es diesen Schutz nach einer Verhütungspanne gibt. Deshalb klärt der von der Agentur HitchOn betreute Branded YouTube-Channel »Bedside Stories« neben Fragestellungen über Liebe, Sex und Verhütung auch über die Pille danach auf. Der Kanal informiert über Anwendung und Wirkung und räumt mit Mythen auf.

Die Zielgruppe des Aufklärungskanals sind Jugendliche und junge Erwachsene im Alter von 18 bis 29 Jahren, vorrangig weiblich. Wer die wöchentlich erscheinenden Videos des Kanals konsumiert, hat Interesse an den Themen Liebe, Sex und Verhütung.

Die YouTuberin Silvi Carlsson agiert als Host des Kanals und integriert regelmäßig andere Influencer in die Videos. Der selbstbewusste Umgang mit (Notfall-)Verhütung und Sexualität wird durch eine offene und informative Kommunikationskultur auf dem Kanal indiziert. Echte Geschichten der Gast-Influencer sorgen für Authentizität und stärken das Vertrauen. In allen Videos des Kanals treten Influencer als Protagonisten auf.

Als Branded Channel unterliegt der Kanal einer langfristigen Planung und somit auch einer regelmäßigen Auswertung. Die Auswertung umfasst unter anderem folgende Aspekte:

- monatlicher und langfristiger Abonnenten-Zuwachs
- Likes, Dislikes und Like-Dislike-Ratio des Gesamtkanals
- Entwicklung der Gesamt-Views
- detaillierte Betrachtung der Videokommentare, Erstellung von Word-Clouds

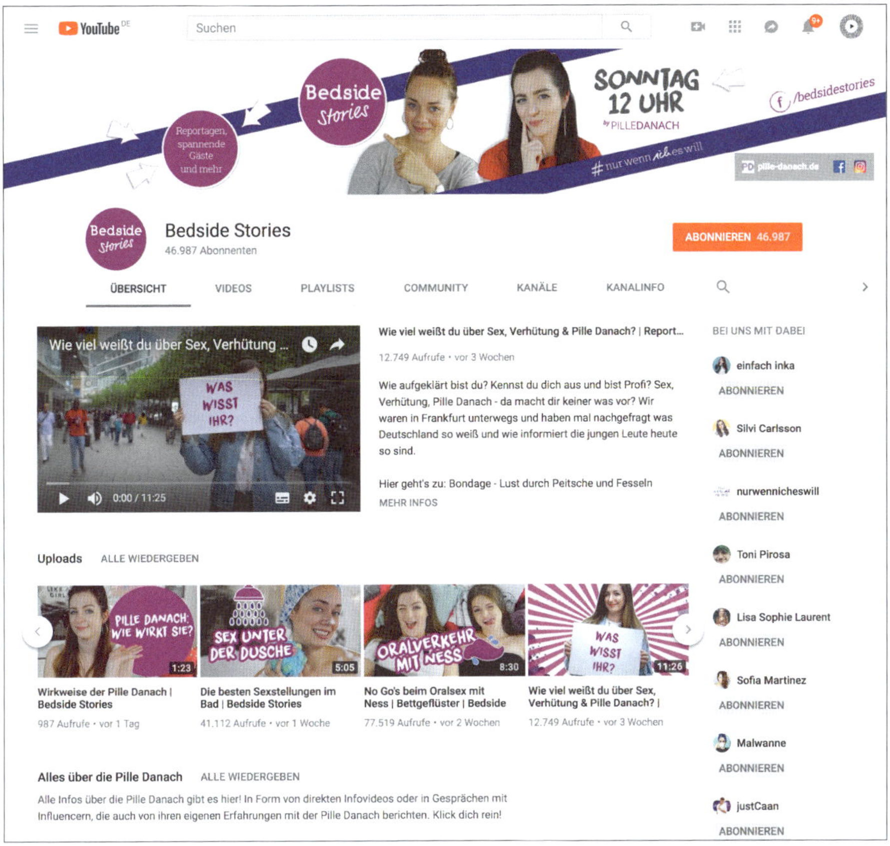

Abbildung 8.12 Der Kanal Bedside Stories behandelt Fragestellungen rund um die Themen Liebe, Sex, Verhütung und die Pille danach.

Über die Gesamtentwicklung des Branded Channels hinaus werden Videos einzeln betrachtet. Hier sind KPIs wie die erzielten Views oder die Engagement Rate von Interesse, um den Erfolg eines Videos bewerten zu können. Bei YouTube-Videos ebenfalls interessant ist die Watchtime, um beurteilen zu können, wie viel des Videos im Durchschnitt von den Zuschauern angesehen wurde.

In Abbildung 8.13 sehen Sie die Entwicklung des Abonnenten-Zuwachses seit Mai 2017. Innerhalb von 14 Monaten konnte die Anzahl der Abonnenten um etwa das 28-Fache gesteigert werden. Das Wachstum kann als kontinuierlich beschrieben werden, während der Zuwachs beispielsweise zwischen Juni und Juli 2018 rund 9,7 Prozent betrug.

Die Like-Dislike-Ratio des Gesamtkanals liegt bei etwa 28:1, was einen sehr guten Wert darstellt. Bis Juli 2018 konnten rund 3,3 Millionen Views auf dem gesamten Kanal generiert werden.

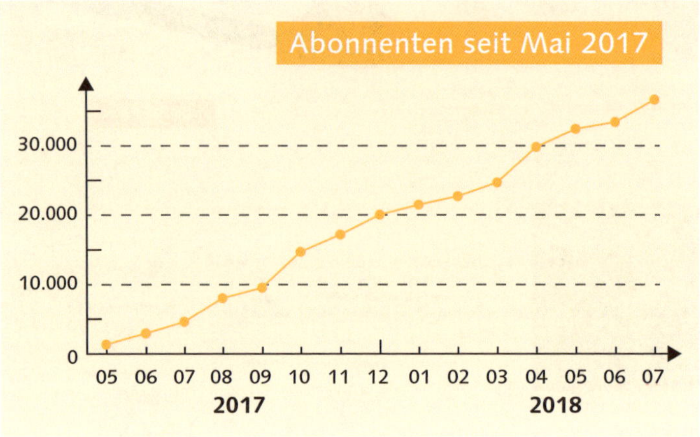

Abbildung 8.13 Der Abonnenten-Zuwachs auf dem Kanal Bedside Stories seit Mai 2017

In der Einzelbetrachtung am Beispiel des Videos »So verführst du deinen Partner« ergeben sich folgende Kennzahlen:

- 18.426 Views
- 3,54 Prozent Engagement Rate
- 61 Prozent Watchtime

Für einen Branded Channel sind diese Zahlen sehr gut, was sicherlich gerade auf die Zusammenarbeit mit Influencern zurückzuführen ist. So erzeugen Influencer als bekannte Gesichter Vertrauen und sorgen für eine höhere Beteiligung der Zuschauer in den Kommentaren, während sie die Videos durchschnittlich länger ansehen. Wie sich in der Praxis gezeigt hat, steigt mit einer höheren Engagement Rate auch die Intensität, mit der sich der Zuschauer mit dem Video auseinandersetzt. Insbesondere im Falle eines Branded Channel ist eine höhere Engagement Rate durch den Einsatz von Influencern also besonders positiv.

Ergänzend zu den genannten Kennzahlen können auch weitere, nicht öffentliche Auswertungsmöglichkeiten in Betracht gezogen werden. So stellt zum Beispiel der Verlauf der Wiedergabezeit eine aussagekräftige Verlaufskurve dar: Anhand dieser kann gut beurteilt werden, zu welchen Zeitpunkten nach der Videoveröffentlichung das Video besonders lange angesehen wurde. Die YouTube-Analytics bieten hier viele weitere Einblicke und Auswertungsmöglichkeiten.

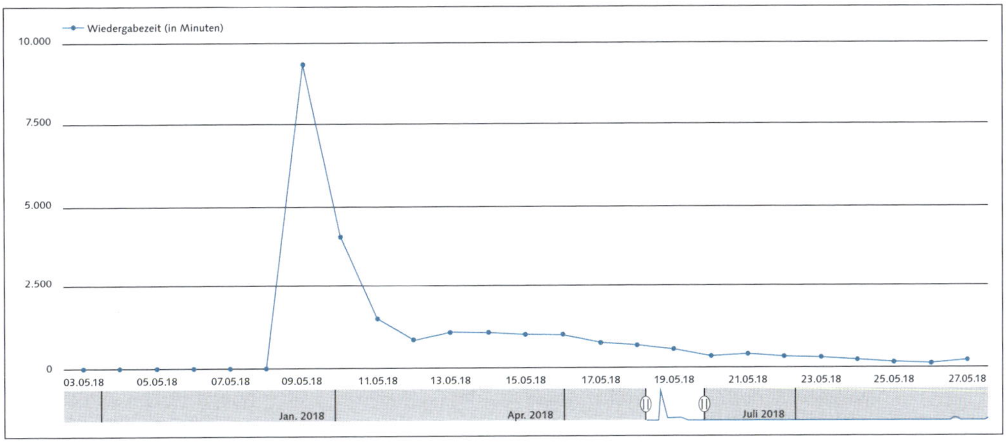

Abbildung 8.14 Verlauf der Views für das Video »So verführst du deinen Partner« auf dem Kanal Bedside Stories

In Abbildung 8.15 sehen Sie eine weitere Möglichkeit der Auswertung: Die Einzelauswertung der Kommentare, hier am Beispiel unterschiedlicher Videos auf dem Kanal »Bedside Stories«. Sie ergibt ein noch genaueres Bild davon, wie sich die Zuschauer mit Videos auseinandersetzen. Erkennbar ist hier, dass besonders die als Moderatorin eingesetzte Influencerin immer wieder direkt angesprochen wird.

Abbildung 8.15 Die Einzelbetrachtung von Kommentaren ergibt ein detailliertes Bild über die Wahrnehmung beim Zuschauer.

Interview mit der YouTuberin Silvi Carlsson

Neben all den messbaren KPIs ist es überaus aufschlussreich, mit Influencern über ihre eigene Wahrnehmung zu Kooperationen einmal ganz unabhängig zu reden. Die YouTuberin Silvi Carlsson hat sich freundlicherweise für dieses Buch zur Verfügung gestellt, um über ihr Engagement auf dem Branded Youtube-Channel »Bedside Stories« zu sprechen.

Als Gesicht des Kanals »Bedside Stories« wirst du sicherlich oft auf den Kanal angesprochen. Wie sind die Reaktionen online und offline?

»Die Reaktionen sind durchgehend sehr positiv. Ich werde mittlerweile auch öfter auf Aufklärungsthemen angesprochen, vor allem online. Die Zuschauer meines eigenen Kanals schauen sich natürlich auch den Bedside-Stories-Kanal an und kommentieren dort weiter. Meine Zielgruppe hat gemerkt, dass ich dadurch auch über Themen wie Liebe, Sex und Verhütung spreche, die ja Themen von »Bedside Stories« sind und in aller Regel in der Gesellschaft eher als Tabuthemen behandelt werden. Auf der Straße wurde ich noch nicht auf den Bedside-Stories Kanal angesprochen, außer wenn wir für den Kanal drehen. Dann sagen die Leute oft: ›Ah, du bist doch von Bedside-Stories!‹«

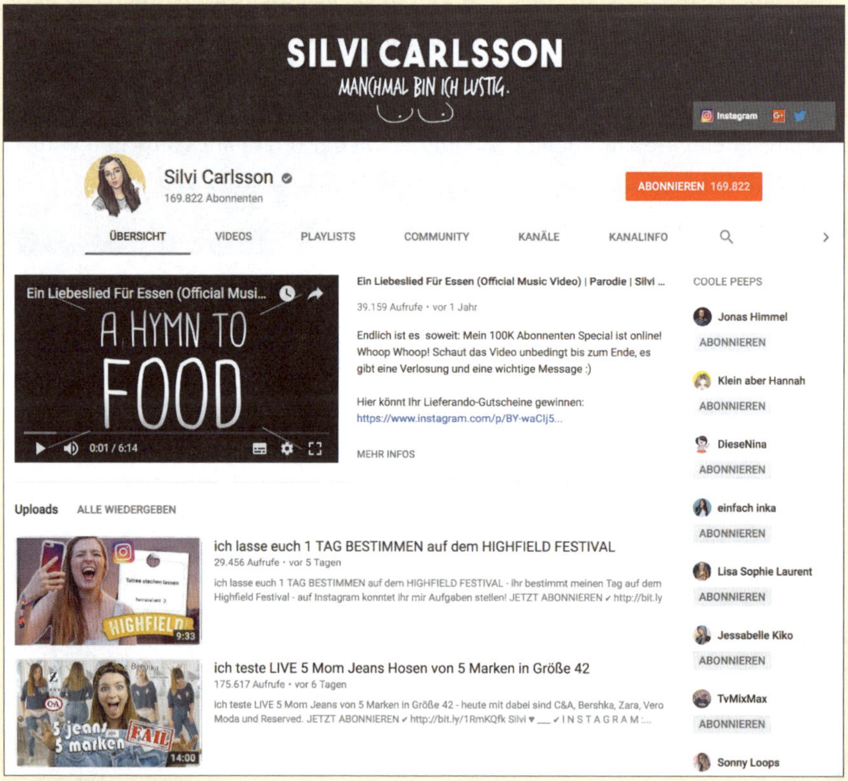

Abbildung 8.16 Silvi Carlsson ist mit ihrem eigenen Kanal auf YouTube unter youtube.com/user/silvirockstar vertreten.

Gibt es eine Reaktion, die dir besonders in Erinnerung geblieben ist?

»Bevor ich bei Bedside-Stories moderiert habe, wurde ich nie auf Themen wie Verhütung oder Frauenthemen wie die Menstruationstasse angesprochen. Aber als ich auf dem Kanal eine Weile moderiert hatte und die Zuschauer mein Gesicht auf dem Kanal gewohnt waren, wurde ich zunehmend nach solchen Themen gefragt. Eine Zuschauerin hat mich zum Beispiel gefragt, ob ich nicht mal die Menstruationstasse auf meinem eigenen Kanal testen könnte. Das hat dazu geführt, dass ich auch meine eigenen Themen neu besetzt habe und ich mich mit den Themen auf meinem eigenen Kanal selbst weiterentwickelt habe.«

Aus den Reaktionen, die du erhältst: Wie nachhaltig gefestigt nimmst du die vom Kanal vermittelte Botschaft wahr?

»Ich habe den Kanal für mich so definiert, dass Frauen selbstbestimmt handeln dürfen und sollen und wir sie dazu ermutigen. Gleichzeitig klären wir auch auf, zum Beispiel darüber, dass es die Pille danach gibt. Der Rahmen ist häufig, dass wir verschiedene starke Frauen einladen oder sie besuchen und dabei entsprechende Themen bearbeiten. Im Vordergrund steht ja immer: Ich kann selbst bestimmen, ob ich z. B. die Pille für danach nehme oder nicht. Ich finde es bemerkenswert, dass da so eine Frauenpower besteht. Das hat sich auch auf mich übertragen, auch wenn ich vorher schon ein solches Frauenbild hatte. Aber das nach außen zu tragen, ist ein gutes Gefühl und bestärkt einen auf dem eigenen Weg der Persönlichkeit.

Die ganzen Kommentare sprechen natürlich auch für sich: Die Leute sind sehr dankbar, dass wir über diese Themen reden. Ich weiß ja von mir selbst, wie es ist, wenn man noch jung und im Teenager-Alter ist. Da ist man sich unsicher, weiß nicht, was auf einen zukommt, und traut sich nicht, Themen anzusprechen, die bei vielen tabuisiert werden. Durch den Kanal nehmen es die Zuschauer als normal auf, über solche Dinge zu sprechen. Zuletzt hatten wir jemanden zu Gast, die offen mit mir über Oralverkehr gesprochen hat. Ich durfte sie interviewen, und für die Zuschauer war es den Kommentaren nach sehr befreiend, dass wir darüber sprechen. Es gab sehr viele Kommentare im Stil von »Wie cool, dass ihr über solche Themen sprecht«. Das bindet die Zuschauer an den Kanal – was früher Dr. Sommer war, ist heute »Bedside Stories«. Mit dem Unterschied, dass die Zuschauer wesentlich einfacher teilnehmen können, direkt Feedback geben und sich darüber hinaus vernetzen können.«

Hast du das Gefühl, dass die Verbindung zur Pille danach wahrgenommen wird?

»Ja, auf alle Fälle. Die letzten Monate wurde sie in fast jedes Video integriert, und die Zuschauer nehmen das auf alle Fälle wahr. In den Kommentaren kommen oft Fragen dazu, wenn sie integriert wird. Gefragt wird zum Beispiel, ab wie vielen Jahren man sie nehmen darf oder was sie kostet. Die Leute interessieren sich dafür und fragen gezielt danach, auch wenn das Video nicht explizit nur damit in Verbindung steht.«

Was ist aus deiner Sicht der wichtigste Erfolgsfaktor für den Kanal?

»Ich glaube, dass man das nicht auf einen Faktor begrenzen kann: Es ist das Gesamtpaket. Die Redaktion leistet gute Arbeit, weil die Themen für die Zuschauer interessant sind. Aber auch die Verpackung ist gut: dass da eine Person vor der Kamera steht, die die Zuschauer vielleicht schon von woanders her kennen. Das erzeugt Vertrauen. Dann das Setting: Es ist so aufgebaut, dass es schon professionell ist, aber nicht wie im Fernsehstudio, sondern wie im Zimmer zu Hause. Das ist viel nahbarer. Der Mix ist es aus meiner Sicht, der Zuschauer motiviert, auf ABONNIEREN zu klicken.

Ich glaube, wenn man YouTuber einsetzt, die zu Branded Channels passen, dann ist das eigentlich die beste Möglichkeit, die wir bisher hatten, Markenbotschaften an die Zielgruppe zu bringen. Früher gab es Werbespots mit Promis, die ihre Sätze aufgesagt haben. YouTuber sind hingegen normale Menschen wie du und ich, und theoretisch kann das jeder von zu Hause aus machen. Ein YouTuber macht ja im Vergleich zu einem Model nicht nur einen bezahlten Job: Er muss zu der Thematik passen und sich selbst damit identifizieren. So kann ein YouTuber eine Botschaft nach außen tragen und es gleichzeitig so ernst meinen, dass die Menschen es auch glauben.«

9 Sehenswerte Influencer-Kooperationen

Die besten Ideen für Influencer-Kooperationen sind nichts wert, wenn sie nicht umgesetzt werden. Die in diesem Kapitel gezeigten Kooperationen wurden bereits umgesetzt – und sind wirklich sehenswert.

Neben den zahlreichen Praxisbeispielen in diesem Buch gibt es eine Handvoll Influencer-Kooperationen und Kampagnen, die aus Sicht des Autors in der Vergangenheit in bestimmten Aspekten besonders herausgestochen haben. Ihnen soll in diesem Buch etwas mehr Platz eingeräumt werden, denn: Sich inspirieren zu lassen, ist die beste Möglichkeit, um ein Gefühl für die Menschen in sozialen Netzwerken zu bekommen und Influencer-Marketing am Ende voll und ganz zu verstehen.

9.1 Techniker Krankenkasse

Wenn es eine Influencer-Kampagne im deutschsprachigen Raum gibt, die in der Vergangenheit besonders gut umgesetzt wurde und eine überaus positive Resonanz in den sozialen Netzwerken erlangt hat, dann ist es die Kampagne »wireinander« der Techniker Krankenkasse. Die Kampagne ist nebenbei ein besonders gutes Beispiel für dynamisches Storytelling.

Welche Formen von Storytelling gibt es?

In Storytelling-Fachkreisen wird meist von vier Storytelling-Formen gesprochen: klassisches, crossmediales, transmediales und dynamisches Storytelling. Ob dynamisches Storytelling wirklich eine eigene Einheit bildet oder eigentlich doch nur transmediales Storytelling ist, darüber streiten sich zwar die Geister. Fakt ist jedoch, dass die Reihenfolge bewusst gewählt ist, da von klassischem zu dynamischem Storytelling die Erzählstruktur zunehmend aufgebrochen wird und die Geschichten offener erzählt werden.

Klassisches Storytelling

Klassisches Storytelling erzählt Geschichten in einer festen Einheit und wandelt die Geschichten nicht ab. Der Storyteller formuliert die Geschichte so, dass sie durch genau ein Medium transportiert werden kann. Am Beispiel von YouTube-Videos würde man also lediglich das YouTube-Video perfektionieren und es dann in anderen Medien ebenfalls publizieren – beispielsweise auf Facebook hochladen oder auf einem Monitor am Point of Sale präsentieren.

Haben die Medien große Gemeinsamkeiten, kann eine Wiederverwertung ähnlich wie bei einem Film im Kino und auf DVD funktionieren – mit großer Wahrscheinlichkeit wird das aber im Werbeumfeld nicht der Fall sein, weil die einzelnen Medien aufgrund ihrer Funktionsweise und Nutzungsart unterschiedlich bespielt werden müssen. Der größte Trugschluss bei Unternehmen entsteht, wenn 30 Sekunden lange TV-Spots auf YouTube mit dem Ziel hochgeladen werden, große Zusatzaufmerksamkeit im Netz zu erlangen. Umgekehrt sind Videos, die für die YouTube-Plattform optimiert wurden, nicht 1:1 kompatibel für eine TV-Ausstrahlung erzählt.

Oftmals ist es zum Beispiel so, dass YouTube-Videos für einen TV-Werbespot zu lang wären, und die Aufmerksamkeit könnte in einem dort angesiedelten Werbeblock nicht über die komplette Dauer gehalten werden. Die Kennzeichnung »Online-Spot« oder »Online-Exclusive« wird deshalb häufig genutzt, um Werbevideos für den Nutzer sichtbar als reinen Online-Inhalt zu kennzeichnen. Gleichzeitig gibt es aber auch Unterschiede zwischen Online-Plattformen: YouTube-Videos sind häufig mehrere Minuten lang und damit zu lang für Videos, die auf Facebook oder Instagram veröffentlicht werden sollen. Hier scrollt der Nutzer durch einen Newsfeed und bleibt gar nicht so lange an einem einzelnen Inhalt hängen. Hinzu kommt, dass zum Beispiel Nutzer auf Instagram einen anderen Qualitätsanspruch haben als YouTube-Nutzer. Um Inhalte dennoch in unterschiedlichen Medien veröffentlichen zu können, müssten sie zumindest neu geschnitten werden.

Crossmediales Storytelling

Mit der zunehmenden Anzahl unterschiedlicher Medien und Plattformen muss also die Erzählform der Geschichten individuell für jedes Medium angepasst werden. Dabei spricht man von crossmedialem Storytelling. Ein YouTube-Video könnte also in gleicher Form verschriftlicht und als Blogbeitrag veröffentlicht werden, der von den Lesern in einem anderen Nutzungsszenario verwendet wird.

Crossmediales Storytelling hat mit klassischem Storytelling gemeinsam, dass die Geschichte innerhalb eines Mediums vollständig erzählt wird. Wer das YouTube-Video gesehen hat, erhält durch den Blogbeitrag keine neuen Erkenntnisse. Crossmedial angelegtes Storytelling hat zum Ziel, mehr Menschen mit einer Botschaft zu erreichen, indem sie vielfach transformiert und präsentiert wird.

Transmediales Storytelling

Transmediales Storytelling geht noch einen Schritt weiter und erzählt Geschichten über mehrere Medien hinweg. Facebook, Instagram, Twitter, YouTube und selbst klassische Medien wie Print und TV sind dann Teil einer Story, die insgesamt gesehen größer ist als die in den einzelnen Medien erzählten Teilgeschichten. Wichtiges Kriterium transmedialen Storytellings ist die Non-Linearität – der Nutzer muss keinem vorgegebenen Weg folgen, um die Geschichte in ihrer Gesamtheit zu erfahren.

Ein gutes Beispiel für transmediales Storytelling ist die Kampagne »The Best Job in The World« von der Tourism Queensland, auch wenn sie ohne Influencer-Marketing auskommt. Die Kampagne startete 2009 und wurde kurze Zeit später in drei Kategorien (Cyber Grand Prix, PR Grand Prix und Direct Marketing Grand Prix) bei den Cannes Lions ausgezeichnet, dem höchsten Preis in der Werbebranche. »The Best Job in The World« arbeitete transmedial für die Rekrutierung eines Bewerbers, der für 6 Monate auf die Hamilton Islands im Great Barrier Reef ziehen und dort zu einem Jahresgehalt von mehr als 80.000 € die Insel erkunden sollte. Die Bewerber mussten dafür lediglich ein einminütiges Video zu ihrer Motivation einsenden. Rund 35.000 Videos aus aller Welt wurden eingeschickt, während unzählige Medien über die Aktion und die Bewerber berichteten. Wie in Abbildung 9.1 zu sehen, wurden dabei unter anderem Zeitungsanzeigen, Plakatwände, Jobportale sowie soziale Netzwerke wie Twitter, Facebook, YouTube und viele andere eingesetzt. Transmedial ist die Geschichte vom besten Job der Welt deshalb, da sie nicht abschließend in einem Medium erzählt und nur durch die vielen Teilgeschichten zum Großen und Ganzen wurde.

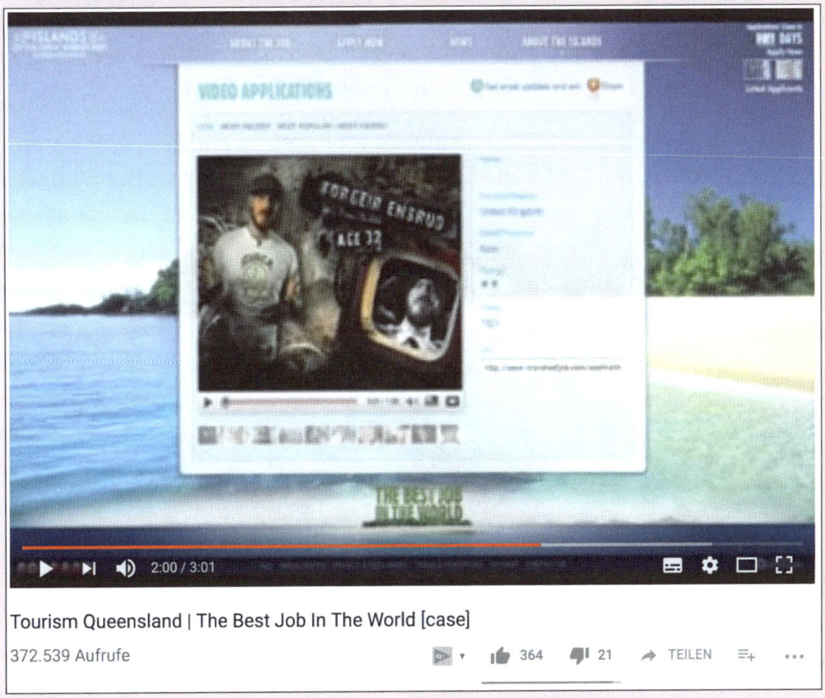

Abbildung 9.1 »The Best Job In The World« ist ein ausgezeichnetes Beispiel für transmediales Storytelling (Quelle: https://youtu.be/SI-rsong4xs).[1]

Dynamisches Storytelling

Wie bereits erwähnt, ist dynamisches Storytelling als eigenständige Erzählform stark umstritten. Hier wird sie als separate Form des Storytellings angesehen, da sie crossmediales und transmediales Storytelling um eine wesentliche Komponente erweitert: Co-Creation. Der Kunde wird dabei in das Erzählen der Geschichte eingebunden und avanciert selbst zum Storyteller. Damit ist ausdrücklich nicht gemeint, Inhalte in sozialen Netzwerken einfach nur zu teilen, sondern vielmehr durch das eigene Erzählen Teil der Geschichte zu werden. Wie zuvor bereits erwähnt, ist die Kampagne »wireinander« ein gutes Beispiel für dynamisches Storytelling.

1 Siehe auch: *http://www.adeevee.com/2009/10/tourism-queensland-great-barrier-reef-the-best-job-in-the-world-media/*

Im Fokus der Ende 2014 realisierten Kampagne standen einzelne Schicksalsgeschichten ausgewählter Influencer, die in Form von YouTube-Videos durch die Influencer selbst erzählt wurden. Einer der Influencer war der YouTuber Florian Mundt, auch bekannt unter dem Namen seines YouTube-Kanals »LeFloid«. Er erzählte in seinem mittlerweile über zwei Millionen Mal angesehenen Video über seinen früheren Berufswunsch des Chirurgen (siehe Abbildung 9.2). Nach einem Fahrradunfall musste er diesen Traum begraben, weil das dafür notwendige Feingefühl in seiner Hand von nun an fehlte. Das Video geht über sechs Minuten und am Ende steht die Aufforderung an die Zuschauer, eigene Geschichten unter dem Hashtag »wireinander« in den sozialen Netzwerken zu teilen.

Unter genanntem Hashtag veröffentlichten die Nutzer unzählige Geschichten in den sozialen Netzwerken – in Form von Texten, Bildern und Videos. Die Kampagne hat durch die Einbindung der Nutzer eine Eigendynamik erhalten und ist mit den generierten Inhalten weit über die vom Versicherer selbst im Rahmen der Kampagne erzählten Geschichten hinausgegangen.

Abbildung 9.2 LeFloid erzählt über seine Geschichte im Rahmen der Kampagne »wireinander« (https://youtu.be/ljnbI2ELTBw).

Über die insgesamt sechs von Endemol Beyond in enger Zusammenarbeit mit fischerAppelt realisierten YouTube-Videos hinaus wird die Kampagne durch Testimonial-Werbung weitergeführt: Alle Werbemittel führen zu Landing-Pages der Techniker Krankenkasse, unter denen die Geschichten der Influencer und die der Zuschauer gebündelt werden (siehe dazu auch Abbildung 9.3).

Abbildung 9.3 Die Kampagne »wireinander« wurde dynamisch in den sozialen Netzwerken erzählt: Die Nutzerbeiträge wurden vielfältig in die Kampagne integriert.

Die Kampagne funktionierte auch deshalb gut, weil der Insight der Kampagne gut in die sozialen Netzwerken mit ihren dynamischen Communitys passt: Den eigenen Weg gemeinsam gehen – und davon erzählen. Communitys in den sozialen Netzwerken bestehen aus Nutzern, die ein gemeinsamen Ziel haben: Die um Influencer gebildeten Communitys verfolgen gemeinsam die vom Influencer propagierten Ziele. Sie neigen zu einem engen Zusammenhalt. Und wer hat noch keine großen und kleinen Schicksale auf dem eigenen Lebensweg erfahren?

Consumer Insight

Was bewegt die Zielgruppe eigentlich zum Umgang mit Ihrer Marke? Ein äußerst wirkungsvoller Ansatz in diesem Zusammenhang ist der Consumer Insight. Der Begriff Insight wurde in der Werbebranche viele Jahre inflationär verwendet und hatte keine eindeutige Definition. In ihrer Dissertation hat Kerstin Föll eine solche Definition erarbeitet:

> *Consumer Insight bezeichnet eine erleuchtende Einsicht in die wahren Beweggründe der Zielgruppe (d. h. in die »Black Box« Konsument) in Zusammenhang mit einer spezifischen Produkt- oder Markensituation. (Föll, K., Consumer Insight, S. 26)*

Der Consumer Insight ist ein wirkungsvolles Konzept, um Ansätze für gute Geschichten zu finden. Die Träume, Wünsche und Hoffnungen der Zielgruppe sind die Grundlage für die Botschaft eines inspirierenden Storytellings. Das Herausfinden eines Consumer Insights ist allerdings alles andere als trivial und erfordert ein umfangreiches Wissen über Ihre Kunden. Keine leichte Aufgabe, weshalb folgende Fragestellungen dabei behilflich sein können:

- Was sind die häufigsten Probleme im Umgang mit Produkten unserer Produktkategorie?
- Was sind die Sorgen im Alltag des Konsumenten, bezogen auf unsere oder eine angrenzende Produktkategorie?
- Hat der Konsument ein Bedürfnis, das durch die aktuelle Markenkommunikation nicht befriedigt wird?

Der Consumer Insight ist nicht nur auf das Storytelling einer einzelnen Geschichte oder Kampagne beschränkt, sondern kann sich auf die Gesamtausrichtung einer Marke beziehen.

9.2 Casey Neistat für Mercedes und Nike

Während das zuvor genannte Beispiel der Techniker Krankenkasse als ganzheitliche Kampagne einer Marke angelegt war, sind die nachfolgenden beiden Beispiele des YouTubers Casey Neistat als sehr stark durch den Influencer selbst geprägt zu betrachten. Sie stehen wesentlich weniger in einem Kontext, den die Marke schafft.

Der in New York lebende Casey Neistat ist eigentlich Filmemacher und veröffentlichte vor seiner YouTube-Karriere gemeinsam mit seinem Bruder eine eigene Show auf dem Sender HBO. Die nachfolgenden beiden Beispiele sind in der Übergangsphase zwischen seiner Karriere als Filmemacher für klassische Medien und seiner weltweit beachteten YouTube-Karriere entstanden (Zeitraum 2012 bis 2013), in der etliche eigenständige Videos veröffentlicht wurden.

9.2.1 Mercedes CLA Project

Die vierteilige Videoserie »The CLA Project« (siehe Abbildung 9.4) sollte man unbedingt kennen, wenn man sich mit Influencer-Marketing auseinandersetzt. Die Story? Casey Neistat erhält per LKW-Lieferung den damals neuen Mercedes CLA geliefert, für den er mit einem Team von Freunden nun einen Werbespot produzieren möchte.

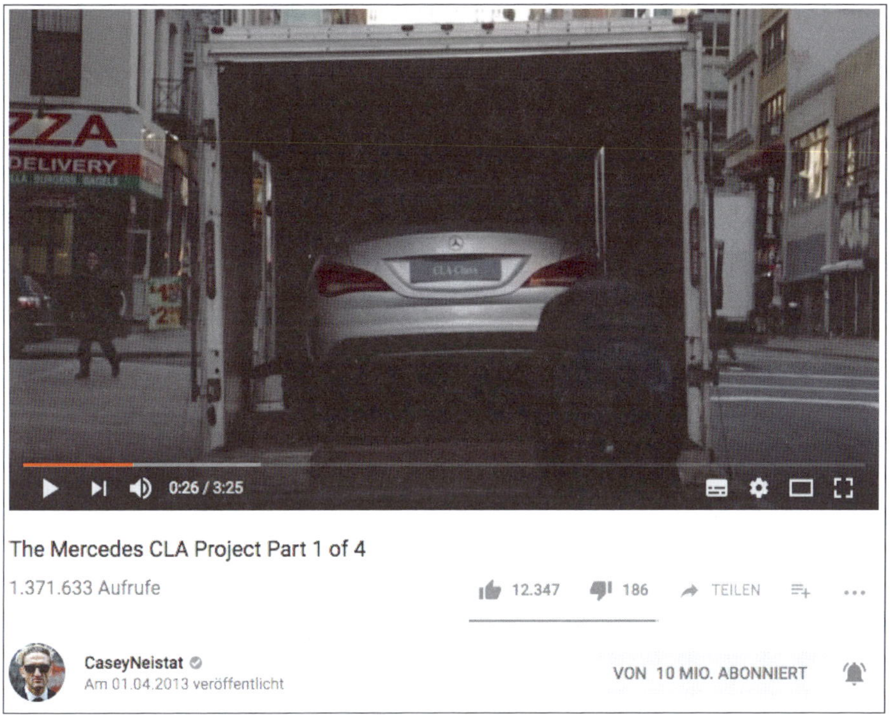

Abbildung 9.4 Der erste Teil des »The Mercedes CLA Project« von Casey Neistat (https://youtu.be/qPcxxeZPhvM)

Im ersten Video (siehe Abbildung 9.4) erzählt er von seiner persönlichen Beziehung zu Autos und im speziellen zu Mercedes. Die Erzählweise ist geprägt von Rückblicken in Fotoalben und kurzen Videoausschnitten. Im Anschluss führt er aus, wie er plant, den Mercedes-Spot umzusetzen, obwohl er vorgibt, keine Ahnung zu haben, wie man wohl einen Werbespot für Autos produziert. Die Gestaltung des Videos ist charakteristisch für Neistats Storytelling: Statt aufwendigen Animationen werden per Tabletop aufgenommene handschriftliche Filzstiftskizzen zur visuellen Unterstützung eingesetzt. Der Stil des Videos könnte auf Englisch als »rough« und dennoch höchst effizient beschrieben werden.

Das darauffolgende zweite Video zeigt die in Teil eins bereits erwähnte Recherche-Phase: Neistat reist nach Deutschland zu Mercedes und fährt im Anschluss unter anderem mit den Fahrzeugen dieses Unternehmens durch Frankreich und die Schweiz. Das Video wird unterstützt durch eine übergeordnete Erzählperson. Der Stil des Videos? Experimentell und getragen durch zahlreiche Hindernisse und Missgeschicke.

Teil drei der Videoserie widmet sich schließlich dem eigentlichen Dreh des »Werbespots«. Das Storytelling ist geprägt durch die Höhen und Tiefen des scheinbar völlig chaotisch geplanten Drehs – inklusive plötzlichen Regenfällen und Polizeikontrollen. Der zweite Videoabschnitt zeigt die Dreharbeiten in einer Salzwüste. Die dabei verursachte Salzwasser-Verschmutzung der Fahrzeuge ist nur die Spitze des grandiosen Storytellings, das letztendlich eine hohe Shareability der Videos begünstigt.

Shareability

Unter dem Begriff Shareability versteht man im Online-Marketing eine weiche Größe, die den Grad des »Teilenwollens« beschreibt. Je höher die Shareability, desto mehr Faktoren begünstigen, dass der Zuschauer einen Inhalt weiterempfiehlt und dadurch die Reichweite vergrößert. Laut Jonah Berger gibt es sechs Gründe, warum Menschen Inhalte teilen und darüber sprechen. Demnach teilen Menschen Inhalte, wenn

1. sie dadurch in ihrem Umfeld ein höheres Ansehen erlangen,
2. sie in ihrer Umgebung oft an die Inhalte erinnert werden und dort Anknüpfungspunkte finden,
3. die Inhalte passende Emotionen transportieren,
4. die Informationen eine große Öffentlichkeit haben,
5. Inhalte einen praktischen Mehrwert bieten,
6. die Inhalte als bereichernde Geschichten aufbereitet wurden.

Das Resultat, der eigentliche Werbespot, stellt Teil vier der Videoserie dar. Er bindet den Slogan »Sometimes in life you just have to say yes« in Großbuchstaben direkt in die Videosequenzen ein (siehe Abbildung 9.5). Darin zu sehen sind Szenen, in denen Neistat sich von dem beschriebenen Fahrzeug auf einem Skateboard durch New York ziehen lässt und Modelle der Mercedes-Familie durch die beschriebene Salzwüste fährt.

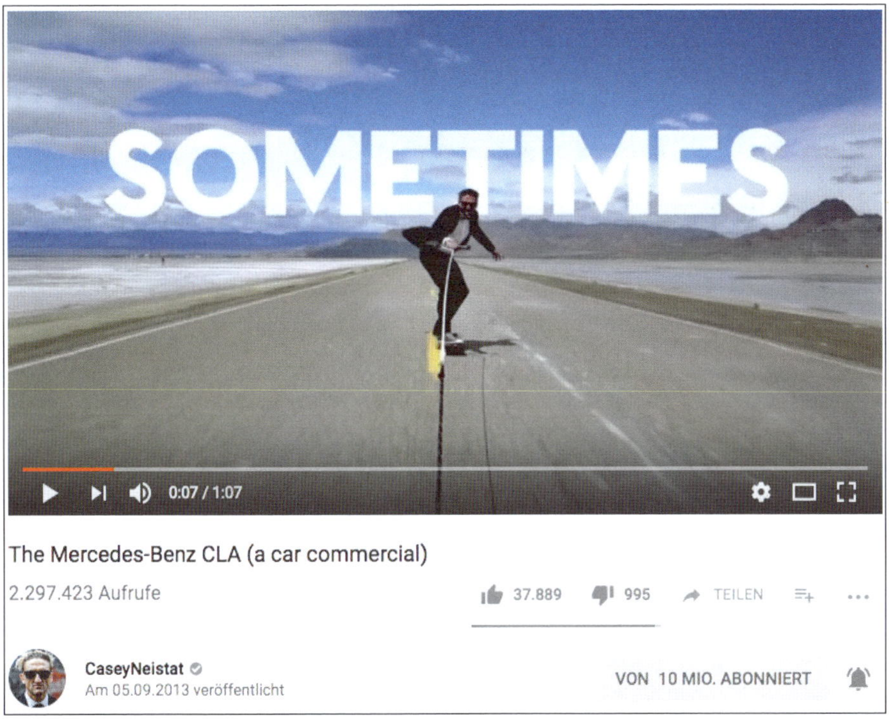

Abbildung 9.5 Das letzte Video der vierteiligen Serie von Casey Neistat für Mercedes (https://youtu.be/NZ8RiLLt6yg)

Warum muss man diese Videoserie nun kennen, wenn man sich mit Influencer-Marketing beschäftigt? Sie ist aus Sicht des Autors eines der besten Beispiele dafür, dass die Zusammenarbeit mit Influencern vor allem dann funktioniert, wenn man ihnen völlige kreative Freiheit anerkennt. Der als Werbespot angelegte vierte Teil der Serie erzielte über zwei Millionen Views, die anderen Teile liegen ebenfalls zwischen einer und zwei Millionen Views. Die Machart der Videos trägt die charakteristische Handschrift des YouTubers. Sie ist ungewöhnlich – erst recht für die Marke zum damaligen Zeitpunkt – und gerade deshalb so erfolgreich. Die Videos hätten in einem anderen Kontext als dem YouTube-Kanal von Casey Neistat sehr wahrscheinlich gar nicht funktioniert.

9.2.2 Nike – Make It Count

Eine ebenfalls sehr sehenswerte Kooperation von Neistat stellt das Video »Make It Count« dar, das für das damals neu erschienene Fuelband der Marke Nike gedreht wurde. Im Intro beschreibt Neistat die Kooperation wie folgt:

Nike asked me to make a movie about what it means to #makeitcount

Instead of making their movie I spent the entire budget traveling around the world with my friend Max.

We'd keep going until the money ran out.

It took 10 days.

Diese einführenden Worte beschreiben den Rest des Videos, der geprägt ist durch den in verschiedenen Ländern joggenden YouTuber, und an dessen Ende der Zuschauer überzeugt ist: Die von Nike beabsichtigte Botschaft »Make It Count« hätte nicht besser in einem Video umgesetzt werden können.

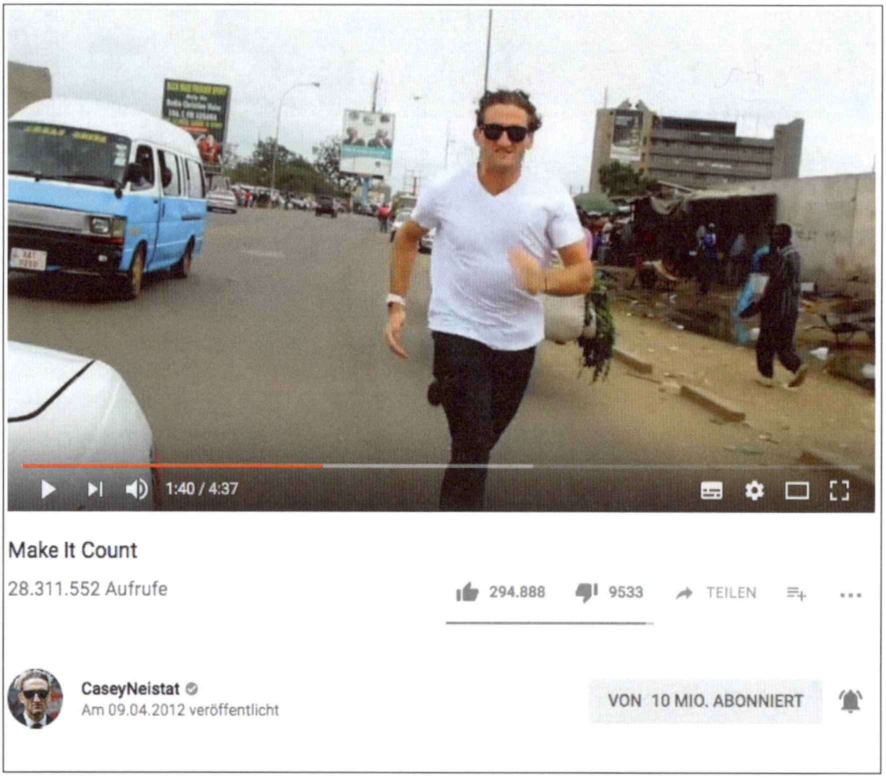

Abbildung 9.6 Das Video von Casey Neistat für Nike ist eines der meistgeklickten zur Marke auf YouTube (https://youtu.be/WxfZkMm3wcg).

Mit über 28 Millionen Views auf dem Kanal des YouTubers steht das Video bis heute als eines der erfolgreichsten Videos für die Marke Nike auf der YouTube-Plattform. Und das vor allem, weil die Botschaft passend umgesetzt und der nach außen getragene Umgang des Influencers mit dem »Auftrag« absolut unkonventionell ist – die anvisierte Zielgruppe erwartet genau solche Handlungen. Auch dieses Video zeigt: Wer den Influencer seinen eigenen Stil realisieren lässt und ihm maximale kreative Freiheit gewährt, erhält authentische Inhalte.

9.3 Kapten & Son

In diesem Buch haben Sie unter anderem bereits im Interview mit Daria Sophie in Abschnitt 4.3.1, »Micro-Influencer«, über die Marke odernichtoderdoch.de gelesen, die sich insbesondere über Influencer-Marketing äußerst erfolgreich am Markt platzieren konnte. In diesem Kapitel soll ein weiteres Beispiel für eine ähnliche Wachstumsstrategie gezeigt werden, das man durchaus kennen sollte. Dabei handelt es sich um die Uhrenmarke »Kapten & Son«.

Das Startup um drei ehemalige Studenten hat seinen Erfolg vor allem der Instagram-Plattform zu verdanken. Dabei spielt der eigene Account @kaptenandson mit fast 700.000 Followern eine ebenso große Rolle wie die Kooperation mit unterschiedlichen Influencern. Die Strategie umfasst dabei, die Influencer nicht nur auf den eigenen Kanälen Postings mit den Produkten der Marke veröffentlichen zu lassen, sondern diese auch auf dem eigenen Account zu reposten.

Auffällig ist auch bei dieser Marke ein häufig angewendeter Mix aus Macro- und Mega-Influencern. Macro-Influencer sind allgemein eher dazu in der Lage, einen Einfluss auf die Kaufentscheidung der Follower zu haben, weil sie im Vergleich nahbarer sind. Hingegen können Mega-Influencer mit ihren starken Reichweiten einer Marke leichter zu größerer Bekanntheit verhelfen.

Am Beispiel von Kapten & Son ist erkennbar, wie wichtig die Etablierung eines eigenen Hashtags ist. Unter #bekapten sind weit über 50.000 Beiträge auf Instagram mit Bezug zur Marke öffentlich auffindbar. Nur ein kleiner Teil davon dürfte von Influencern sein, die für ihre Postings entlohnt wurden.

Gerade für junge Marken, die sich erst noch in den sozialen Netzwerken etablieren müssen und dazu eine umfangreiche Influencer-Strategie implementieren möchten, ist dieses Beispiel ein Must-see!

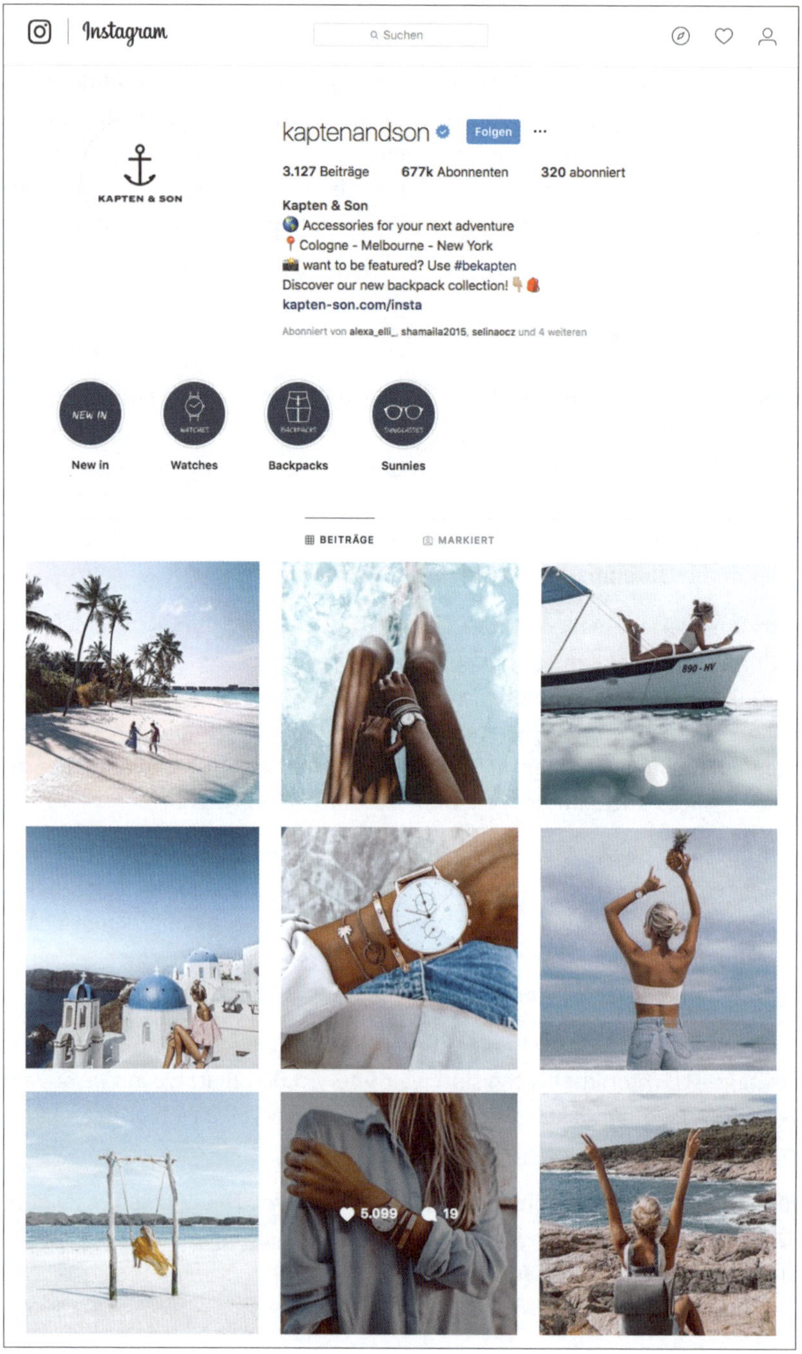

Abbildung 9.7 Die Uhrenmarke »Kapten & Son« hat auch auf dem eigenen Instagram-Kanal viele Follower.

9.4 JP Performance/Matthias Malmedie für Mercedes

Jean Pierre Kraemer ist unter den deutschsprachigen YouTubern mit Fokus auf Automobilität der wohl erfolgreichste Influencer auf der Plattform und darüber hinaus. Auf seinem eigenen Kanal folgen dem Dortmunder über 1,5 Millionen Menschen, während seine Videos problemlos jeweils weit über eine halbe Million Klicks generieren. Dabei sind die Videos mit oftmals über 15 Minuten Länge für YouTube-Verhältnisse sehr ausdauernd: Seine Zielgruppe bleibt gerade wegen der langen Videos am Ball und besucht den Vollzeit-Unternehmer in seinem nebenbei betriebenen Burgerladen in Dortmund – direkt angrenzend an die Tuningfirma angesiedelt.

Matthias Malmedie hingegen kennen die meisten Menschen aus dem klassischen Fernsehen: Als Moderator der Sendung »GRIP – Das Motormagazin« unterhält er wöchentlich Automobilfans auf dem Sender RTL2 mit Autotests oder Drift-Manövern. Seit einiger Zeit ist er jedoch auch in den sozialen Netzwerken sehr aktiv, postet eigene Fotos und Videos und hat sich eine treue Community aufgebaut. Er kann deshalb trotz seines TV-Ursprungs als Social-Media-Influencer bezeichnet werden.

Abbildung 9.8 Jean Pierre Krämer und Matthias Malmedie in einem gemeinsamen Video für Mercedes (https://youtu.be/BANGeNki434)

Der Automobilhersteller Mercedes kooperiert mit den beiden Influencern, die in gemeinsamen Videos zu verschiedenen Themen auftreten. So testen sie beispielsweise gemeinsam das Modell CLS (siehe Abbildung 9.8). Die Videos sind dabei immer weitestgehend im bei den Zuschauern bekannten Stil des Kanals JP Performance gehalten: Professionell gefilmt, ohne eine Hochglanz-TV-Produktion mit sichtlich vorgegebenem Skript zu sein. Und das, obwohl die fertigen Videos auf dem Mercedes-Benz-Deutschland-Kanal veröffentlicht werden (siehe Abbildung 9.9).

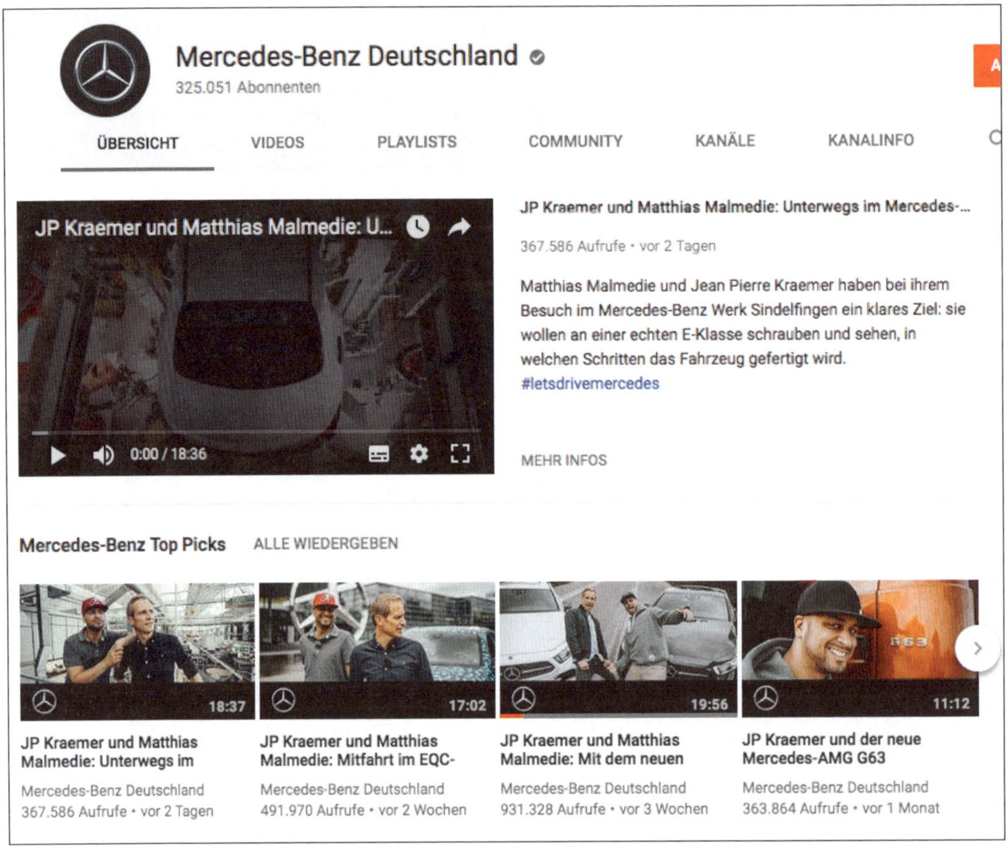

Abbildung 9.9 JP und Matthias Malmedie auf dem YouTube-Kanal von Mercedes

Mercedes beweist damit, sich trotz einer sehr festgelegten Corporate Identity öffnen zu können. Und das kommt bei den Zuschauern an, die von den beiden Moderatoren mit auf den Mercedes-YouTube-Kanal gebracht werden. Für Mercedes geht die Kooperation auf: Die Videos in Überlänge werden von mehr Zuschauern gesehen, als der Kanal an Abonnenten aufweisen kann. Es sollte Vorbild für viele andere Unternehmen sein, Influencern in ihrer Zielgruppenansprache so sehr zu vertrauen – deshalb dieses Beispiel.

9.5 Microsoft mit National-Geographic-Influencern

Microsoft hat sich im März 2017 mit National Geographic zusammengetan, um mit dem Hashtag #MakeWhatsNext Mädchen und junge Frauen zu ermutigen, sich für MINT-Fächer zu interessieren und sie zu einem Workshop einzuladen. Jedes Foto wurde von einem anderen bekannten Abenteuerfotografen geschossen und zeigt prominente Wissenschaftlerinnen oder Abenteurer (siehe Abbildung 9.10). Die Instagram-Accounts von National Geographic werden in diesem Kontext selbst zu einer Art Influencer.

Laut *mediakix.com* konnten über die Kampagne 3,5 Millionen Likes generiert werden, woraufhin über 1.000 Fotos und Videos durch die Follower der kooperierenden Accounts erstellt wurden.[2] Der in der Kooperation erzielte hohe Produktionsaufwand unterstreicht die von National Geographic gewohnte Qualität, die zugleich auch auf die kooperierende Marke und deren Anliegen abfärbt.

Abbildung 9.10 National Geographic in Kooperation mit Microsoft (https://www.instagram.com/p/BRZTrJSjNWV/)

2 Quelle: *http://mediakix.com/2017/03/instagram-case-study-microsoft-national-geographic/#gs.QRn7fEo*

9.6 Branded YouTube-Channel CokeTV

Die Marke Coca-Cola hat mit einem Branded YouTube-Channel etwas geschaffen, was in Deutschland auf YouTube lange Zeit einzigartig war: Im April 2014 startete die Marke den Kanal »Coke TV« (siehe Abbildung 9.11) und verpflichtete von Beginn an YouTuber mit großer Reichweite.

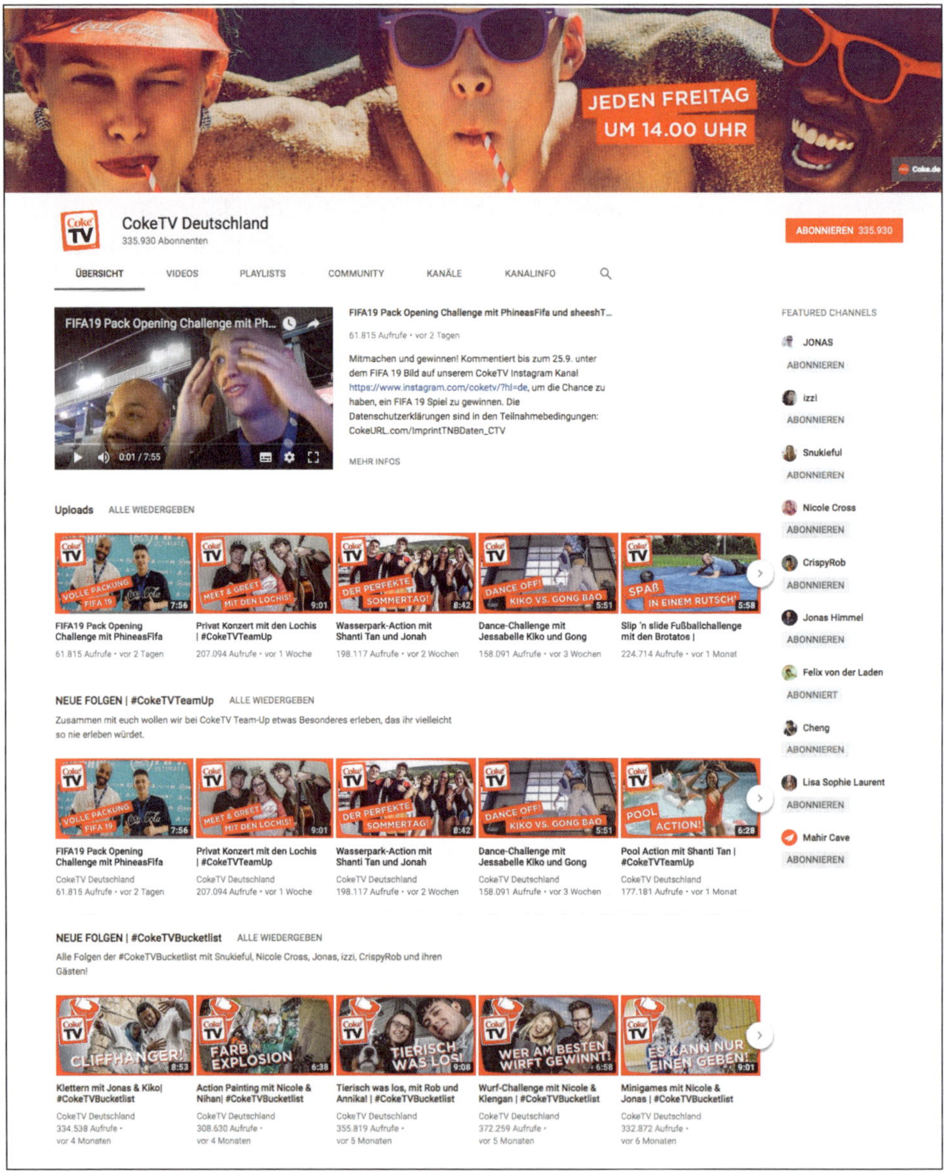

Abbildung 9.11 Kanalübersicht des Kanals »Coke TV«. (Quelle: www.youtube.com/CokeTV)

Zu Beginn waren dies zunächst BullshitTV und Apecrime, die ihre Reichweite mit auf den Kanal brachten. Vom Start weg konnte »Coke TV« mit zielgruppenrelevanten Inhalten für diese Zuschauer ein starkes Wachstum verbuchen, das nur kurzzeitig gebrochen wurde, als »Coke TV« eine Pause einlegte (siehe Abbildung 9.12).

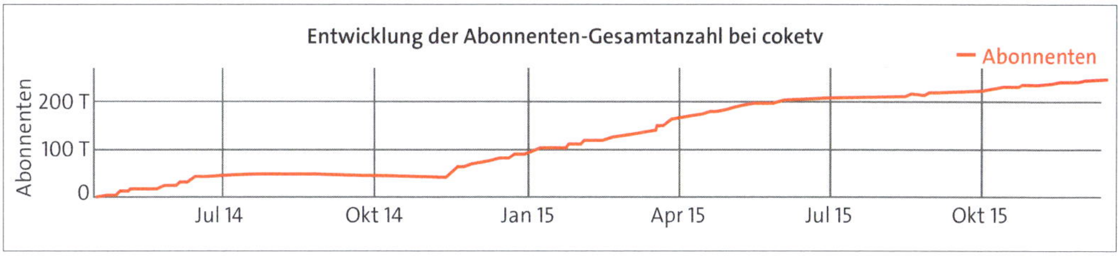

Abbildung 9.12 »Coke TV« konnte vom Start weg ein starkes Wachstum durch die Nutzung fremder Reichweiten verbuchen (Stand September 2018: 335.000 Abonnenten). (Quelle: http://socialblade.com/youtube/user/coketv/monthly)

Ab November 2014 verpflichtete Coca-Cola Felix von der Laden, Betreiber des Kanals »Dner« und damit einen der reichweitenstärksten Kanäle in Deutschland. Von der Laden agierte als Moderator und band zahlreiche andere reichweitenstarke YouTuber, aber auch etliche Zuschauer in die Formate des Kanals ein. Die Formate sind erlebnisorientiert, und die Marke selbst ist Enabler für unzählige Erlebnisse, bleibt dabei aber im Hintergrund. Besonders gut deutlich wird diese Ausrichtung im Format »Coke TV Moments«, in dem sich die Teilnehmer wünschen durften, was sie einen Tag lang mit Dner machen möchten.

Die immer wieder wechselnden Influencer bringen zusätzliche Reichweiten mit zu »Coke TV«. Vielfach veröffentlichen sie auch eigene Inhalte, zum Beispiel vom Dreh, um die Aufmerksamkeit auf die Coke-TV-Videos zu lenken.

»Coke TV« baut auf dem Vertrauensvorschuss auf, den die Zuschauer ihren geliebten YouTube-Star entgegenbringen, und erwirkt durch die Cross-Channel-Promotion eine enorme Aufmerksamkeit für die Marke. Durch die authentische Einbindung fremder Reichweiten hat »Coke TV« mittlerweile rund 335.000 Abonnenten und ein sehr positives Image erzielt, das sich insbesondere in den Kommentaren zu den einzelnen Videos wiederfindet.

In Abschnitt 8.4, »Branded Channel mit hohem Influencer-Anteil«, haben Sie bereits den Branded YouTube-Channel »Bedside Stories« kennengelernt, dessen erfolgreiche Etablierung ebenfalls auf einen hohen Influencer-Einsatz zurückzuführen ist. Ein Branded YouTube-Channel, der durch den Einsatz von Influencern getragen wird, ist die Krönung einer langfristig angelegten Influencer-Strategie. Wichtig ist natürlich auch hier: Influencer, Marke und Produkt müssen zusammenpassen. Wer

Storys konstruiert, die nicht alle drei Teile gleichmäßig berücksichtigen, wird Schwierigkeiten haben, einen entsprechend ausgelegten Branded Channel erfolgreich zu betreiben.

9.7 Fazit

Erfolgreiche Influencer-Kooperationen können sehr vielseitig sein. Sie sollten jedoch – und das haben Sie in diesem Buch bereits erfahren – immer als Grundvoraussetzung haben, dass Marke, Influencer und Produkt perfekt zusammenpassen. Gleichzeitig müssen sich Unternehmen offen gegenüber neuen Kommunikationsideen zeigen, die Influencer mitbringen. Der dazu notwendige kreative Freiraum ist unbedingt einzuräumen, da die Kampagnen ansonsten als nicht authentisch bei den Followern des Influencers wahrgenommen werden.

Die in den vorigen Abschnitten vorgestellten Kampagnen vereinen diese Voraussetzungen: Dass Mercedes gleich mehrfach vertreten ist, liegt nicht etwa an einer persönlichen Beziehung des Autors zur Marke, sondern an einer Marke, die sich für neue Ideen öffnet. Die Marketingverantwortlichen im Unternehmen scheinen im Vergleich zu anderen Automobilmarken erkannt zu haben, dass es auf YouTube nicht damit getan ist, einfach nur Werbespots zu neuen Fahrzeugen zu veröffentlichen, die jetzt halt länger als im TV sind: Es ist notwendig, aussagekräftige Gesichter und ihre Erlebnisse zu zeigen – und das können Influencer als Markenbotschafter mit ihrer Erfahrung in der Zielgruppenansprache perfekt.

Der YouTuber Casey Neistat gehört zweifelsohne zur Crème de la Crème unter den Influencern. Nur wenige Influencer beherrschen ein so perfektes filmisches Storytelling, das Menschen unterschiedlicher Altersklassen anspricht und auch Menschen aus klassischen Medien abzuholen vermag. Von den mit ihm vorgestellten Kooperationen sollte man dennoch mitnehmen, dass es gerade die ungewöhnlichen Ideen eines querdenkenden Influencers sind, die eine Kooperation erfolgreich machen. Standard-Kooperationen, bei denen Influencer jegliche Produkte gegen Geld plump in die Kamera halten, werden kreativen Umsetzungen immer hintenanstehen. Visuelle Sprache und Erzählweise sind charakteristisch für jeden Influencer und sollten nicht durch eine Kooperation beeinflusst werden.

Kapten & Son hingegen ist Vorbild für Marken, die mit einem breit aufgestellten Instagram-Influencer-Marketing erfolgreich werden möchten. Durch eine klare Ausrichtung wird hier ein Insight der Instagram-Zielgruppe bedient, den Kapten & Son selbst wie folgt beschreibt:

Die Vision von Kapten & Son ist, unsere Kunden – unsere Kaptens – auf jeder ihrer Reisen und Abenteuer mit unseren stylischen, durchdachten und verlässlichen Produkten zu unterstützen. Wir ermutigen Menschen, frei, abenteuerlustig und unbeschwert zu sein – Charakterzüge, die einen echten Kapten ausmachen.[3]

Was Kapten & Son mit einer Instagram-Strategie perfektioniert, hat Coca-Cola mit CokeTV als Branded YouTube-Channel für die YouTube-Plattform realisiert. Die eingesetzten Influencer machen die Marke erlebbar und sorgen dafür, dass die Marke Coca-Cola in der Wahrnehmung mehr als nur Sinnbild eines Getränks ist. Gleichzeitig stellt sich die Marke nicht über die Influencer.

Schließlich zeigen Microsoft und National Geographic, dass auch Marken selbst zu Influencern werden können, wenn sie in den sozialen Netzwerken mit reichweitenstarken Accounts vertreten sind und ein klar abgegrenztes Marken-Image aufweisen. Der immer wiederkehrende Grundsatz muss auch hier gewahrt werden: Die Marken müssen zusammenpassen, ansonsten ist die Kooperation nicht authentisch.

---

3 Quelle: *https://kapten-son.com/de/about/*

10 Was tun, wenn's schiefgeht?

Wer im Internet kommuniziert, der sollte das wohlüberlegt tun. Wenn man Influencern kreative Freiheiten gewährt, kann allerdings auch mal etwas schiefgehen. Dann sollte man wissen, wie man richtig reagiert!

Ein typischer Bestandteil einer Miranda-Warnung lautet: »Alles, was Sie sagen, kann gegen Sie verwendet werden.« Genauso birgt jede Kommunikation ihre Risiken. Handlungen und Äußerungen, die nicht zum Markenversprechen passen, das Ansprechen gesellschaftlicher Tabus oder auch einfach die persönliche Meinung sind Beispiele, die massenweise Kritiker auf den Plan rufen. In sozialen Netzwerken finden Einzelne schnell Gehör, und ehe man es sich versieht, wird aus der falschen Reaktion auf eine triviale Nutzeräußerung eine handfeste Kommunikationskrise.

Die Zusammenarbeit mit Influencern ist in den seltensten Fällen Grund für eine Krise – zumindest, wenn man mit Influencern seriös kommuniziert und sie mit Respekt behandelt. Denn das größte Potenzial für Kommunikationskrisen im Influencer-Marketing haben tatsächlich Missverständnisse mit Influencern, die ihre Reichweite nutzen, um ihrem Ärger Luft zu machen. Ansonsten ist Influencer-Marketing genau das Gegenteil: Es wirkt Krisen entgegen, da Unternehmen so den indirekten Dialog mit ihren Kunden führen und nahbarer werden. Eine gut gemachte Kooperation mit Influencern zeigt deren Followern, dass ein Unternehmen offen dafür ist, neue Wege in der Kommunikation zu gehen. Es gibt aber dennoch Situationen, in denen man auch im Influencer-Marketing reagieren muss, um der eigenen Marke nicht zu schaden. Umso besser ist es, wenn man dann vorbereitet ist.

10.1 Wie das Internet die Kommunikation verändert hat

Als Bundeskanzlerin Angela Merkel am 16. Juni 2013 in einer gemeinsamen Rede mit US-Präsident Barack Obama das Internet als »Neuland« bezeichnete, ahnte sie wohl nicht, mit welcher Durchschlagskraft diese Bezeichnung in den sozialen Netzwerken zur Lachnummer mutieren würde. Es dauerte nicht lange, da rangierte der Begriff auf Twitter in den Listen der populärsten Begriffe ganz vorn. Der Fall zeigt nicht nur, welche Dynamik einzelne Aussagen im Internet entwickeln können: Die eigentliche Aussage steht vielmehr in direktem Zusammenhang mit einer wesentlichen Veränderung, die Kommunikation insbesondere in den letzten beiden Jahrzehnten durchlebt hat.

Denn auch wenn Tim Berners-Lee das Internet schon Ende der 80er-Jahre quasi »erfand«, indem er am 12. März 1989 seinem Arbeitgeber, der Europäischen Organisation für Kernforschung (kurz CERN), seine Idee für ein Hypertextprojekt zum Austausch von Informationen zwischen zwei Forschungseinrichtungen der Organisation vorschlug, ahnte er wohl nicht, welche Auswirkungen das Internet nur einige Jahre später auf das Leben der Menschheit haben würde. Das Internet ist mit den sozialen Netzwerken für die große Mehrheit heute kein Neuland mehr.

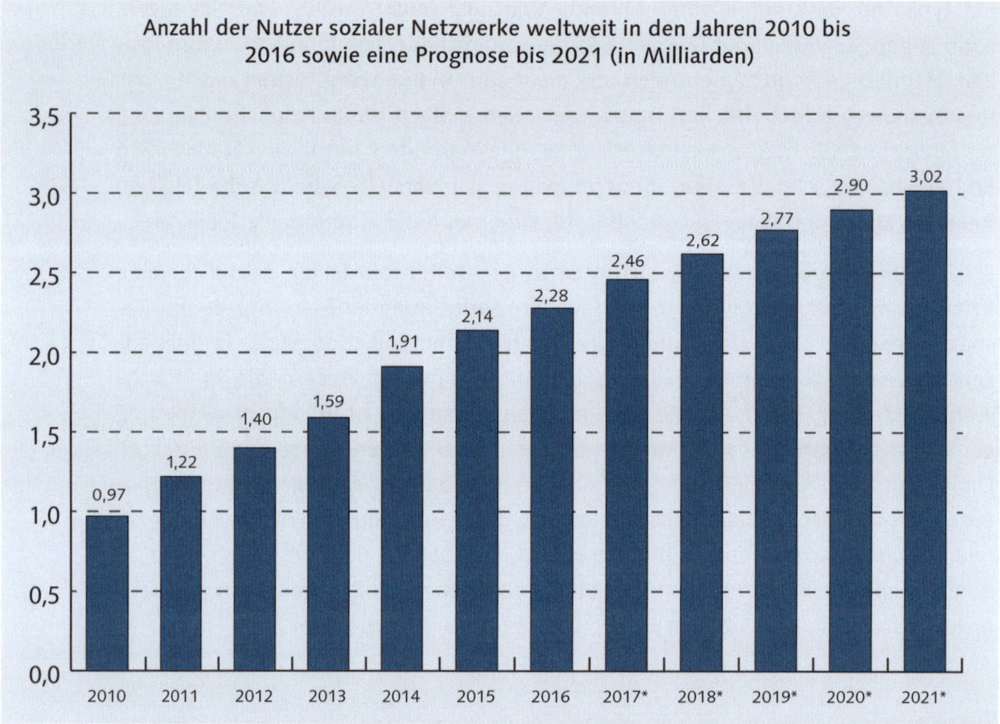

Abbildung 10.1 Immer mehr Menschen nutzen soziale Medien.[1]

Das im Vergleich zu TV und Radio zwar relativ junge Medium Internet durchdringt heute den Alltag der meisten Menschen. Facebook feierte bereits 2014 sein zehnjähriges Jubiläum und kann heute mit fast 1,5 Milliarden täglichen Nutzern aufwar-

1 Quelle: *https://de.statista.com/statistik/daten/studie/219903/umfrage/prognose-zur-anzahl-der-weltweiten-nutzer-sozialer-netzwerke/*

ten. Damit tummelt sich fast jeder fünfte Erdenbürger täglich auf der Plattform. Andere Social-Media-Plattformen haben nicht viel weniger Nutzer, und so wird heute ein kaum noch messbares Vielfaches dessen kommuniziert, was vor Etablierung des Internets überhaupt denkbar gewesen wäre – Tendenz weiter steigend.

Das Internet hat den weltweiten Zugriff auf Informationen jeglicher Art verändert und gibt gleichzeitig jedem Nutzer die Möglichkeit, selbst Inhalte zu publizieren. In diesem Umfeld, in dem praktisch jeder die Chance hat, gehört zu werden, stehen nicht zuletzt auch Unternehmen vor neuen Herausforderungen.

10.1.1 Die Kommunikationsmacht des Einzelnen

Wer früher ein Problem mit einem bestimmten Unternehmen ausgemacht hatte, musste schon handfeste Beweise und umfangreiche Unterlagen vorlegen, um dieses Problem massenwirksam kommunizieren zu können. Der Weg dazu führte direkt zu einem Journalisten, der von der Faktenlage überzeugt werden musste. Die Journalisten der Massenmedien mit Zeitung, Radio und Fernsehen agierten als sogenannte Gatekeeper, die in der Regel nur solche Nachrichten publizierten, die dem journalistischen Auftrag gerecht wurden.

Ganz anders sieht die Welt seit der Etablierung des Internets aus. Seitdem sich soziale Netzwerke wie Facebook, Twitter und Co. durchgesetzt haben und etliche hundert Millionen Menschen weltweit dort angemeldet sind, hat sich die Gatekeeper-Rolle der Massenmedien zunehmend aufgelöst. Das bedeutet auch: Wer heute unzufrieden mit einem Produkt oder dem Service eines Unternehmens ist, ist nur ein Posting entfernt davon, das betreffende Unternehmen in eine katastrophale Krise zu stürzen – zumindest, wenn das Unternehmen nicht schnell genug davon Wind bekommt und angemessen reagiert. Je glaubwürdiger dabei das Medium ist, desto schwieriger ist es, Vorgänge zu leugnen: Videos sind glaubwürdiger als einzelne Bilder und Textbeiträge.

Hinzu kommt, dass sich Journalisten heute so selbstverständlich im Internet bewegen wie alle anderen Menschen auch. Sie beobachten Trends und greifen Themen auf, die in den sozialen Netzwerken hohe Wellen schlagen. Dabei kann es sich um einfache Tweets handeln oder um komplexe YouTube-Videos: Was sich im Internet als Trend entwickelt, ist nicht selten bereits ein paar Stunden später in zahlreichen klassischen Medienhäusern angekommen und wird weiterverbreitet. Ein Inhalt, der erst einmal im Internet eine gewisse Aufmerksamkeit erreicht hat, ist in seiner Verbreitung so gut wie nicht mehr aufzuhalten.

Gatekeeper

Als Gatekeeper bezeichnet man die Rolle der Massenmedien, in denen Journalisten Nachrichten selektieren und darüber entscheiden, welche Informationen an die Öffentlichkeit gelangen und welche nicht. Entsprechend groß kann der Einfluss der Massenmedien auf die öffentliche Meinung sein. Durch das Internet und die damit neu geschaffenen Möglichkeiten, mit denen praktisch jedermann Informationen publizieren kann, wurde die Gatekeeper-Rolle der Massenmedien zunehmend abgeschwächt.

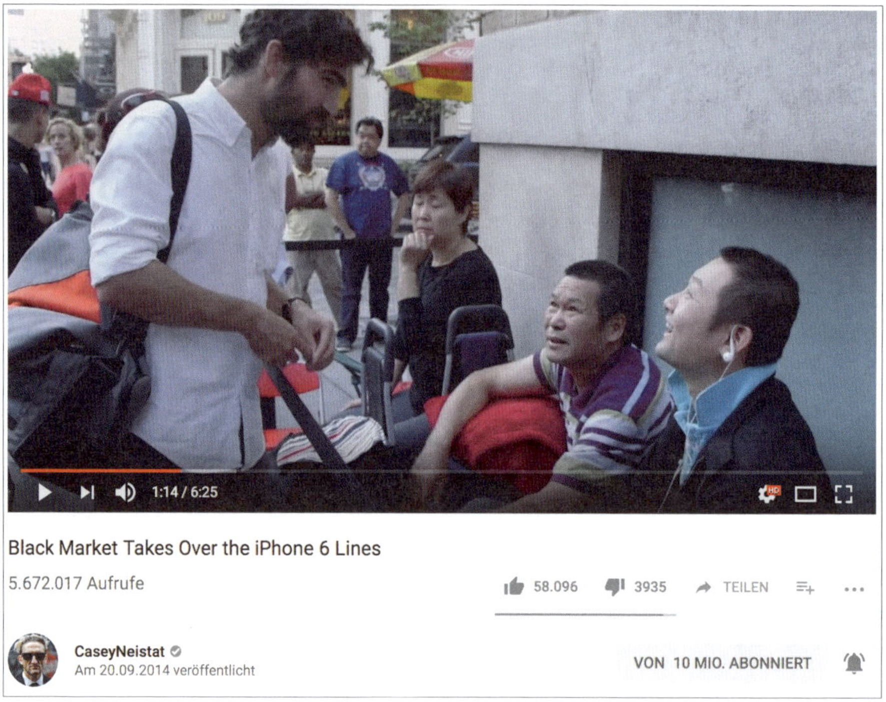

Abbildung 10.2 Der YouTuber Casey Neistat machte 2014 auf ein besonderes Problem bei Erscheinen neuer iPhones aufmerksam. Das Video wurde rund 5,7 Millionen Mal angesehen (https://youtu.be/Ef_BznBwktw).

Für die Zusammenarbeit mit Influencern bedeutet das: Wenn sich Influencer einen Fehltritt erlauben, können die entstehenden Diskussionen im Netz auch auf Unternehmen abfärben. Das ist besonders ärgerlich und schädlich, wenn das Problem in einer Influencer-Kooperation liegt. Damit ein Kommunikationsproblem entsteht, müssen Sie aber nicht einmal mit einem Influencer kooperieren: Ein von einem Influencer freiwillig empfohlenes Beauty-Produkt wird in den Kommentaren als schädlich empfunden? Dann wird es höchste Eisenbahn, als betroffene Marke darauf zu reagieren!

10.1.2 Influencer als Leitfiguren

Da im Internet praktisch jeder Informationen auf den unzähligen Plattformen einstellen kann, ist der verfügbare Informationsumfang entsprechend hoch. Die hohe Vernetzung der Menschen trägt dazu bei, dass sich Unternehmen selbst am anderen Ende des Globus keine Fehltritte leisten können, ohne dass die Information darüber kurze Zeit später weltweit abrufbar ist. Die schlechten Arbeitsbedingungen bei Zulieferern, umweltschädliche Methoden in der Produktion oder schlicht mangelhafte Produkte und schlechter Service sind nur einige Beispiele, die Zündstoff für einen Shitstorm im Internet liefern.

Shitstorm

Unter einem Shitstorm versteht man einen Sturm der Entrüstung im Internet. Charakteristisch für einen Shitstorm ist die sehr schnelle Verbreitung negativer Kritik gegenüber einer Person oder einem Unternehmen, die hauptsächlich in den sozialen Netzwerken ihre stärkste Ausprägung findet. Blogs sowie die Kommentar- und Beitragsfunktionen in den sozialen Netzwerken sind besonders relevante Orte für die im Rahmen eines Shitstorms geäußerten Meinungen.

Als Unternehmen steht man deshalb vor der Frage, was Internetnutzer von einer Kommunikation im Internet erwarten. Die Frage ist relativ einfach zu beantworten: Ein Unternehmen ist in den sozialen Netzwerken nur dann glaubwürdig, wenn es transparent kommuniziert und auf Nutzerbeiträge reagiert. Jedes Unternehmen, das das Potenzial einzelner Beiträge unterschätzt und glaubt, lediglich Beiträge zum Zwecke der Werbung veröffentlichen zu können, während alles andere ignoriert wird, ist in den sozialen Netzwerken auf dem Holzweg.

Wie zu Beginn des Kapitels bereits erwähnt, ist Influencer-Marketing grundsätzlich als positiv für die Bewältigung von Krisensituationen zu bewerten. Unternehmen haben so die Möglichkeit, viele Menschen mit ihren Botschaften zu erreichen und gleichzeitig eine hohe Glaubwürdigkeit durch die Nähe der Influencer zu ihren Followern zu gewinnen – der Vertrauensvorschuss gegenüber Influencern ist wesentlich größer als gegenüber Unternehmen.

Influencer sind also Leitfiguren, die Marken bei einer Zielgruppe positionieren und dadurch Bewusstsein schaffen. Das geschieht durch unbeauftragte Nutzung von Produkten ebenso wie durch bezahlte Produktplatzierungen und Werbepostings, die von den Influencern veröffentlicht werden. Nutzt ein Influencer eine Marke oder kooperiert er mit einem Unternehmen, stellt er sich als Personenmarke hinter deren Produkte. So sind Influencer richtungsweisend und können im Bedarfsfall sogar Kritik aufgreifen und Kommunikation für eine Marke zum Positiven verändern.

Stellen Sie sich zum Beispiel eine Situation wie den »Dieselabgasskandal« vor, in dem zahlreiche Automobilunternehmen mit einem erheblichen Glaubwürdigkeitsproblem zu kämpfen haben. Der Fokus der medialen Berichterstattung liegt in dieser Situation nicht auf der Innovationsfreudigkeit der Unternehmen oder gar auf irgendwelchen Markenversprechen.

Und selbst wenn Automobilhersteller auf ihren eigenen Social-Media-Accounts ihre Sichtweise präsentieren und Aufklärung betreiben, können Influencer viel einfacher dafür sorgen, dass der Fokus einer relevanten Zielgruppe wieder auf andere Aspekte einer Marke gelenkt wird – beispielsweise auf die Freiheit, die ein Auto für eine junge Zielgruppe bedeutet. Oder auf die Sportlichkeit eines Fahrzeugs, die den überarbeiteten Unternehmer zwischen seinen Terminen abschalten lässt und ihm Freude bereitet.

Abbildung 10.3 Auf dem YouTube-Kanal 83metoo äußert sich der Kanalbetreiber zu Dieselfahrverboten. Wenngleich dies keine Influencer-Kooperation darstellt, regt er damit eine Diskussion über den Kauf von Dieselfahrzeugen an (https://youtu.be/IQOrTQnQFhU). Seine Meinung und die angeregte Diskussion werden Einfluss auf das Kaufverhalten seiner Zuschauer haben.

In diesem Kontext wird den Followern vermittelt: »Egal, ob ein Unternehmen vielleicht gerade durch Schummeleien aufgefallen ist – es baut noch immer großartige

Fahrzeuge.« Und wenn nun eine Kaufentscheidung ansteht, kommt nicht die Entschuldigung des Unternehmens auf dessen Social-Media-Kanälen ins Gedächtnis, sondern die Meinung des Influencers, dem der potenzielle Käufer vertraut.

10.1.3 Situationen, die ein Handeln erfordern

Problemsituationen in den sozialen Netzwerken haben vielfältige Gründe. Wie bereits im vorigen Abschnitt beschrieben, wirkt Influencer-Marketing eigentlich Krisen entgegen. Trotzdem gibt es Szenarien, in denen die Kommunikation im Netz Gefahr laufen kann, aus dem Ruder zu geraten:

- **Unternehmen steckt in einer (selbst verschuldeten) Krise.**
  Das klassische Problem: Ein Unternehmen hat nicht korrekt gehandelt oder missverständlich kommuniziert und steckt nun in einer Krise. Diese Form hat relativ wenig mit Influencern zu tun.
- **Branche des Unternehmens steckt in einer Krise.**
  Hier durchleidet das Unternehmen nicht allein eine Krise, sondern gleich die ganze Branche: Ein denkbares Beispiel wäre, dass ein häufig verwendeter Lebensmittelbestandteil im Verdacht steht, eine schlimme Krankheit zu begünstigen.
- **Influencer kritisiert Unternehmen.**
  Wenn es ein Szenario gibt, das sehr wahrscheinlich im Netz ist, dann dieses: Ein Influencer ist mit den Produkten oder Dienstleistungen eines Unternehmens nicht zufrieden und äußert sich nun kritisch und gut begründet gegenüber seinen Followern über das Unternehmen. Lassen sich Einzeläußerungen von Personen mit geringer Reichweite noch früh erkennen, um rechtzeitig zu intervenieren, ist das bei reichweitenstarken Influencern kaum möglich. Hier bleibt Ihnen kaum etwas anderes übrig, als sich der Kritik zu stellen oder (meist eher weniger empfehlenswert) die Kritik zu ignorieren.
- **Influencer hat in einer Kooperation nicht markenkonform kommuniziert.**
  Wer versäumt, Werbebeiträge abzunehmen und zu prüfen, oder schon zuvor ein schlechtes Briefing verschickt, dem kann eine Influencer-Kooperation durchaus Probleme bereiten, indem der Influencer nicht konform mit dem Markenbild kommuniziert. In einer Kooperation mit einem Lebensmittelhersteller für vegane Lebensmittel wünscht sich das Unternehmen vom Influencer zum Beispiel nicht, dass Wurstwaren angepriesen werden.
- **Inhalt und Umsetzung einer Kooperation werden von Followern stark kritisiert.**
  Kritik an Influencer-Kooperationen gibt es immer wieder – oft auch nicht unberechtigt. Das kann daran liegen, dass Influencer und Unternehmen eigentlich gar nicht zusammenpassen oder dass die beworbenen Marken nicht authen-

tisch durch den Influencer eingebunden werden. Die meisten Kampagnen bleiben trotzdem online. Die Kampagne #Milkaschmecktwie stand beispielsweise stark in der Kritik, weil die Produkte nicht authentisch in die Instagram-Beiträge eingebunden waren.[2]

- **Influencer steht in massiver öffentlicher Kritik.**

  Auch das kommt vor: Ein Influencer steht in der Kritik. Das wohl bekannteste Beispiel aus dem YouTube-Kosmos ist der YouTuber Logan Paul (siehe Abbildung 10.4). Nachdem er ein Video aus einem »Suizid-Wald« auf YouTube veröffentlicht hatte, sah er sich enormer Kritik auch in den klassischen Medien ausgesetzt. Wer mit einem solchen Influencer aktuelle Kooperationen eingegangen ist, sollte nun prüfen, ob er sich als Marke nicht besser distanziert.

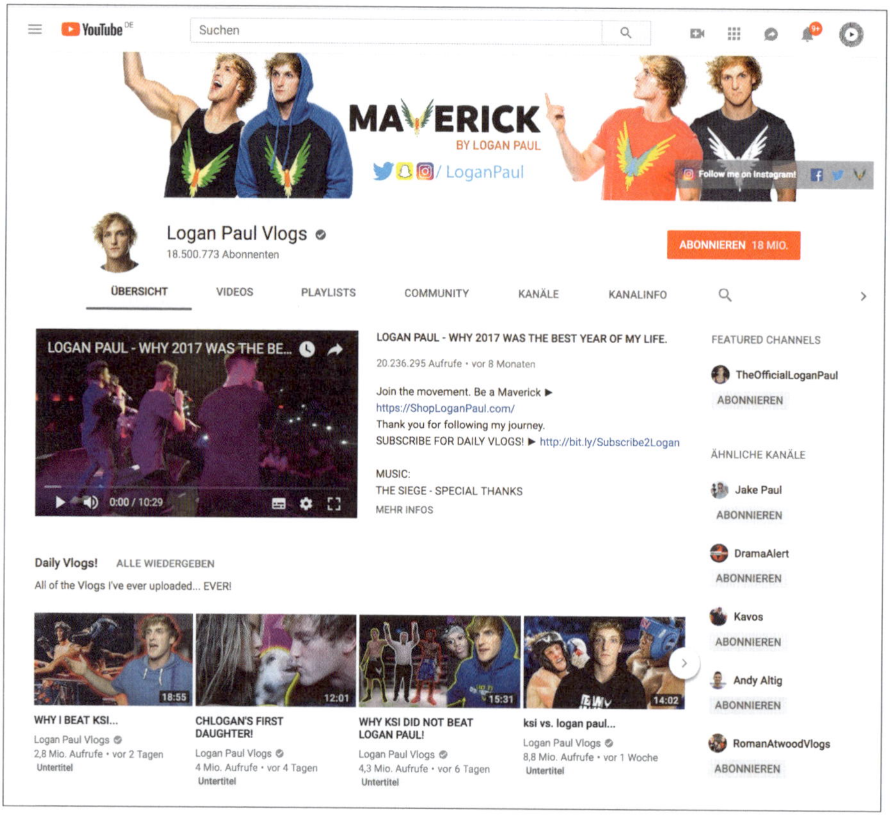

Abbildung 10.4 Der Influencer Logan Paul sah sich massiver Kritik ausgesetzt, nachdem er ein moralisch zweifelhaftes Video publizierte.

2 Nachzulesen zum Beispiel unter: *https://www.wuv.de/marketing/influencer_kampagne_droht_milka_das_gleiche_debakel_wie_coral*

10.2 Auf Problemsituationen vorbereiten sein

Wenn man vor einer Problemsituation steht und seine Marke vor einem Image-Schaden bewahren möchte, kann es schnell hektisch werden. Das ist insbesondere dann der Fall, wenn man nicht ausreichend auf Problemsituationen vorbereitet ist. Wer den Standpunkt des Unternehmens und seine Umwelt im Vorfeld ausreichend analysiert, kann Maßnahmen ergreifen, um auf eventuell eintretende Problemsituationen eingestellt zu sein.

10.2.1 Ansprechpartner für Influencer zur Verfügung stellen

Um bei Problemen schnell reagieren zu können, sollten Sie unbedingt einen gut erreichbaren Ansprechpartner in Ihrem Unternehmen benennen, der Influencern in Notfallsituationen (möglichst rund um die Uhr) zur Verfügung steht. Diese Person sollte wissen, wie zu reagieren ist, wenn bestimmte Situationen eintreten, und kann dann mit kurzen Entscheidungswegen in Absprache mit dem Influencer reagieren. Ohne jemanden, der gut erreichbar ist, bleibt ein Inhalt vielleicht zu lange online, weil der Influencer sich darüber unklar ist, wie er reagieren soll – schließlich hat er zum Beispiel einen Werbevertrag mit Ihnen, den er nicht verletzen will, indem er Inhalte einfach offline nimmt.

10.2.2 Mit der Szenariotechnik vorbereitet sein

Um auf eventuell auftretende Probleme in der Kommunikation vorbereitet zu sein, hat sich in der Unternehmenskommunikation die sogenannte Szenariotechnik bewährt. Mit ihrer Hilfe werden Risiken erfasst, um darauf basierend Notfallpläne zu entwickeln. Tritt eines der durchdachten Szenarien ein, können Sie als Unternehmen auf einen vorgefertigten Plan zurückgreifen und verlieren keine Zeit in der Kommunikation. Die Szenariotechnik ist ein Tool, das grundsätzlich alle denkbaren Krisenfälle in der Kommunikation von Unternehmen abdecken kann – Influencer-Marketing als ein Teil der von Unternehmen ausgehenden Kommunikationsaktivitäten sollte hier einbezogen werden. Wie ist also bei der Szenariotechnik vorzugehen?

Ein schnelles und wohl durchdachtes Statement schwächt die Krise ab, da die vielen an der Diskussion beteiligten Parteien keine so große Chance mehr haben, Vermutungen, Anschuldigungen und eventuelle Unwahrheiten zu publizieren. Eine Krise kann am besten vermieden werden, indem man ihr Aufkommen früh erkennt und ihr entgegenwirkt. So nehmen Sie Ihren Kritikern sprichwörtlich den Wind aus den Segeln.

Zu Beginn einer Szenarioanalyse ist es sinnvoll, eine SWOT-Analyse anzufertigen. Hier ist das Ziel, Kommunikationsrisiken zu erörtern und geeignete Maßnahmen zu finden:

- Welche Stärken können Sie zur Bekämpfung welcher Risiken einsetzen?
- Welche Schwächen hat das Unternehmen, und wie können darauf basierende Kommunikationskrisen eingedämmt werden?

Die meisten Kommunikationsrisiken ergeben sich aus der Kombination externer Gefahren und interner Schwächen. So können als externe Gefahren beispielsweise nicht eingehaltene Richtlinien bei der Konkurrenz auch für die eigene Kommunikation riskant sein. Am Beispiel des Abgasskandals von Volkswagen im Jahr 2015 lässt sich dies gut darstellen: Der Autokonzern ist in eine Krise geraten, weil aufgedeckt wurde, dass Abgaswerte bei Dieselfahrzeugen manipuliert und falsch ausgewiesen wurden. Auch wenn dieses Fehlverhalten zunächst auf den Volkswagen-Konzern beschränkt ist, sind andere Automobilhersteller von dieser Krise mit betroffen. Sie haben zwar mit VW nicht direkt etwas zu tun, müssen den verunsicherten Kunden aber trotzdem beweisen, dass ihre Abgaswerte korrekt ausgewiesen werden. Diesen Umstand belegt auch der Aktienkurs von BMW: Er brach während der Krise von VW zeitweise um bis zu 10 Prozent ein, obwohl sich BMW zum damaligen Zeitpunkt nichts hatte zuschulden kommen lassen.

Die SWOT-Analyse

Ein klassisches Tool zur Analyse von Ausgangssituationen ist die sogenannte SWOT-Analyse. SWOT steht für die englischen Wörter »Strengths« (Stärken), »Weaknesses« (Schwächen), »Opportunities« (Chancen) und »Threats« (Gefahren). Die SWOT-Analyse ist sehr häufig die Basis für Strategieentwicklungen jeglicher Art, da sehr deutlich wird, mit welchen inneren und äußeren Faktoren sich eine Organisation auseinandersetzen muss.

Es gibt unterschiedliche Ansätze, wie eine SWOT-Analyse grafisch dargestellt werden kann. Der grundlegende Ablauf ist jedoch bei allen Varianten gleich, sodass die in Abbildung 10.5 dargestellte grafische Darstellung auch variiert werden kann. Gehen Sie für die Analyse wie folgt vor:

1. Notieren Sie alle **Stärken** und **Schwächen** Ihres Unternehmens im Zusammenhang mit der zu analysierenden Ausgangssituation. Denken Sie dabei an Ihr Unternehmen und Ihre Marke mit Blick auf verfügbare Ressourcen, Fähigkeiten, Image und ähnliche unternehmensbezogene (interne) Faktoren: Welche Fähigkeiten haben Sie als Unternehmen bereits, wird Ihre Marke bereits rezipiert, haben Sie bereits Erfahrung mit Teilaspekten, und gibt es bereits Erfahrungswerte? Wo haben Sie Defizite oder begrenzte Ressourcen?
2. Schreiben Sie nun **Chancen** und **Gefahren** auf. Diese Faktoren werden von außen beeinflusst, weshalb Sie vorrangig an Konkurrenten, Influencer und die Entwicklung der Umwelt Ihres Unternehmens und der restlichen Social-Media-Welt denken soll-

ten: Wo z. B. bietet Influencer-Marketing Möglichkeiten für das Marketing, wie entwickeln sich die sozialen Medien, was macht die Konkurrenz gut/schlecht? Gibt es eventuell externe Einflussgrößen, die Sie bei Ihren Aktivitäten in der Zusammenarbeit mit Influencern behindern könnten?

3. Nachdem Sie nun eine ausführliche Liste haben, stellen Sie die einzelnen Faktoren in der SWOT-Analyse gegenüber. Dazu kann die Darstellung in Abbildung 10.5 behilflich sein, die der Übersichtlichkeit halber nur jeweils ein Beispielpaar enthält. Übrigens: Lassen Sie sich nicht von den Inhalten in der Grafik leiten: Sie sollen lediglich beispielhaft verdeutlichen, zu welchen Ergebnissen eine SWOT-Analyse kommen könnte und Ihnen einen Eindruck von der Funktionsweise vermitteln.

Dank der Durchführung einer SWOT-Analyse kennen Sie nun detailliert Ihre Ausgangssituation. Aus der Kombination der internen und externen Faktoren in der SWOT-Matrix leiten Sie ab, welche Maßnahmen im Rahmen Ihrer Strategie zu ergreifen sind. Behalten Sie dabei im Hinterkopf: Externe Faktoren lassen sich nicht beeinflussen, während Sie an internen Faktoren durchaus etwas verändern können.

Abbildung 10.5 Beispiel einer SWOT-Matrix

Es gibt eine ganze Anzahl Kriterien, die auf eine risikoreiche Situation eines Unternehmens hinweisen, zum Beispiel:[3]

- Ihre Branche hat ein schlechtes Image in der Gesellschaft.
- Ihre Produkte können bei Produktfehlern Auswirkungen auf die Gesundheit haben.

3 In Anlehnung an Steinke, Lorenz: Kommunizieren in der Krise. Wiesbaden: Springer Gabler 2014.

- Sie kommunizieren im Marketing Nachhaltigkeit sowie ökologische und soziale Verträglichkeit.
- Sie sind Markführer in Ihrer Branche.
- Ihre Marke hat einen sehr großen Bekanntheitsgrad.
- Ihr Unternehmen wird umstrukturiert und sorgt dabei für Veränderungen bei Mitarbeitern und im Unternehmensumfeld.
- Ihre Branche oder Sie selbst haben bereits mehrere Krisen durchlebt.
- Um konkurrenzfähige Preise zu erzielen, müssen Sie mit Zulieferern intensive Verhandlungen führen.
- Es gibt Organisationen und Personengruppen, die sich in der Öffentlichkeit regelmäßig negativ über Ihr Unternehmen äußern.
- Ein starkes Unternehmenswachstum hat dafür gesorgt, dass Sie in der Öffentlichkeit sehr positiv wahrgenommen wurden.
- Sie vertreiben ein Produkt, das aufgrund seiner Beschaffenheit schnell falsch bedient oder verwendet werden kann.

Vielleicht werden Sie sich fragen, warum auf dieser Liste auch eigentlich kaum negativ klingende Aspekte aufgelistet sind, wie beispielsweise eine positive Wahrnehmung in der Öffentlichkeit, die auf einem starken Unternehmenswachstum basiert. Eine euphorische Grundhaltung der Öffentlichkeit kann und wird zu gegebenem Zeitpunkt umschlagen oder zumindest nachlassen und sich normalisieren. Sie müssen sich also früh genug darauf einstellen, dass dieser Zeitpunkt kommen wird und dass in dieser Phase in der medialen Berichterstattung sowie in den sozialen Netzwerken negative Meinungen geäußert werden.

Sobald Sie Themen identifiziert haben, die zu einer Kommunikationskrise führen könnten, müssen Sie eine Bewertung vornehmen. Die Bewertung erfolgt dabei auf Basis der erörterten Problembereiche. Versuchen Sie, die individuellen Kommunikationsrisiken einzuschätzen. Dazu beziehen Sie Ihre bisherige Kommunikation, Ihre Erfahrungen mit Kunden und die öffentliche Wahrnehmung mit ein.

Konkretisieren Sie Ihre Risiken jetzt in möglichen Szenarien: Ein Influencer gerät in starke Kritik, weil er ethisch fragwürdige Inhalte veröffentlicht hat, während Sie parallel dazu mit ihm kooperieren? Ein Kunde stirbt aufgrund des Verzehrs Ihres Produkts? Bei einem Ihrer Zulieferer ist die Produktionshalle aufgrund nicht eingehaltener Sicherheitsvorkehrungen abgebrannt? Nun beginnt die eigentliche Arbeit: Spielen Sie diese Szenarien durch, und erarbeiten Sie eine Strategie, wie Sie im Falle eines Falles reagieren werden, wenn die Stimmung in den sozialen Netzwerken umschlägt oder gar die Presse bei Ihnen anklopft und nachfragt. Denken Sie an die Dynamik der sozialen Netzwerke, in der ein Einzelner mit seiner glaubwürdig erscheinenden Meinung eine Lawine der Entrüstung lostreten kann, auf die im Nachgang die Presse gerne auch noch aufspringt.

Im Szenariokatalog halten Sie deshalb anhand dieser konkreten Risikoszenarien fest, wie Sie genau reagieren werden:

- Welches Medium werden Sie wählen, um eine Stellungnahme zu veröffentlichen?
- Mit welcher Tonalität reagieren Sie auf bestimmte Kritikpunkte, und was sind Ihre Argumente dabei?
- Müssen Sie eventuell Mitarbeiter unterrichten? Falls ja: Wie werden Sie Ihre Mitarbeiter unterrichten, und was werden Sie ihnen sagen, wie sie sich verhalten sollen?
- Wer wird die Stellungnahme veröffentlichen oder vor die Kameras treten?
- Wie gehen Sie mit (Presse-)Anfragen um?

Notieren Sie vorab wichtige Kontaktdaten von Entscheidungsträgern, und halten Sie die Zugangsdaten zu Ihren Social-Media-Accounts bereit. Wie bereits erwähnt, sollten Sie auch unbedingt für Influencer erreichbar sein, mit denen Sie kooperieren und deren Kontaktdaten Sie zur Hand haben. Viele Reaktionen in problematischen Social-Media-Situationen lassen zu lange auf sich warten, weil Unternehmen intern nicht schnell genug kommunizieren.

10.2.3 Monitoring

Wer nicht nur sporadisch prüfen möchte, was über sein Unternehmen in den sozialen Netzwerken veröffentlicht wird, sollte ein intensives Monitoring etablieren. Beim Monitoring in sozialen Netzwerken sucht man gezielt nach Informationen zum eigenen Unternehmen und den Produkten. Gleichzeitig beobachtet man Trends, die in den sozialen Netzwerken besonders populär sind. Beziehen Sie dabei unter anderem folgende Quellen in die allgemeine und spezielle Themenbeobachtung mit ein:

- Kommentare und Reaktionen auf Accounts der beauftragten Influencer
- Kommentare und Bewertungen auf Ihre eigenen Beiträge (siehe Abbildung 10.6)
- Beiträge zu Ihren Produkten, die Sie über Suchfunktionen und Hashtags ausfindig machen können
- Google Alerts zu Begriffen, die Sie zuvor festgelegt haben
- generelle Reaktionen auf Ihren Social-Media-Kanälen

Ein Monitoring muss kontinuierlich durchgeführt werden. Das Internet ist ein 24-Stunden-Medium, sodass es nicht ausreicht, sich einmal pro Woche einen Überblick zu verschaffen.

Sobald Sie Problembereiche lokalisiert haben, gilt es, diese zu bewerten: Können sie für das Unternehmen zur Gefahr werden? Muss darauf reagiert werden, und müssen gegebenenfalls sogar Maßnahmen ergriffen werden? Sollte ein Thema eine Reaktion erfordern, planen Sie die entsprechende Maßnahme, und gleichen Sie sie mit Ihrem Szenariokatalog ab, den Sie im nächsten Abschnitt erarbeiten werden.

Abbildung 10.6 Lidl reagiert im September 2018 auf Kommentare unter seinen Facebook-Beiträgen. Die Kommentare beziehen sich inhaltlich gar nicht auf den Facebook-Beitrag von Lidl, sondern auf ein im Netz von der Marke Lemonaid publik gemachtes Thema.[4]

Für das *Social-Media-Monitoring* gibt es auch Softwaretools, die den Monitoring-Prozess erleichtern. Diese Tools erlauben unter anderem eine automatische Auswertung der Tonalität, um festzustellen, welche Stimmung in den Communitys zu bestimmten Themen herrscht. Seien Sie jedoch vorsichtig mit solchen Auswertungen, und überprüfen Sie die Angaben zusätzlich in einem manuellen Monitoring.

4 Nachzulesen auch unter *https://www.horizont.net/marketing/nachrichten/plagiats-vorwurf-so-abgebrueht-reagiert-lidl-auf-die-vorwuerfe-von-lemonaid-169662*

Wesentlich sinnvoller sind Tools, die Ihnen die Informationsbeschaffung aus unterschiedlichen Quellen abnehmen und sie Ihnen für eine manuelle Auswertung bündeln. Diese Tools greifen auf Programmierschnittstellen verschiedener sozialer Netzwerke zurück, um auf öffentlich verfügbare Informationen Zugriff zu erhalten. Ein solches Tool ist beispielsweise Social Searcher[5] (siehe Abbildung 10.7).

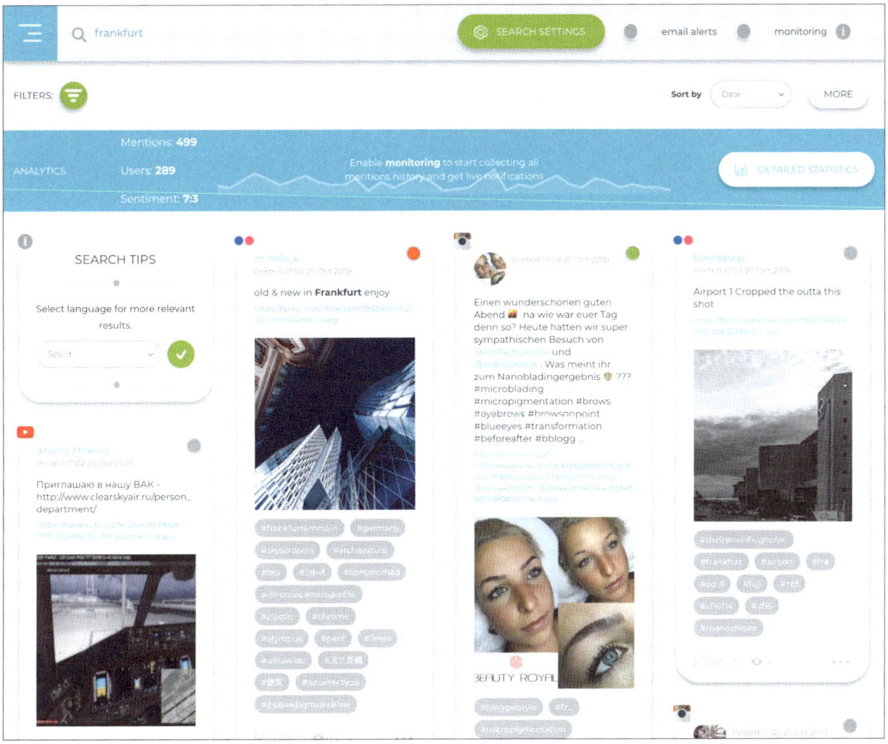

Abbildung 10.7 Tools wie Social Searcher unterstützen bei der Auswertung öffentlich zugänglicher Informationen in sozialen Netzwerken.

10.3 Richtig reagieren – so vermeiden Sie größeren Ärger

Schnell zu reagieren bedeutet nicht, dass man umgehend einfach in die Welt hinausschreit, was man zu einem Vorwurf denkt. Gerade in einer Situation, die langfristig einer Marke Schaden zufügen könnte, gilt es, strategisch und mit Bedacht vorzugehen. Dazu gehört, die Situation zu erfassen, die richtige Reaktion zu finden und gegebenenfalls auch Fürsprecher zu finden.

5 Erreichbar unter *http://www.social-searcher.com/*

10.3.1 Die Faktenlage prüfen

Einer der größten Fehler in einer Krise ist ein abgegebenes Statement vor dem Prüfen der Fakten. Bevor Sie sich zu etwas äußern, was gerade die große Runde macht, sollten Sie deshalb zunächst genau prüfen, ob an den Anschuldigungen etwas dran ist. Was sich eigentlich trivial anhört, wird von vielen Unternehmen immer wieder vergessen. So passiert es, dass eine Erklärung herausgegeben wird, in der Vorfälle geleugnet oder heruntergespielt werden, die sich im Nachhinein als noch schlimmer bewahrheiten.

Es gibt immer wieder Krisenfälle, in denen Sie sich zunächst einen Überblick verschaffen müssen, in denen die Informationen aber nicht ad hoc verfügbar sind. Im Influencer-Marketing müssen Sie vielleicht erst einmal mit dem Influencer kommunizieren. Sollten Sie zum Prüfen der Faktenlage Zeit benötigen, kommunizieren Sie dies in einem ersten Statement. So gewinnen Sie Zeit und zeigen, dass es Ihnen nicht gleichgültig ist und dass Sie die Vorwürfe nicht aussitzen möchten. Bedenken Sie aber auch, dass ein erstes Statement in den Köpfen der Leute am stärksten wirkt. Bei der Formulierung sollten Sie deshalb darauf achten, dass das Statement keinem Schuldeingeständnis gleichkommt, wenn Sie dies nicht beabsichtigen.

10.3.2 Die passenden Worte helfen aus der Kommunikationskrise

Sobald Sie genügend Informationen über die Faktenlage zusammengetragen haben, müssen Sie entscheiden, mit welcher Strategie und Tonalität Sie reagieren werden. Grundsätzlich gibt es zwei Vorgehensweisen: Offensiv oder defensiv. Sollten Sie tatsächlich einen Fehler begangen haben, bietet es sich an, den Fehler zuzugeben, um daraufhin offensiv zu kommunizieren, wie Sie weiter vorgehen werden. Sind die Vorwürfe haltlos und entbehren jeglicher Faktenlage, können Sie durchaus defensiv reagieren. Legen Sie dabei aber auch Quellen und Beweise offen, die in der Lage sind, die Vorwürfe zu entkräften.

Denken Sie im Anschluss über die Tonalität Ihres Statements nach. Sie sollte an der Zielgruppe ausgerichtet werden und deren Erwartungen erfüllen. Überprüfen Sie dazu vor Veröffentlichung des Statements, wie die Zielgruppe auf Ihr Statement reagieren könnte. So äußerte sich beispielsweise YouTube als Plattformbetreiber erst relativ spät zu dem YouTuber Logan Paul, nachdem er sein Video über einen Suizid-Wald veröffentlicht hatte. Nutzer in den sozialen Medien sowie die Medien hatten bis dahin bereits intensiv über den Fall diskutiert und waren zu dem Entschluss gekommen, dass YouTube hier in der Pflicht stand, und erwarteten eine Reaktion seitens der Plattform. Daraufhin reagierte YouTube mit einem Statement auf Twitter:

Suicide is not a joke, nor should it ever be a driving force for views. As Anna Akana put it perfectly: »That body was a person someone loved. You do not walk into a suicide forest with a camera and claim mental health awareness.«

We expect more of the creators who build their community on YouTube, as we're sure you do too. The channel violated our community guidelines, we acted accordingly, and we are looking at further consequences.

Hätte YouTube nicht reagiert und keine Konsequenzen aus dem Fall gezogen, hätte das positive Image der Plattform gelitten. Nutzer hätten dann Angriffspunkte gehabt, um der Plattform Desinteresse und mangelndes ethisches Interesse an den veröffentlichten Inhalten vorzuwerfen.

10.3.3 Den Streisand-Effekt vermeiden

Im Jahr 2003 entdeckte die US-Schauspielerin Barbara Streisand auf der Website *pictopia.com* unter rund 12.000 Luftaufnahmen der kalifornischen Küste auch eine Aufnahme ihres Anwesens. Die Schauspielerin war nicht begeistert und verklagte den Fotografen des Bildes auf 50 Millionen US-$ Schadensersatz. Mit diesem rechtlichen Schritt lenkte sie aber erst die bis dahin gar nicht vorhandene Aufmerksamkeit auf sich und das Anwesen, woraufhin das Bild unzählige Male im Internet verteilt wurde. Das Phänomen, bei dem rechtliche Schritte gegen einen Inhalt im Internet dazu führen, dass dieser erst recht eine enorme Aufmerksamkeit erlangt, hat durch das Vorgehen von Streisand einen Namen erhalten: Streisand-Effekt.

Damit aus einer Mücke kein Elefant wird, überlegen Sie sich gut, ob Sie gegen einen unliebsamen Inhalt im Internet rechtliche Schritte einlegen, wenn dieser bis dato ohnehin kaum Aufmerksamkeit erlangt hat. Selbst wenn Sie dadurch vielleicht bewirken können, dass der Inhalt auf der entsprechenden Website oder Plattform entfernt wird, dauert ein Verfahren auf dem Gerichtsweg immer eine Zeit lang, in der sich die Information über Ihr Vorgehen wie ein Lauffeuer im Internet verbreiten wird. Zusätzlich werden andere Internetnutzer die von Ihnen kritisierten Inhalte kopieren und an anderen Stellen publizieren, sodass Sie die eigentlich angestrebte Kontrolle gänzlich verlieren.

Streisand war mit ihrer Klage im Übrigen nicht erfolgreich. Das Bild des Anwesens ist heute selbst auf Wikipedia zu finden und schmückt dort einen Artikel über den Streisand-Effekt. Ebenfalls nicht erfolgreich war die Deutsche Bahn AG, die 2009 den Betreiber des Blogs *netzpolitik.org* abmahnte, weil dort ein internes Memo zur Mitarbeiter-Rasterfandung veröffentlicht wurde. Die Veröffentlichung erhielt erst durch die Abmahnung eine enorme Aufmerksamkeit und führte dazu, dass die Deutsche Bahn ihre Abmahnung kurze Zeit später wieder zurückzog. Das Dokument ist auch heute noch uneingeschränkt abrufbar.

Abbildung 10.8 Auch im deutschen Wikipedia-Artikel findet sich das Foto des Anwesens von Barbra Streisand.

10.3.4 Die richtigen Medien und Plattformen auswählen

Sie haben festgelegt, mit welchen Worten Sie reagieren werden, und müssen nun ein Medium für die Kommunikation auswählen. Als Grundsatz gilt dabei: Das Medium, das Anlass für die Krise war, muss unbedingt mit einbezogen werden. Ist ein Shitstorm auf Instagram entfacht, sollten Sie auch dort Stellung beziehen und zumindest von dort auf Inhalte in weiteren Medien verweisen.

Sollte die Presse bereits auf die Krise aufmerksam geworden sein, müssen Sie auch Pressevertreter über Ihr Statement informieren. Für eine effektive Krisenkommunikation ist es deshalb wichtig, die Eigenheiten der Medien und Plattformen zu verstehen, um angemessen reagieren zu können:

Hat die Presse die Krise bereits aufgegriffen, informieren Sie Pressevertreter und eventuell auch Presseagenturen in Form einer Pressemitteilung über Ihre Position. Richten Sie sich darauf ein, dass Journalisten Rückfragen stellen, und richten Sie dazu eine Telefonnummer ein, unter der man Sie erreichen kann. Unterrichten Sie Ihre Mitarbeiter, die üblicherweise Telefonanfragen annehmen, wie bei Anrufen von Pressevertretern vorzugehen ist.

10.3.5 Fürsprecher in der Community aktivieren

Insbesondere im Internet lässt sich die Entwicklung von Krisen auch durch eine loyale Internet-Community begrenzen. Oft richtet sich nur eine kleine Gruppe mit ihren Vorwürfen gegen Ihr Unternehmen und versucht, andere von ihrer Position zu überzeugen. Mit einer frühzeitigen Reaktion können Sie verhindern, dass Fürsprecher in Ihrer Community verunsichert werden oder aufgrund der bereits weitläufigen Diskussion keine Möglichkeit mehr haben, effektiv ihre Meinung zu vertreten. Die Aktivierung und Unterstützung der Fürsprecher kann sehr wirkungsvoll sein, weil dadurch klar wird, dass Sie als Unternehmen nicht allein auf weiter Flur stehen. Steuern Sie den Dialog, und stellen Sie weitere Informationen zur Verfügung, die eventuell benötigt werden, um Unklarheiten aus dem Weg zu räumen.

10.3.6 Umgangsregeln im Internet und den sozialen Netzwerken

Wenn es eine wichtige Erkenntnis für Nutzer von sozialen Netzwerken in den letzten Jahren gegeben hat, dann, dass das Internet kein rechtsfreier Raum ist. Hinter jedem Avatar und Nickname steht eine IP-Nummer, die sich – wenn auch oft über Umwege – auf richterliche Anweisung ermitteln lässt. Über diese ist in den meisten Fällen recht schnell ein Rückschluss auf den Täter möglich. Die Strafverfolgung hat sich mittlerweile darauf eingestellt und bei einigen Hassverbreitern genauer hingesehen.

Im Internet gelten grundsätzlich die gleichen Umgangsregeln wie außerhalb des Internets. Auch wenn ein paar Wörter schnell getippt und abgeschickt sind, gilt es, angemessen und respektvoll zu kommunizieren. Dazu wurde für das Internet der Begriff *Netiquette* gebildet, der als Synonym für die Benimmregeln im Netz steht.

Eine Netiquette kann auch speziell vom Betreiber einer Website oder Plattform formuliert werden, um sich an die Funktionen anzupassen. Auch Facebook, YouTube, Instagram und Co. beschreiben in ihren Community-Richtlinien, wie sich Nutzer auf den Plattformen zu verhalten haben. Die allgemeinen Umgangsregeln im Internet umfassen:

- Diskriminierungen, Beleidigungen und Provokationen haben keinen Platz verdient.
- Alle Gesetze gelten auch im Internet. Insbesondere Beiträge mit strafrechtlicher Relevanz können verfolgt werden.

- Kommentare unter einem Beitrag sollten thematisch auch in irgendeiner Weise zu dem Beitrag passen. Unpassende Eigenwerbung und Spam werden in aller Regel nicht geduldet.

Leider gibt es immer Menschen, die sich nicht an diese Umgangsregeln halten und sogar gezielt als Störer auftreten. Wenn einem Nutzer die Kooperation nicht gefällt, die Sie mit einem Influencer eingegangen sind, kann es schon mal vorkommen, dass er sich auf Ihren eigenen Kanälen dazu äußern wird. Es ist deshalb wichtig, dass Sie vor allem über zwei Typen von Störern Bescheid wissen: Trolle und Hater.

Trolle sind Personen, die in Internet-Communitys permanent destruktive Beiträge mit unsachlichen und beleidigenden Inhalten schreiben. In sozialen Netzwerken richten sich ihre Aussagen sowohl gegen andere Accounts als auch gegen Teile der Community. Die Motivationsgründe sind unterschiedlich, doch in den meisten Fällen ist es das Bedürfnis nach Aufmerksamkeit. Das einzige Ziel der Trolle ist es, Unruhe zu stiften, zu provozieren und abzuwarten, was passiert. Die Erwartungen liegen auf einer möglichst breiten Reaktion. In der Anonymität des Internets verstecken sich Trolle hinter Accounts, die keinen Rückschluss auf ihre wahre Identität zulassen. In der Realität sind Trolle oft sozial benachteiligt und würden sich auf offener Straße niemals mit den gleichen Worten äußern. Um Trolle abzuwehren, hilft nur ein konsequentes Vorgehen:

1. **»Don't feed the trolls.«**

   Wer entsprechende Personen ignoriert, entzieht ihnen die Grundlage ihres Erfolgs und stellt ein unattraktives Ziel dar. Sollten Sie sich dennoch versehentlich auf eine Diskussion mit einem Troll eingelassen haben, hören Sie umgehend mit dem Versuch auf, seine Argumente zu entkräften. Trolle haben keine gefestigte Meinung. Ihr Ziel ist es lediglich, Sie aus der Reserve zu locken. Widersprüche in der Argumentation sind deshalb an der Tagesordnung, und auf eine Reaktion Ihrerseits wird es immer eine Gegenreaktion geben, die Sie weiter herausfordert. Lassen Sie sich nicht darauf ein, und machen Sie von Anfang an klar, dass Trolle bei Ihnen keine Chance haben.

2. **Sperrung des Accounts erwirken**

   Löschen Sie konsequent entsprechende Beiträge, und veranlassen Sie eine Sperrung trollender Accounts. Aber Achtung: Unterscheiden Sie zwischen Trollen und begründeter Kritik! Eine Kritik zu sperren, macht Sie angreifbar, und man wird Ihnen unterstellen, Sie wollten etwas verheimlichen und kritische Nutzer mundtot machen. Nehmen Sie kritische Stimmen stattdessen zum Anlass, sich zu verbessern und auf die Wünsche der Community einzugehen.

Im Gegensatz zu einem Troll hat der **Hater** eine gefestigte Meinung. Er ist überzeugt, dass nur seine Argumente zählen, und er wird seinen Standpunkt mit aller

Kraft wiederkehrend verteidigen. Das macht es einfacher, sich gegenüber Hater-Kommentaren zu positionieren. Reagieren Sie nicht spontan, und warten Sie stattdessen zunächst die Reaktion der Community ab. Sie wird den Hater eventuell von selbst in seine Schranken verweisen und Argumente gegen seine Meinung anbringen. Wird das Durcheinander allerdings zu groß, machen Sie in Ihrem Statement klar, dass Sie die Meinung des Haters zwar tolerieren, sie aber keinesfalls annehmen werden. Reagieren Sie gelassen, sprechen Sie *über* und nicht *mit* dem Hater, und vermeiden Sie stark argumentative Antworten. Achten Sie in Ihrer Reaktion darauf, dass Ihr Gegenüber nicht sein Gesicht verliert.

10.4 Wie Unternehmen bereits reagiert haben

In diesem Abschnitt soll eine Auswahl an problematischen Situationen mit Influencern geschildert werden. In der Tat gibt es relativ wenige echte Krisen, deren Ursprung im Influencer-Marketing liegen. Meist handelt es sich dabei eher um problematische Situationen, auf die man reagieren sollte, um nicht als desinteressiertes Unternehmen dazustehen.

10.4.1 Der Influencer steht plötzlich massiv in der Kritik (Logan Paul)

Influencer sind für sich gesehen Personenmarken. Auch im Sportler-Marketing kennt man diesen Umstand bereits seit Jahren. Entsprechend können sie wie jede andere Marke durch ihr Handeln in Krisen geraten. Je nach Ausmaß des Fehltritts und der Vorwürfe sollten sich Unternehmen überlegen, wie sie sich im Falle einer geschäftlichen Verbindung zu dem Influencer in einer solchen Situation positionieren. Nicht selten kommt es vor, dass sich Unternehmen zumindest von den Vorwürfen distanzieren, um nicht mit ins Kreuzfeuer zu geraten.

In diesem Kapitel wurde bereits mehrfach der Fall des YouTubers Logan Paul erwähnt, der an dieser Stelle ausführlicher beschrieben werden soll. Logan Paul betreibt mit rund 18 Millionen Abonnenten einen der größten Kanäle auf der YouTube-Plattform. Durch diese sehr große Reichweite haben sehr viele Nutzer ein Bewusstsein für die Marke Logan Paul. Dass er auf seinen Kanälen polarisiert und mit seinen Inhalten an der Grenze des für viele Zuschauer ethisch Vertretbaren kratzt, war bereits vor dem Skandal um seine Person kein Geheimnis. Als er im Wald von Aokigahara (Japan) ein Video mit YouTube-Freunden dreht, dabei einen Selbstmörder filmt und dieses später auf der Plattform veröffentlicht, hört für die meisten seiner Zuschauer jedoch das Verständnis auf.

Innerhalb weniger Stunden erzielt das Video über sechs Millionen Views, und die internationalen Medien greifen die im Netz geführte Kontroverse auf. Logan Paul sieht sich so massiver Kritik ausgesetzt, dass er das Video offline nimmt. Und auch YouTube wird als Plattformbetreiber, der solche Videos zulässt, durch die Zuschauer und die Medien in die Verantwortung genommen: Nach einer relativ langen Bedenkzeit äußert sich YouTube und erklärt seine Intoleranz gegenüber dem von Logan Paul veröffentlichten Inhalt. YouTube stellt als Konsequenz zwei gemeinsame Projekte auf YouTube Red mit Logan Paul ein und kündigt dem Kanal die Teilnahme an Google-Preferred.[6] Logan Paul nimmt sich daraufhin eine Auszeit.

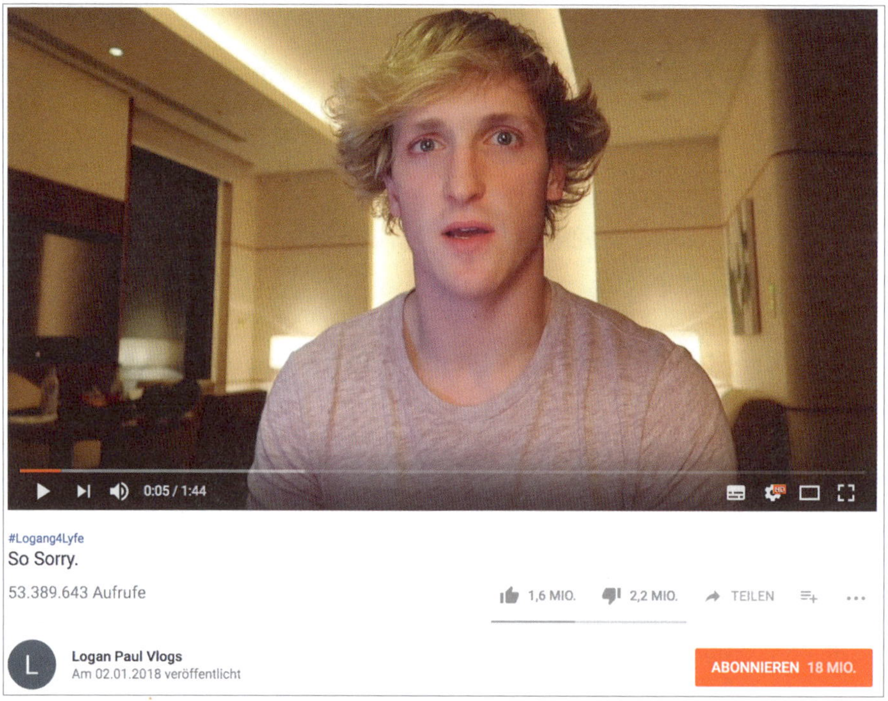

Abbildung 10.9 In einem Statement-Video vor seiner Auszeit entschuldigte sich Logan Paul bei seiner Community (https://youtu.be/QwZT7T-TXT0).

Ähnlich verhielt es sich bei dem YouTuber PewDiePie, der mit derzeit rund 67 Millionen Abonnenten den größten YouTube-Kanal betreibt. Über einen längeren Zeitraum Ende 2016 veröffentlichte der schwedische YouTuber mehrere Videos, in denen er antisemitische Witze gemacht und Symbole des Nationalsozialismus verwendet haben soll. Den Höhepunkt erzielte die Kontroverse nach der Veröffentli-

6 Mehr Informationen zu Google-Preferred finden Sie unter *https://www.thinkwithgoogle.com/products/google-preferred/*.

chung eines Videos im Januar 2017. PewDiePie entschuldigte sich zwar und bestritt die ihm vorgeworfene Einstellung, konnte damit aber nicht verhindern, dass sich die Walt Disney Company dazu entschloss, sämtliche Verträge mit ihm aufzukündigen.

Die Reaktion auf eine solch massive Kritik lautet also: Situation analysieren, Kooperationen prüfen und gegebenenfalls einstellen oder pausieren, wenn die Vorwürfe nicht zum Unternehmen passen.

10.4.2 Inhalte nicht markenkonform (Mr. Ben Brown und BMW)

Sicherlich gibt es in der Praxis immer mal wieder Inhalte, die von Influencern im Rahmen einer Kooperation erstellt werden und zu schnell online gegangen sind. Im Nachgang realisieren Unternehmen dann, dass die Inhalte vielleicht doch nicht so gut zur Marke passen.

Einer dieser Fälle ist bereits etwas länger her und betrifft eine Kooperation zwischen BMW und dem YouTuber Mr. Ben Brown. Der YouTuber hat dabei ein zur Verfügung gestelltes Fahrzeug des Herstellers in seinen Videos mit einer Drohne gefilmt und dabei auch einen Beinahe-Frontalaufprall seiner Freundin auf einen LKW aus der Vogelperspektive aufgezeichnet. Seine Freundin ist auf der falschen Straßenseite gefahren und konnte in letzter Sekunde die Straßenseite wechseln. Zu der Situation kam es, da in der Wahlheimat des YouTubers (Südafrika) auf der linken Straßenseite gefahren wird und die Filmaufnahmen in einem anderen Land mit Rechtsverkehr gemacht wurden.

Das zugehörige Video wurde nach wenigen Stunden wieder von YouTube entfernt, und so kann auch nur aus der Erinnerung des Autors darüber berichtet werden. Da der YouTuber im weiteren Verlauf seiner Vlogs trotz Nachfragen nicht mehr über das Thema sprach, ist davon auszugehen, dass das Video auch offline genommen wurde, weil der Kooperationspartner interveniert hatte.

Sollten Inhalte nicht zu einer Marke passen oder nicht markenkonform umgesetzt worden sein, ist es ratsam, mit dem Influencer darüber zu sprechen, die Inhalte schnellstmöglich wieder offline zu nehmen. Dieses Vorgehen sollte aber nicht zum Werkzeug werden, um starken Einfluss auf Influencer auszuüben. Der Influencer sollte immer noch in der Lage sein, Inhalte nach seinem Duktus zu realisieren. Im beschriebenen Fall ist auch zu diskutieren, ob das Video wirklich einen Image-Schaden hervorgerufen hätte, wenn es weiterhin abrufbar gewesen wäre. In relevanten Situationen kann dieses Vorgehen aber dazu beitragen, die Diskussionen im Netz gar nicht erst aufkommen zu lassen – immer in Abwägung darüber, ob durch das Offlinenehmen von Inhalten nicht eine Diskussion erst angefacht wird.

10.5 Die Kampagne #erstewahl2017

Wenngleich es in der Praxis relativ wenige Beispiele gibt, in denen eine Influencer-Kooperation so schiefging, dass das kooperierenden Unternehmen in eine größere Krise gestürzt wurde, so ist an dieser Stelle dennoch eine Kampagne interessant, aus der gut ersichtlich wird, wie man von Anfang an strategisch geplant an Community-Reaktionen herangehen kann. Die Kampagne wurde von der Agentur HitchOn für die Bundeszentrale für politische Bildung zur Bundestagswahl 2017 umgesetzt.

Auftrag war, zur Bundestagswahl 2017 eine Influencer-Kampagne auf YouTube und Instagram mit dem Ziel durchzuführen, auf die anstehende Bundestagswahl aufmerksam zu machen, über sie aufzuklären und dabei vor allem bildungsferne Schichten zu erreichen. Die Idee der Agentur: Die Kampagne unter dem Motto #deinewahl veranschaulicht in einer für YouTube-Zuschauer vertrauten Welt ganz konkret die Folgen des Nicht-Wählens, indem sie zeigt, wie Influencer unter den Folgen einer Wahl leiden, an der sie selbst nicht teilnehmen. Ziel ist es, die Zuschauer darin zu unterstützen, eine informierte Wahlentscheidung zu treffen. Als Influencer wurden die YouTuber Alycia Marie, Moritz Garth, Malternativ, Salomé Sylvana, Sofia Martinez und Silvi Carlsson ausgewählt.

Politische Themen verlangen den Teilnehmern in sozialen Netzwerken einiges ab. Auch bei dieser Kampagne ging die Agentur deshalb davon aus, dass in den Kommentaren unter den YouTube-Videos kontroverse Diskussionen geführt würden, die durchaus eskalieren könnten. Wenngleich kontroverse Diskussionen im Rahmen einer Auseinandersetzung mit dem Thema »Wählen gehen« ausdrücklich erwünscht waren, galt es, darauf vorbereitet zu sein, die Diskussion zu moderieren und gegebenenfalls einzuschreiten.

Dennoch: Die Beantwortung der Kommentare übernahmen die Influencer persönlich! Die fachwissenschaftlich gestützte Moderation der Kommentare wurde allerdings durch die Unterstützung eines Polit- und Social-Media-Experten mit Erfahrung im Bereich Krisenkommunikation gewährleistet. Der Experte war über den Hauptzeitraum der Kampagne über eine WhatsApp-Gruppe für die Influencer schnell erreichbar. Der Diskurs um das Thema Bundestagswahl sollte aktiv angetrieben werden. Kommentaren mit »Fake-News«-Inhalten sollte dennoch freundlich und sachlich widersprochen werden. Um eine gut recherchierte Antwort zu gewährleisten, soll hierbei der Politexperte zurate gezogen werden.

Um angemessen und im Sinne des Kundenauftrags zu handeln, galt zur Unterstützung ein Leitfaden, der unter anderem beinhaltete, wie mit Kommentaren umzugehen war, wie sich die Influencer in die Diskussion einmischen sollten und was bei Rechtsverstößen passieren sollte (zum Beispiel bei Verstößen gegen geltendes Recht, die AGB der Plattform oder die Netiquette des Kunden).

Abbildung 10.10 Das Hauptvideo von Sofia Martinez eröffnete die Kampagne (https://youtu.be/HBlTc7mDxcQ).

Wenn Sie die beschriebene Kampagne mit den in diesem Kapitel genannten Maßnahmen vergleichen, werden sie zahlreiche Parallelen erkennen. Eine sorgfältige Abwägung von Statements und dazu eine gute Recherche sind ausschlaggebend für die weitere Reaktion in den sozialen Netzwerken. Ein Vertreter, der Influencern in den von ihnen genutzten Medien zeitnah zur Verfügung steht (im vorliegenden Fall über eine WhatsApp-Gruppe), verschafft Ihnen den Vorteil, sich mit dem Influencer absprechen zu können, und gibt gleichzeitig dem Influencer Sicherheit in seiner Reaktion.

Abbildung 10.11 Die Kampagne wurde von der Bundeszentrale für politische Bildung auch auf Instagram weitergeführt – wie hier von dem Instagram-Account vonamusik.

Die Kampagne kann mit Blick auf die Kampagnenauswertung in Abbildung 10.12 als sehr erfolgreich gewertet werden. Die Weiterführung in anderen Netzwerken wie Instagram ist hier nicht einbezogen. Eine YouTube-Engagement Rate von über fünf Prozent zeugt davon, dass sich die Zuschauer mit dem Thema auseinandergesetzt haben – und genau das war das Ziel der Kampagne.

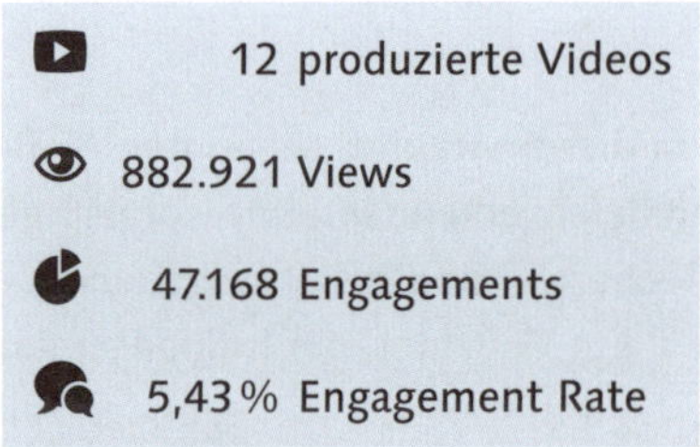

Abbildung 10.12 Die Kampagnenauswertung der von der Bundeszentrale für politische Bildung durchgeführten Kampagne #erstewahl2017

11 Influencer-Marketing & Recht

Bekannte Influencer wie Cathy Hummels, Scarlett Gartmann oder Vreni Frost hat sie bereits getroffen: Die Abmahnung. Der Grund ist eine vermeintlich fehlende Kennzeichnung ihrer Beiträge als Werbung. Doch warum und wann müssen Influencer ihre Beiträge überhaupt kennzeichnen, und wie genau soll die Kennzeichnung aussehen? Über die grundlegenden Spielregeln, die beim Influencer-Marketing gelten, möchte ich Ihnen in diesem Kapitel einen Überblick geben. Diese betreffen dabei nicht nur die Kennzeichnung als Werbung, sondern auch Aspekte der Vertragsgestaltung und die Frage einer Impressumpflicht für Influencer.

Christian Solmecke schreibt über Influencer-Marketing und Recht

Rechtsanwalt Christian Solmecke ist Partner der Kanzlei Wilde Beuger Solmecke (*http://wbs-law.de*) und hat in den vergangenen Jahren den Bereich Internet- und E-Commerce-Recht stetig ausgebaut. So betreut er zahlreiche YouTuber, Medienschaffende und Web-2.0-Plattformen bei der rechtssicheren Umsetzung ihrer Vorhaben. Zum Thema Influencer-Marketing verfasste Solmecke bereits einen umfangreichen Beitrag in seinem Ratgeber »Recht im Online-Marketing«, der ebenfalls im Rheinwerk Verlag erschienen ist. Daneben gehören Videos und Podcasts zu seinem täglichen Geschäft: In seinem YouTube-Kanal (*http://www.youtube.com/kanzleiwbs*), der auch als Podcast abrufbar ist, klärt er wöchentlich über neueste Trends im Online-Recht auf. Dort verfolgen mehr als 250.000 Abonnenten seine Beiträge. Neben seiner Kanzleitätigkeit ist Christian Solmecke auch Geschäftsführer des Deutschen Instituts für Kommunikation und Recht im Internet (DIKRI) an der Cologne Business School. Dort beschäftigt er sich insbesondere mit Rechtsfragen in sozialen Netzen. Vor seiner Tätigkeit als Anwalt arbeitete Christian Solmecke mehrere Jahre als Journalist für den Westdeutschen Rundfunk und andere Medien. Über *solmecke@wbs-law.de* ist der Autor per E-Mail zu erreichen.

Auch wenn Influencer-Marketing häufig so leicht und unkompliziert wirkt, sind damit rechtliche Anforderungen verbunden, die durchaus komplex sind. Denn was für den Influencer möglicherweise einfach nur ein Post ist, in dem man mal eine Handtasche eines Designerlabels sieht und mal einen Beitrag aus dem Urlaub des Influencers, kann dies rechtlich schnell als Werbung eingestuft werden. Dann gilt:

Werbung muss gekennzeichnet werden – andernfalls drohen Abmahnungen und Bußgelder. Das haben viele Influencer schon verstanden und kennzeichnen ihre Beiträge – doch damit nicht genug. Denn der Gesetzgeber hat auch ganz klare Vorstellungen dazu, wie und auch wo die Kennzeichnung zu erfolgen hat. Die Einhaltung dieser Kennzeichnungspflichten sollte nicht nur im eigenen Interesse der Influencer erfolgen, sondern ist vielfach auch Teil des Vertrages, den Influencer mit Unternehmen oder Agenturen schließen, da auch die ein Interesse an der Einhaltung rechtlicher Grundsätze haben. Denn Influencer, die mit dem Vorwurf der Schleichwerbung konfrontiert werden, werfen nicht selten auch ein schlechtes Licht auf das beworbene Produkt. Hier drohen Image-Schäden – für beide Seiten!

Praxisbeispiel

Scarlett Gartmann, Model und Freundin von BVB-Star Marco Reus, postete private Fotos auf ihrem Instagram-Account, der mehr als 190.000 Abonnenten hat (siehe Abbildung 11.1). Auffällig war nur, dass dort ganz zufällig teure Uhren und Taschen auftauchten.

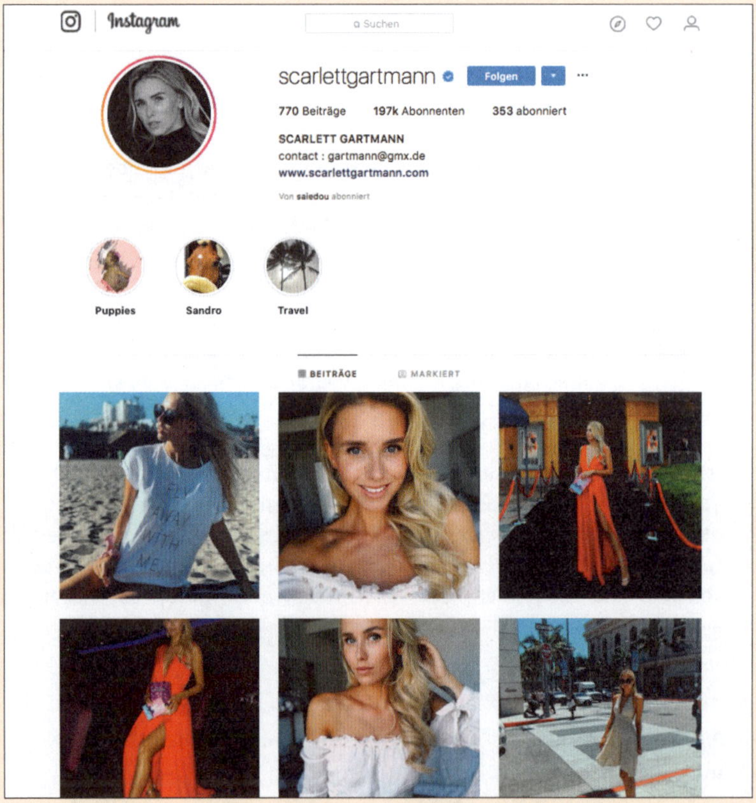

Abbildung 11.1 Instagram-Profil der Influencerin Scarlett Gartmann

Dieser »Zufall« entpuppte sich als Schleichwerbung und wurde abgemahnt: Mitte des Jahres 2017 erließ das Landgericht Hagen auf Antrag eines Wettbewerbsverbandes eine einstweilige Verfügung gegen die Influencerin, da in den streitgegenständlichen Posts auf Instagram die erforderliche Kennzeichnung als »Werbung« oder »Anzeige« fehle und dies gegen das Wettbewerbsrecht verstoße. Nachdem die Influencerin dagegen Widerspruch einlegte, bestätigte das Landgericht Hagen die getroffene Entscheidung per Urteil (Urteil vom 13.09.2017, Az. 23 O 30/17). Inzwischen hält sich die Influencerin an die gesetzlichen Regeln und kennzeichnet Werbung als solche.

Auch müssen Influencer gegebenenfalls ein Impressum bereithalten, was gerade in den sozialen Netzwerken nicht immer einfach zu bewerkstelligen ist. Wie die gesetzlichen Anforderungen umgesetzt und damit rechtliche Konsequenzen vermieden werden können, möchte ich in diesem Kapitel ebenfalls detailliert darstellen.

11.1 Die Basis: Rechtssichere Vertragsgestaltung

Die Chance der Zusammenarbeit zwischen Unternehmen und Influencern besteht zweifelsohne darin, dass durch die Popularität eines Einzelnen zielgruppenspezifisch eine breite Öffentlichkeit über Produkte, Marken oder Projekte informiert werden kann. Der naheliegende Imagetransfer ist für beide Seiten werthaltig. Jedoch gilt es auch zu bedenken, dass es bei langfristiger Zusammenarbeit erhebliches Konfliktpotenzial und drohende negative Meinungsbildung geben kann, wenn einer der Vertragspartner einen Imageverlust erleidet. Eine Zusammenarbeit sollte daher von beiden Parteien aus allen Blickwinkeln zukunftsorientiert betrachtet werden. Dabei sollten Chancen und Risiken der Partnerschaft analysiert werden, um die beiderseitigen Interessen in Einklang zu bringen. Im Zuge der Zusammenarbeit sollten dann auch vertragliche Beziehungen geschlossen werden, die die Rahmenbedingungen der Partnerschaft vorgeben.

Denn Verträge mit Influencern sollten – wie selbstverständlich auch jeder andere Vertrag – rechtssicher und transparent gestaltet werden, um der Gefahr entstehender Konflikte im Vorfeld bestmöglich begegnen und eine werthaltige Zusammenarbeit sichern zu können. Dazu sollten bei der Formulierung des Vertrages gedanklich alle Konstellationen der Zusammenarbeit durchgespielt und verschriftlicht werden. Dabei können zahlreiche Aspekte berücksichtigt werden. Welche Aspekte für Sie als Werbetreibende von besonderer Bedeutung sind, möchte ich Ihnen in diesem Abschnitt erläutern.

Achtung

Auch wenn Verträge grundsätzlich auch mündlich geschlossen werden können, kann ich dies nicht empfehlen. Denn im Streitfall muss grundsätzlich jeder die für ihn vorteilhaften Umstände darlegen und beweisen. Dies ist auf Grundlage einer mündlichen Vereinbarung allenfalls mit Zeugen möglich, insgesamt aber eine wackelige Sache! Daher sollten vertragliche Vereinbarungen immer schriftlich fixiert werden.

11.1.1 Vereinbarungen zu den Pflichten des Influencers

Werbetreibende, die einen Influencer mit der Bewerbung seiner Produkte beauftragen, sind verpflichtet, einerseits die im Rahmen der Werbekampagne nötigen Arbeiten auszuführen und andererseits dem Influencer das vereinbarte Honorar zu zahlen – andernfalls ist die übliche Vergütung zu zahlen. Denn auch im Influencer-Marketing gilt grundsätzlich: keine Leistung ohne Gegenleistung. Influencer stellen ihre Reichweite bereit, um Ihnen zielgruppenorientiertes Marketing zu ermöglichen. Welche Höhe als Gegenleistung dabei angemessen ist, hängt grundsätzlich von der Reichweite des Influencers ab.

Die Zahlung einer Vergütung ist jedoch keinesfalls verpflichtend. Unternehmer können Influencern auch kostenfrei Produkte aus ihrem Unternehmen zur Verfügung stellen oder diese mit Rabatten oder anderweitigen Vorteilen wie Einladungen zu Events oder Produktgutscheinen entlohnen. Auch ist es denkbar, dass sich Influencer und Unternehmer so einigen, dass gar keine Entlohnung erfolgt.

Hinweis

Den Vertragspartnern steht es frei, ob und gegebenenfalls welche Entlohnung sie vereinbaren. Wichtig ist nur, dass überhaupt eine Vereinbarung über den Gegenwert getroffen wird.

Die Pflicht des Influencers besteht im Gegenzug darin, auf seinem Profil in sozialen Netzwerken wie Instagram, YouTube oder Facebook Beiträge zu veröffentlichen, die die zu bewerbenden Produkte abbilden. Hierbei sollten die Vertragspartner klar definieren, wie der Beitrag aussehen und in welchen sozialen Netzwerken dieser wie lange bereitgehalten werden soll.

Praxistipp

Bei der Formulierung sollten folgende Aspekte berücksichtigt werden:

- Art und Höhe der Entlohnung des Influencers
- Bereitstellung der zu bewerbenden Produkte und ggf. Rückgabepflicht des Influencers nach Erstellung des Beitrags

- Art und Weise der Einbindung des zu bewerbenden Produkts in den Beitrag des Influencers
- Anzahl der gesponserten Beiträge
- Dauer der Veröffentlichung des Beitrags
- konkrete Benennung der sozialen Netzwerke, in denen der Influencer den Beitrag veröffentlichen soll
- Vereinbarung über die Art und Weise der Kennzeichnung, insbesondere, an welcher Stelle des Beitrags sie erscheint
- Einräumung von Nutzungsrechten an der Verwendung der Bilder zu weiteren Werbezwecken in Ihrem sozialen Netzwerk oder auf Ihrer Unternehmenswebseite
- Pflicht zur ordnungsgemäßen Kennzeichnung des Beitrags als Werbung

Die Vereinbarung über die Kennzeichnungspflicht sollte dabei keinesfalls vernachlässigt werden. Denn diese ist auch für die Wirksamkeit des Vertrages von Relevanz.

Achtung

Werbevereinbarungen können sittenwidrig und damit unwirksam sein, wenn sie die Veröffentlichung ohne Kennzeichnung vorsehen, so das Oberlandesgericht Düsseldorf (Urteil vom 31.10.2006, Az. I-23 U 30/06). Die Konsequenz daraus ist, dass Influencer keine Primär- oder Sekundäransprüche aus Verträgen geltend machen können. So laufen sie beispielsweise Gefahr, im Streitfall den Anspruch auf Zahlung der vereinbarten Gegenleistung gerichtlich nicht durchsetzen zu können.

11.1.2 Vereinbarungen zur Haftung

Neben dem Inhalt des Beitrags sollten vertragliche Vereinbarungen auch regeln, wie mit Problemen während, vor oder nach der Zusammenarbeit umzugehen ist. Es geht dabei um die Haftung im Fall von Vertragsverletzungen. Von besonderer Relevanz ist dabei die Frage, wer haftet, wenn der Influencer gegen

- die rechtlichen Kennzeichnungspflichten als Werbung,
- die Nutzungsbedingungen der sozialen Netzwerke, die zur Veröffentlichung verwendet werden, oder
- sonstige Rechte Dritter, die möglicherweise auf Grundlage des Influencer-Beitrags betroffen sind,

verstößt. Denn denkbar ist, dass Dritte Abmahnungen und Ansprüche nicht nur gegen den Influencer richten, sondern auch gegen das Unternehmen, dessen Produkt der Influencer bewirbt. Dies ist letztlich mit Kosten verbunden.

Hier sollten Unternehmer im eigenen Interesse eine Haftungsfreistellung gegenüber Dritten für die Verletzung vertraglich vereinbarter Kennzeichnungen als Werbung vereinbaren. Denn auch wenn der Beitrag von einem Unternehmen in Auftrag gegeben wird, erfolgt die Umsetzung selbst doch weitgehend durch den Influencer allein, weshalb es im Interesse der Unternehmen ist, dass diese auch allein für die Rechtmäßigkeit verantwortlich sind.

11.1.3 Vereinbarungen zur Exklusivität

Die Bewerbung der eigenen Produkte durch einen Influencer macht für Unternehmen häufig nur dort Sinn, wo sie von dem Betrachter nicht aufgrund ihrer plakativen Darstellung auf den ersten Blick als Werbung enttarnt wird. Für ein effektives Influencer-Marketing eignen sich daher aus Unternehmer-Perspektive einerseits Influencer, die nicht massenhaft Werbung in ihren Beiträgen machen, und andererseits solche, die keine Konkurrenzprodukte oder Konkurrenzdienstleistungen bewerben. Denn dies kann die Werbewirkung unter Umständen verwässern. Daher bieten sich Exklusivitätsvereinbarungen an, durch die sich der Influencer verpflichtet, innerhalb einer Produktspate nur für das Produkt des Vertragspartners Werbung zu machen. Dieses Recht kann dann beispielsweise zeitlich begrenzt werden oder nur für bestimmte soziale Netzwerke vereinbart werden.

Hinweis

Je exklusiver der Influencer gebucht wird, umso teurer wird in der Regel die Werbekampagne!

11.2 Der rechtliche Grundsatz: Kennzeichnung von Werbung

Sind die Vertragsmodalitäten erledigt, kommt die Werbekampagne in das praktische Stadium, bei dem in erster Linie der Influencer gefragt ist. Hier stellen sich ganz entscheidende Fragen zur Kennzeichnung des Beitrags: Warum, wo und wie muss gekennzeichnet werden? Zu dieser Frage gebe ich Ihnen in diesem Abschnitt alle nötigen Informationen.

Achtung

Influencern, die hier Fehler machen, drohen Rechtsstreitigkeiten oder Bußgelder. Auch gehen die Medienanstalten verstärkt gegen Rechtsverstöße vor, versenden Hinweisschreiben und drohen mit aufsichtsrechtlichen Verfahren.

11.2.1 Das Trennungsgebot

Gerade beim Influencer-Marketing kann der Nutzer nicht immer erkennen, welche Beiträge tatsächlich zu Werbezwecken angefertigt wurden. Influencer und Unternehmen versuchen nämlich nicht selten, den werbenden Charakter eines kommerziellen Beitrags zu verschleiern, da sie sich so eine höhere Effektivität versprechen. Denn Werbetreibende haben oftmals die Sorge, dass eine Werbebotschaft weniger Wert hat, wenn der Konsument erkennt, dass der Influencer Produkte oder Marken nicht aus persönlicher Überzeugung bewirbt, sondern primär aufgrund einer Gegenleistung, die ihm das dahinterstehende Unternehmen bietet.

Hinzu kommt: Je jünger der Nutzer ist, umso schwieriger fällt ihm die Unterscheidung. Aus diesem Grund hat das Gesetz das sogenannte *Trennungsgebot* normiert. Danach müssen redaktionelle und werbende Inhalte getrennt werden. Dies ist in verschiedenen, nebeneinander stehenden Gesetzen wie § 5a Abs. 6 des Gesetzes gegen den unlauteren Wettbewerb (UWG), § 6 Abs. 1 Nr. 1 des Telemediengesetzes (TMG) und § 58 Abs. 3 Rundfunkstaatsvertrag der Länder (RStV) geregelt. Danach müssen kommerzielle Inhalte klar und leicht erkennbar als solche gekennzeichnet werden und vom redaktionellen Inhalt unterscheidbar sein. Wie diese Unterscheidbarkeit genau aussehen soll, regelt nur der Rundfunkstaatsvertrag in § 8 Abs. 1. So muss in Videos, die ganz oder teilweise Werbung enthalten, »zu Beginn oder am Ende auf die Finanzierung durch den Sponsor in vertretbarer Kürze und in angemessener Weise deutlich hingewiesen werden.« Auch beim Einsatz neuer Werbetechniken, wozu das Influencer-Marketing wohl zu zählen ist, muss die Werbung »dem Medium angemessen durch optische oder akustische Mittel oder räumlich eindeutig von anderen Sendungsteilen abgesetzt sein.«

Hinweis

Von allen Influencern einzuhalten sind die Regelungen des Gesetzes gegen den unlauteren Wettbewerb und des Telemediengesetzes. Daneben sollten Influencer, die Werbung in Videos (zum Beispiel auf Plattformen wie YouTube) schalten, auch die Vorgaben des Rundfunkstaatsvertrages der Länder beachten. Denn es gibt noch keine Rechtsprechung dazu, ob YouTube-Videos fernsehähnliche Medien sind, auf die dann die Regeln des Rundfunkstaatsvertrag anzuwenden wären – viel spricht jedoch dafür, wie der Fall des YouTubers »Flying Uwe« zeigt. Gegen diesen setzte der Medienrat der Medienanstalt Hamburg/Schleswig-Holstein im Juni 2017 ein Bußgeld in Höhe von 10.500 € fest, nachdem dieser sich geweigert hatte, seine Videos als Dauerwerbesendung zu kennzeichnen. Darauf bestand der Medienrat aber, da er in den Beiträgen Fitnessprodukte der drei Firmen vorstellte, deren Geschäftsführer er selbst ist, ohne auf seine Tätigkeit als Geschäftsführer für die beworbenen Unternehmen hinzuweisen.

11.2.2 Werbung vs. Schleichwerbung

Werbung von redaktionellen Inhalten trennen kann nur der, der auch weiß, was Werbung ist. Vor der Frage, wie die Kennzeichnung zu erfolgen hat, stellt sich daher die Frage, bei welchen Posts von Influencern es sich überhaupt um Werbung handelt.

Achtung

Es ist nicht zulässig, vorsichtshalber alle Beiträge als Werbung zu kennzeichnen. Denn dies würde die Wirkung der Kennzeichnung verwässern und hätte zur Folge, dass der Betrachter wieder nicht weiß, was Werbung ist, da alles aussieht wie Werbung.

Eine gesetzliche Definition der Begriffe »Werbung« und »Schleichwerbung« findet sich nur im Rundfunkstaatsvertrag der Länder und wird daher an dieser Stelle zu Grunde gelegt.

Danach ist **Werbung** *»jede Äußerung (im Geschäftsverkehr), die entweder gegen Entgelt oder eine ähnliche Gegenleistung oder als Eigenwerbung gesendet wird, mit dem Ziel, den Absatz von Waren oder die Erbringung von Dienstleistungen (...) gegen Entgelt zu fördern«* (§ 2 Nr. 7 RStV).

Schleichwerbung ist dagegen gemäß § 2 Nr. 8 RStV *»die Erwähnung oder Darstellung von Waren, Dienstleistungen, Namen, Marken oder Tätigkeiten eines Herstellers von Waren oder eines Erbringers von Dienstleistungen in Sendungen, wenn sie vom Veranstalter absichtlich zu Werbezwecken vorgesehen ist und mangels Kennzeichnung die Allgemeinheit hinsichtlich des eigentlichen Zweckes dieser Erwähnung oder Darstellung irreführen kann«*.

Aus dem Trennungsgebot folgt daher, dass jegliche Form von Werbung ohne entsprechende Kennzeichnung Schleichwerbung ist, wenn der Zuschauer über die werblichen Zwecke getäuscht werden kann. Von einem Werbezweck ist nach der gesetzlichen Regelung insbesondere dann auszugehen, wenn die Erwähnung oder Darstellung gegen ein Entgelt oder eine ähnliche Gegenleistung erfolgt.

Das Entgelt oder die Gegenleistung sind jedoch nur ein Indiz und keinesfalls eine Voraussetzung für die Annahme von Schleichwerbung. Weitere gewichtige Indizien sind die reklamehafte Beschreibung des präsentierten Produkts, die Übernahme von Produkt- und Markenslogans oder von Bildern des Produktherstellers, Kaufempfehlungen oder die Präsentation des Produkts als zentraler Inhalt des Beitrags.

11.2.3 Rechtliche Rahmenbedingungen der Produktplatzierung in Videos

Hinweis

Die Regelungen des Rundfunkstaatsvertrags betreffen nur Influencer, die Videos veröffentlichen; sie gelten aber nicht für Foto- oder Textbeiträge von Influencern. Zudem muss es sich bei den Videos, die von Influencern zum Beispiel auf Plattformen wie YouTube verbreitet werden, um Sendungen »der leichten Unterhaltung« handeln.

Ob Influencer-Beiträge tatsächlich einen Fall der »leichten Unterhaltung« darstellen, wird sich nicht allgemein beantworten lassen, sondern muss im konkreten Einzelfall beurteilt werden. Denn Influencer gestalten ihre Beiträge inhaltlich sehr unterschiedlich. Festhalten lässt sich jedoch, dass wohl der Großteil der klassischen Influencer-Beiträge dieser Art der Sendung zugeordnet werden kann, da der Zuschauer in der Regel keine objektiven Informationen erwartet. Wäre dies der Fall, läge nämlich kein Fall der »leichten Unterhaltung« vor.

Produkte in Videobeiträgen zu platzieren – auch *Produktplatzierung* oder *Product Placement* genannt –, ist grundsätzlich verboten. Jedoch sieht der Rundfunkstaatsvertrag in § 7 Abs. 7 und § 44 Voraussetzungen vor, unter denen eine Produktplatzierung für Influencer als Privatpersonen in Videos zulässig ist.

Eine Produktplatzierung ist gemäß § 2 Nr. 11 S. 1 Rundfunkstaatsvertrag »*die gekennzeichnete Erwähnung oder Darstellung von Waren, Dienstleistungen, Namen, Marken, Tätigkeiten eines Herstellers von Waren oder eines Erbringers von Dienstleistungen in Sendungen gegen Entgelt oder eine ähnliche Gegenleistung mit dem Ziel der Absatzförderung. Die kostenlose Bereitstellung von Waren oder Dienstleistungen ist Produktplatzierung, sofern die betreffende Ware oder Dienstleistung von bedeutendem Wert ist*«.

Der entscheidende Unterschied zwischen Schleichwerbung und Produktplatzierung liegt demnach in der Kennzeichnung des Werbeinhalts und in der Tatsache, dass bei einer Produktplatzierung die Vereinbarung einer Gegenleistung eine Voraussetzung ist, bei Schleichwerbung jedoch nur ein Indiz.

Daneben liegt eine Produktplatzierung gemäß § 2 Nr. 11 S. 2 RStV auch dann vor, wenn Unternehmen Dritten Waren oder Dienstleistungen von bedeutendem Wert mit dem Ziel der Absatzförderung kostenlos bereitstellen.

Dies ist jedoch gemäß Ziffer 4 Abs. 3 Nr. 2 der Werberichtlinie der Landesmedienanstalten dann nicht kennzeichnungspflichtig, wenn die bereitgestellten Produkte nicht mehr als 1.000 € wert sind, dem Influencer keine Vorgaben zu deren Verwendung gemacht werden und sie nicht im Vordergrund des Beitrags stehen – diese Voraussetzungen müssen alle gleichzeitig erfüllt sein. Denn dann handelt es sich um eine *kennzeichnungsfreie Produkthilfe*. Dies betrifft Fälle, in denen das Produkt für die Herstellung des Beitrags benötigt wird. Das können zum Beispiel Möbelstücke oder Dekorationsartikel sein, die nur als Hintergrund in einem Fotobeitrag benötigt werden und deren Wert den Betrag von je 1.000 € nicht übersteigt.

Hinweis

Werden dem Influencer von einem Unternehmen mehrere Produkte für einen Beitrag überlassen, so wird deren Wert addiert. Stammen hingegen mehrere Artikel von mehreren Unternehmen, so wird jedes Produkt einzeln gewertet.

Liegt der Wert der Produkte über diesem Betrag, ist eine Kennzeichnung weiterhin dann nicht erforderlich, wenn der Wert zumindest nicht 1 Prozent der Produktionskosten überschreitet, was insbesondere bei sehr teuren Produktionen der Fall ist.

Produktplatzierungen sind weiterhin gemäß § 7 Abs. 7 RStV nur dann zulässig, wenn die Influencer in dem Beitrag nicht unmittelbar zum Kauf des Produkts auffordern und das Produkt nicht zu stark herausstellen. Das gilt auch dann, wenn es sich um Produkte aus dem Niedrigpreissegment handelt. Denn dass ein Produkt kostengünstig ist, entbindet Influencer nicht grundsätzlich von ihrer Kennzeichnungspflicht, wenn das Produkt im Mittelpunkt des Beitrags steht und der Influencer eine Gegenleistung für die Präsentation erhalten hat. Denn in diesen Fällen handelt es sich weder um eine Produkthilfe noch um eine Produktplatzierung, sondern um klassische Werbung, die auch als solche gekennzeichnet werden muss.

Praxisbeispiel

Die Niedersächsische Landesmedienanstalt hatte die Produktplatzierung des Kekses »Pick up!« der Marke »Leibniz« in der TV-Sendung »Das Dschungelcamp« als unzulässig beanstandet und Klage erhoben. In der TV-Sendung war der Keks der Preis für eine Aufgabe und wurde von den Teilnehmern deutlich sichtbar in die Höhe gehalten (siehe Abbildung 11.2), woraufhin die Akteure mit Jubel reagierten. In Einzeleinstellungen wurde gezeigt, wie die Teilnehmer lustvoll das Gebäck verzehrten. Das Verwaltungsgericht Hannover (Urteil vom 18.02.2016, Az. 7 A 13293/15) entschied, dass der Keks zu stark hervorgehoben wurde und damit nicht mehr von Werbung abgegrenzt werden könne. Die Grenze zur unzulässigen Produktplatzierung sei allerdings erst mit Äußerungen wie *»Das hat wirklich alles: Karamell, Schokolade und Keks. Was will man mehr?«* oder *»Das ist eine Geschmacksbombe«* in der Interviewkabine und aus dem »Off« überschritten worden; die vorherigen Präsentationen waren also noch in Ordnung.

Abbildung 11.2 Die Teilnehmer der TV-Sendung »Das Dschungelcamp« werben für den »Leibniz«-Keks »Pick Up!«, ohne dies zu kennzeichnen.

Unzulässig sind Produktplatzierungen weiterhin in Kindersendungen, informierenden Magazinen, Ratgebern und Verbrauchersendungen, Übertragungen von Gottesdiensten, Sendungen zum politischen Zeitgeschehen und vor allem in Nachrichtensendungen. Das Verbot von Produktplatzierungen in diesen Genres wird vor allem damit begründet, dass diese Zuschauergruppen leichter zu beeinflussen sind und daher bestimmte Informationsquellen wie Informations- und Nachrichtensendungen vor jeglicher möglichen Beeinflussung durch Werbepartner geschützt sein müssen.

Hinweis

Dass dieser Schutz gerade bei der Zuschauergruppe der Kinder und Jugendlichen auch tatsächlich erforderlich ist, zeigt die Studie »Kinder und Onlinewerbung« der Landesanstalt für Medien NRW und des Bundesministeriums für Familie, Senioren, Frauen und Jugend (siehe *http://wbs.is/rom105*). Danach sind nur 18 Prozent der Kinder im Alter von sechs bis elf Jahren in der Lage, Werbung und redaktionelle Inhalte zu trennen. Sie können Werbebotschaften also nicht eindeutig als solche identifizieren.

Außer über die rechtliche Zulässigkeit von Produktplatzierungen müssen Influencer sich zudem darüber informieren, ob Produktplatzierungen auch in den jeweiligen Kanälen der sozialen Netzwerke erlaubt sind. Eine Vielzahl von sozialen Netzwerken macht zwar keine konkrete Angabe zu Produktplatzierungen, dies bedeutet jedoch nicht, dass sie Produktplatzierungen grundsätzlich nicht erlauben.

Hinweis

Auskunft geben dabei die Nutzungsbedingungen oder die speziellen Werberichtlinien der jeweiligen Plattform. Die Videoplattform YouTube beispielsweise gestattet ausdrücklich die Integration bezahlter Produktplatzierungen und Empfehlungen in Videoinhalten. Dabei werden dem YouTuber jedoch Regeln auferlegt, die Influencer auf der Website der Videoplattform einsehen können (*http://wbs.is/rom93*).

11.3 Die praktische Umsetzung: Die rechtskonforme Kennzeichnung der Beiträge

Nun haben Sie einen Überblick über die grundsätzliche Abgrenzung von Werbung und Schleichwerbung und wissen, welche Beiträge gekennzeichnet werden müssen. Aber was bedeutet das in der Praxis – muss der einzelne Beitrag nun gekennzeichnet werden oder nicht? Bereits jetzt kann ich Ihnen sagen, dass diese Frage nicht pauschal beantwortet werden kann, sondern vielmehr eine Entscheidung im Einzelfall erforderlich ist. Denn die Ausgestaltung des Influencer-Marketings ist facettenreich. Sogar im konkreten Einzelfall fällt es teils schwer zu entscheiden, ob ein Beitrag schon Werbung ist, da die Grenze zur Schleichwerbung fließend ist. Auch wenn man dann für sich entschieden hat, dass ein Beitrag gekennzeichnet werden muss, stellt sich gleich die Anschlussfrage, wie und wo dies zu geschehen hat.

11.3.1 Umsetzung der Kennzeichnungspflicht

Damit Sie sich eine Vorstellung davon machen können, welche Influencer-Beiträge als Werbung zu kennzeichnen sind, möchte ich im Folgenden ein paar typische Praxisbeispiele analysieren und Sie so für die entscheidenden Faktoren sensibilisieren.

Zunächst einmal widme ich mich den Influencern, die auch in ihrem »realen Leben« unternehmerisch tätig sind. Manche von ihnen waren das auch schon vor ihrer Medienpräsenz auf YouTube, Facebook oder Instagram; andere haben ihre Medienpräsenz dazu genutzt, eigene Produkte auf den Markt zu bringen. Nichts ist dabei naheliegender, als diese *eigenen Produkte* auch über die eigenen Kanäle als Influencer zu bewerben.

Praxisbeispiel

Die Food-Influencerin Sally postet auf ihrer Instagram-Seite »sallystortenwelt« Bilder von Torten und Kuchen. Ende 2017 brachte sie auch ein Kochbuch unter dem Namen »Sallys türkische Küche« heraus und verfasste dazu Beiträge, die sie nicht als Werbung kennzeichnete (siehe Abbildung 11.3).

Abbildung 11.3 Die Food-Bloggerin Sally präsentiert in ihrem Instagram-Profil ihr neues Kochbuch.

Ob diese Art der Bewerbung der eigenen Produkte zulässig ist oder nicht, hängt davon ab, wie transparent der Influencer damit umgeht, dass es sich um seine eigenen Produkte handelt. Denn weiß der Zuschauer klar, dass der Influencer selbst hinter dem dargestellten Produkt steht, dann ist ihm auch klar, dass die Darstellung keineswegs rein objektiv und neutral ist, und er geht kritisch mit den Aussagen in Bezug auf das Produkt um. Es handelt sich dann um *zulässige Eigenwerbung*, für die keine Kennzeichnung als Werbung notwendig ist. Im oben genannten Beispiel der Influencerin Sally weiß jeder ihrer Follower, dass es sich bei dem Kochbuch um ihr eigenes Produkt handelt, weshalb sie dieses auch nicht kennzeichnen muss.

Anders sieht die Rechtslage hingegen aus, wenn der Influencer seine Beziehung nicht offenlegt und der Zuschauer daher davon ausgeht, dass der Influencer mit einem Mindestmaß an Neutralität über das Produkt berichtet. Denn die ungekennzeichnete Werbung ist nicht nur dann unzulässig, wenn es sich um die Produkte und Dienstleistungen anderer Unternehmen handelt, sondern auch bei der werblichen Hervorhebung der Produkte, die der Influencer selbst hergestellt hat bzw. an deren Absatz er ein eigenes Interesse hat: Sobald die Zielgruppe des Beitrags nicht weiß, dass ein kommerzielles Interesse an dem Absatz des Produkts besteht, wird sie getäuscht, und es liegt ein Verstoß gegen den Trennungsgrundsatz vor. Welche Konsequenzen daraus resultieren können, zeigt das folgende Praxisbeispiel.

Praxisbeispiel

Ein aufgrund der rechtlichen Konsequenzen prominentes Beispiel für unzulässige Eigenwerbung ist der bereits erwähnte Influencer »Flying Uwe« (siehe Abbildung 11.4), der in seine YouTube-Videos regelmäßig Fitnessprodukte wie etwa Proteinpulver einbindet.

Abbildung 11.4 YouTuber »Flying Uwe« wirbt in seinen Videos für Fitness-Produkte.

Dafür, dass er die Videos nicht als Dauerwerbesendung kennzeichnete, obwohl er die Zuschauer nicht darüber aufklärte, dass er selbst Geschäftsführer der drei Unternehmen ist, die die von ihm beworbenen Produkte herstellen, verpflichtete ihn die Landesmedienanstalt zur Zahlung eines Bußgeldes in Höhe von 10.500 €.

Daneben finden sich häufig auch Posts von Influencern, bei denen die abgebildeten Produkte *eigene Einkäufe* des Influencers darstellen und gerade nicht von dem Hersteller bzw. der Marke zur Verfügung gestellt wurden. Hat der Influencer das Produkt selbst gekauft und preist er freiwillig dessen positiven Eigenschaften an, ist dies nicht als Werbung zu kategorisieren, da hier seine Meinungsfreiheit überwiegt. Diese Beiträge muss der Influencer also grundsätzlich nicht kennzeichnen.

Allerdings kann es trotzdem zumindest so aussehen, als würde der Influencer Werbung betreiben. Daher sollte man also zumindest vorsichtig sein, wenn man ein Produkt zu undifferenziert positiv bewertet. In diesen Fällen ist es durchaus möglich, ins Visier der örtlichen Landesmedienanstalt zu geraten. Diese Gefahr besteht insbesondere dann, wenn der Influencer auf seinem Foto Produkte abbildet und die entsprechende Marke dann noch per @-Erwähnung verlinkt – das Bild also mit dem Instagram-Account der Marke verbindet –, ohne dies als Werbung zu kennzeichnen.

Denn der jüngsten Rechtsprechung zufolge soll es für die Kennzeichnungspflicht keine Rolle spielen, ob der Influencer die Produkte selbst gekauft hat oder nicht – es komme allein auf die Art der Präsentation an.

Praxisbeispiel

Die Bloggerin und Influencerin Vreni Frost (siehe Abbildung 11.5) war sehr erstaunt, als sie eine Abmahnung des Verbands Sozialer Wettbewerb im Briefkasten fand. Ihr wurde Schleichwerbung auf Instagram vorgeworfen – und das, obwohl sie niemals eine Gegenleistung für die Verlinkung der Marken bekommen hatte, die sie in ihren Instagram-Posts trug oder zeigte. Auf Instagram postete sie aber u. a. Bilder von sich und verlinkte diese per @-Erwähnung mit den offiziellen Instagram-Accounts von Modehändlern und Herstellern. Als Werbung sah sie das Ganze nicht an, da es ihrer Ansicht nach ihre freie Entscheidung sei, ihre persönlichen Vorlieben in dem Netzwerk mit ihren Fans zu teilen. Die Verlinkungen auf die jeweiligen Unternehmen würde sie nur vornehmen, um häufigen Fragen ihrer Follower nach der Herkunft der abgebildeten Produkte und Bekleidungsteile vorzubeugen. Zudem habe sie die Produkte selbst gekauft und die Rechnungen als Beweis aufgehoben. Auch habe sie bisher alle bezahlten Posts immer ordnungsgemäß als Werbung gekennzeichnet. Dass dies alles keine Rolle spielt, entschied dann das Landgericht Berlin (Urteil vom 24.5.2018, Az. 52 O 101/18): Das Gericht erließ nun nämlich eine einstweilige Verfügung, in der ihr verboten wurde, solche »kommerziellen Inhalte« im geschäftlichen Verkehr zu zeigen, ohne dies entsprechend zu kennzeichnen. Denn eine geschäftliche Handlung liege schon darin, dass er mit mehr als 50.000 Followern eine besondere Aufmerksamkeit errege. Wenn sie gegen die Verfügung verstößt, drohen ihr für jeden Fall der zukünftigen Zuwiderhandlung ein Ordnungsgeld von bis zu 250.000,00 Euro – und im schlimmsten Fall sogar Ordnungshaft. Das Gericht hat es der Bloggerin letztlich selbst überlassen, Wege zu finden, die aus dem Verbot hinausführen, und die Posts entsprechend zu kennzeichnen. Zudem wurde sie verurteilt, die Abmahnkosten in Höhe von 178,50 Euro zahlen. Die Instagrammerin Vreni Frost will gegen diese – auch für andere Influencer wichtige – Entscheidung vorgehen.

Abbildung 11.5 Vreni Frost präsentiert auf ihrem Instagram gerne Designer-Fashion – in diesem Fall eine Handtasche von Coco Chanel.

Diesem Urteil zufolge sollten also Influencer, die in ihren Beiträgen zu Seiten von Marken verlinken, diese vorsorglich als Werbung kennzeichnen – zumindest nach dem aktuellen Stand der Rechtsprechung. Dieser könnte sich jedoch bald ändern. Denn auch das Landgericht München I beschäftigt sich mit einem sehr ähnlichen Fall, scheint aber eine andere Auffassung zu vertreten als das Landgericht Berlin.

Praxisbeispiel

In einer ähnlichen Angelegenheit führt derzeit auch eine andere Influencerin einen Rechtsstreit: Cathy Hummels, Ehefrau des Fußballers Mats Hummels. Auch sie wurde von demselben Verband abgemahnt, weil sie 15 Posts nicht als Werbung gekennzeichnet hatte, obwohl sie diese angepriesen habe und/oder Links zu dem Hersteller gesetzt habe (siehe Abbildung 11.6). Hummels verteidigte sich dagegen mit dem Argument, sie habe dafür überwiegend keine Gegenleistung erhalten. Aus diesem Grund ging sie auch gegen die gegen sie erwirkte einstweilige Verfügung des Verbandes vor. In der mündlichen Verhandlung vor dem Landgericht München I am 9. Juli 2018 (Az. 4 HK O 4985/18) äußerte die Richterin zwar, dass das Influencer-Wesen »überflüssig wie ein Kropf« sei, betonte jedoch, dass dies noch lange nicht bedeute, dass es gesetzlich verboten sei. Sofern Hummels von den betreffenden Firmen keine Gegenleistung für die Nennung der Produkte erhalten habe, sei die Erwähnung dieser Produkte durchaus zulässig, so die Richterin. Damit wurde klar, dass der Verband in diesem Fall keine besonderen Erfolgsaussichten hat – eine Entscheidung steht jedoch noch aus.

Abbildung 11.6 In diesem Beitrag präsentiert Cathy Hummels eine Tasche des Designerlabels Prada.

Selbst wenn das Landgericht München I oder auch ein anderes Gericht eine Entscheidung zugunsten der Influencer trifft, ist dies noch keine Garantie. Denn eine letztverbindliche Entscheidung kann nur der Bundesgerichtshof treffen, wenn er einen solchen Fall zu entscheiden hat. Bis dahin sollten Influencer vorsichtig sein und im Zweifel lieber kennzeichnen.

Dagegen sehr eindeutig lassen sich die Fälle beurteilen, in denen die Zusammenarbeit zwischen Unternehmer und Influencer darin besteht, das Produkt oder die Dienstleitung des Unternehmens in einer positiven Art und Weise in den Fokus eines der Beiträge des Influencers zu stellen, wobei dieser dafür eine *Gegenleistung* erhält. Diese muss nicht in Geld, sondern kann auch in Sachmitteln oder anderen Vorteilen bestehen, wie in Eintrittskarten zu exklusiven Veranstaltungen. Eine Gegenleistung kann auch darin bestehen, dass der Influencer das Werbeprodukt im Anschluss behalten darf. Diese Fälle stellen ganz klassische Werbung dar und sind daher immer kennzeichnungspflichtig.

Praxisbeispiel

Mitte 2017 war die Werbekampagne des Waschmittelherstellers »Coral« auf Instagram sehr präsent. Dabei veröffentlichten zahlreiche deutsche Influencer wie Jörn Schlönvoigt, Shanti Joan Tan oder Sebastian Panneck Fotos auf Instagram, in denen sie das

Waschmittel in den Mittelpunkt stellten und mit den Hashtags »#coralliebtdeinekleidung« und »#coralcares« versahen (siehe Abbildung 11.7).

Diese Beiträge kennzeichneten die Influencer auch mit dem Hinweis »#Werbung«, »#advertisement« oder »Anzeige«. Es ist also sehr wahrscheinlich, dass sie für diesen Content eine Gegenleistung erhielten.

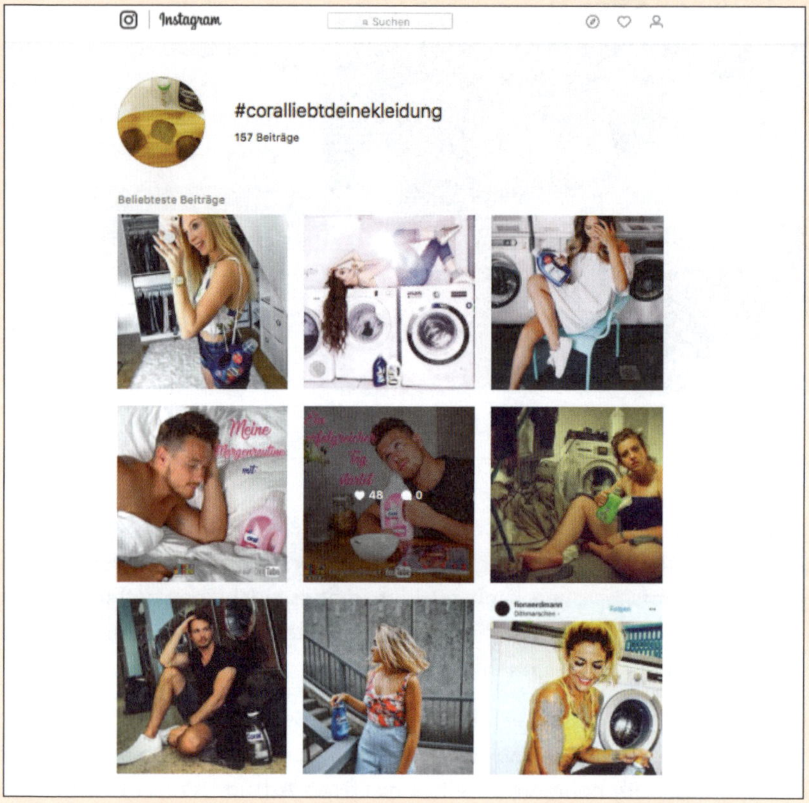

Abbildung 11.7 Verschiedene Influencer bewerben das Waschmittel der Marke »Coral« auf Instagram.

Differenziert müssen hingegen die Fälle der *Produkttestung* beurteilt werden, in denen neue Produkte auf dem Markt, zum Beispiel aus den Bereichen Technik und Kosmetik, von Influencern getestet werden.

Während man in den Fällen, in denen der Influencer das Produkt selbst gekauft hat und in seinen Videos testet, davon ausgehen muss, dass dies ganz klar unter seine Meinungsfreiheit fällt und schlichtweg keine Werbung ist, sind die Fälle, in denen das Produkt dem Influencer kostenlos vom Hersteller zugeschickt wurde, nicht ganz so klar. Hier kommt es im Wesentlichen darauf an, ob der Influencer sich zu etwas verpflichtet.

Sendet ein Unternehmen einem Influencer ein neues Produkt zu und bietet es ihm an, dieses Produkt behalten zu dürfen, wenn er es testet und innerhalb des Beitrags nur die positiven Aspekte des Produktes herausstellt, dann handelt es sich dabei nicht um einen objektiven Warentest, sondern um Werbung, die auch als solche gekennzeichnet werden muss. Denn gerade bei Produkttestungen geht der Zuschauer davon aus, dass es sich um eine objektive Berichterstattung handelt. Da dies jedoch aufgrund der vertraglichen Verpflichtung gerade nicht der Fall ist, ist die ungekennzeichnete Sendung ein klarer Fall von Schleichwerbung und kann Abmahnungen sowie Unterlassungsklagen zur Folge haben.

Praxisbeispiel

Ein neu auf den Markt gekommener Handtaschenhersteller bietet 20 Influencern aus dem Bereich »Fashion und Lifestyle« an, ihnen je eine Handtasche im Wert von 70 € zuzusenden, damit sie sich diese einmal näher anschauen können. Diese Tasche dürfen die Influencer auch behalten, wenn sie sie auf einem ihrer nächsten Bilder auf Instagram tragen, sie in einer Nahaufnahme besonders positiv hervorheben und im Begleittext ihre Begeisterung dafür ausdrücken.

Hat das Unternehmen dem Influencer das Produkt *völlig unverbindlich* zugeschickt, ohne dass damit irgendwelche Verpflichtungen oder Gegenleistungen einhergehen – der Influencer entscheidet also selbst vollkommen eigenständig über das Ob und vor allem das Wie der Darstellung –, dann muss auch dieser Beitrag grundsätzlich nicht als Werbung gekennzeichnet werden. Denn auch in diesen Fällen handelt es sich grundsätzlich nur um eine *freie Meinungskundgabe* des Influencers, wenn er sich zu einem Produkttest entschließt.

Praxisbeispiel

Der Hersteller von neu auf dem Markt erschienenen Kopfhörern im Wert von 30 € sendet technikaffinen Influencern diese Kopfhörer zu, damit sie sie testen können. Ob die Influencer im Anschluss daran einen Beitrag zu oder mit den Kopfhörern verfassen oder nicht, ist ihnen selbst überlassen. Die zugesandten Kopfhörer dürfen sie jedenfalls behalten.

Zwar gilt der Grundsatz der freien Meinungskundgabe grundsätzlich unabhängig davon, ob der Influencer das zugeschickte Produkt auch behalten kann, jedoch stellt sich mit steigendem Wert der Produkte oder auch der Dienstleitungen die Frage, inwieweit der Influencer tatsächlich neutral berichtet, wenn er von dem Produkt oder der Dienstleistung in erheblichem Maße profitiert.

Praxisbeispiel

Gerade Reise-Influencer wie Jay Alvarrez mit mehr als 5,9 Millionen Followern oder Murad Osmann mit etwa 4,3 Million Followern stehen im Fokus von Reiseveranstaltern. Denn keine Werbekampagne ist einflussreicher als ein Post von einem dieser Influencer. Das sehen auch Reiseveranstalter wie »NeckermannReisen« oder »Thomas-Cook« so. Sie konnten die YouTuberin Bianca »Bibi« Heinicke für sich gewinnen (siehe Abbildung 11.8). Sie erkundet nun mit Neckermann die Welt und berichtet darüber ihren 5,2 Millionen Followern in ihren Videos. Darüber klärt die YouTuberin selbst im Beschreibungstext zu ihrem Video auf, indem sie sich dort mit den Worten »*Vielen Dank an die tolle Zusammenarbeit mit NeckermannReisen, Thomas Cook & Condor :)*« bei ihren Sponsoren bedankt.

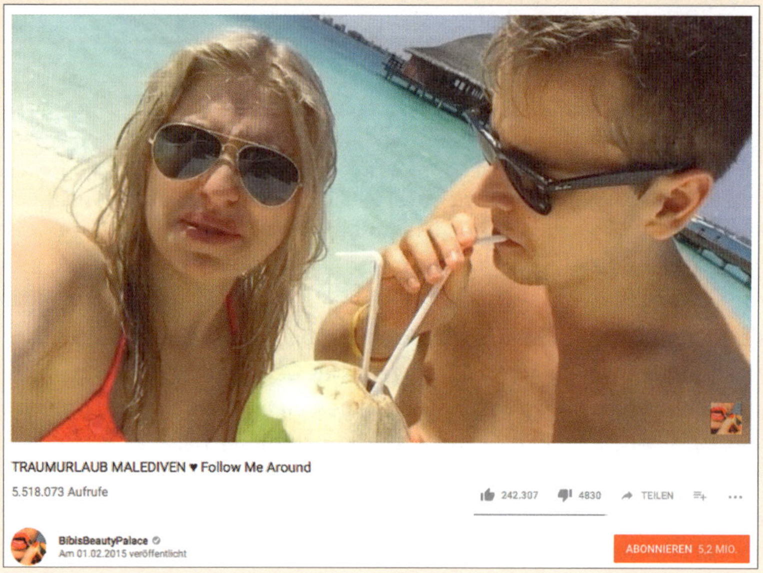

Abbildung 11.8 Die YouTuberin »Bibi« reist mit »NeckermannReisen, Thomas Cook & Condor« auf die Malediven.

Nun sind gerade tolle Reisen rund um die Welt besonders teuer und für Influencer deutlich attraktiver als beispielsweise die bloße Zusendung von Produkten im niedrigen Preissegment. Aus diesem Grund stellt sich auch in den Fällen, in denen Influencern Reisen von Veranstaltern zu Testzwecken finanziert werden und sie selbst über das Ob und Wie eines Berichts entscheiden können, die Frage, ob der Influencer tatsächlich umfassend seine subjektive Meinung darstellt und den Beitrag daher nicht kennzeichnen muss.

Schließlich hat auch der Influencer ein Interesse daran, weiterhin von dem Veranstalter als Tester eingesetzt zu werden. Dass er damit wohl nur dann rechnen kann, wenn er einerseits überhaupt berichtet und dies anderseits besonders positiv macht, ist wohl jedem klar. Denn auch der Travel Influencer profitiert von diesem Dienstleistungstest, da ihm dieser wertvollen Content liefert.

Dieser Umstand führt zu der ganz entscheidenden Frage, ob Influencer mit steigendem Wert des zur Verfügung gestellten Produkts nicht mehr oder weniger unbewusst in ihrer »Meinungsäußerung« beeinflusst werden – also ob eine Beeinflussung der Influencer durch die Unternehmen vorliegt, die dann streng genommen gekennzeichnet werden müsste.

Zwar gibt es zu dieser Thematik noch keine Rechtsprechung, ich bin jedoch der Meinung, dass die Fälle, in denen der Influencer Produkte oder Dienstleistungen im hohen Preissegment erhält, auch dann kennzeichnungspflichtig sind, wenn vertraglich weder eine Berichterstattungspflicht noch eine Pflicht zur positiven Bewertung besteht. Zu Recht werden Sie wohl jetzt fragen, ab welchem Betrag Produkte im hohen Preissegment liegen.

Man könnte bei der Grenzziehung an die gemeinsamen *Werberichtlinien der Landesmedienanstalten* denken (vgl. *http://wbs.is/rom104*), die in Ziffer 4 Abs. 3 Nr. 2 eine Untergrenze für die Kennzeichnung von Produkthilfen bei 1.000 € ziehen. Jedoch spricht gegen diesen recht hoch angesetzten Betrag, dass der Gesetzgeber von teuren Film- und TV-Produktionen ausgegangen ist, bei denen 1.000 € nur einen Bruchteil des Kostenvolumens für eine solche Produktion ausmachen.

Aus diesem Grund halte ich diesen Betrag als Grenze für das Influencer-Marketing für ungeeignet – hier muss die Grenze deutlich niedriger gezogen werden, da auch die Produktionskosten für Influencer-Beiträge deutlich niedriger bis hin zu kostenlos sind. Ich bin daher der Ansicht, dass die Grenze bei einem Wert von 100 € gezogen werden sollte. Liegt der Wert des Produktes über 100 €, sollte also eine Kennzeichnung erfolgen; liegt er darunter, ist dies meiner Ansicht nach nicht erforderlich.

Von der Werbung – nicht jedoch von der Kennzeichnungspflicht – zu trennen ist die *Produkthilfe*. Manchmal benötigen Influencer für die Erstellung ihrer Beiträge Produkte, die sie von Unternehmen kostenlos bereitgestellt bekommen. Dies ist zum Beispiel im Bereich der Food-Blogger relevant, die sich Töpfe oder Küchengeräte zur Verfügung stellen lassen, um einen Beitrag zum Thema Essen zu verfassen.

Praxisbeispiel

Food-Influencer wie die YouTuberin »Sally« verfügen auf ihrem Profil über Videos, in denen sie gesundes Essen kochen oder backen. Dabei verwenden sie nicht selten namhafte Küchenmaschinen, zum Beispiel den Mixer der Marke »KitchenAid« (siehe Abbildung 11.9), und kennzeichnen den Beitrag nicht als Werbung, obwohl die Marke klar erkennbar ist.

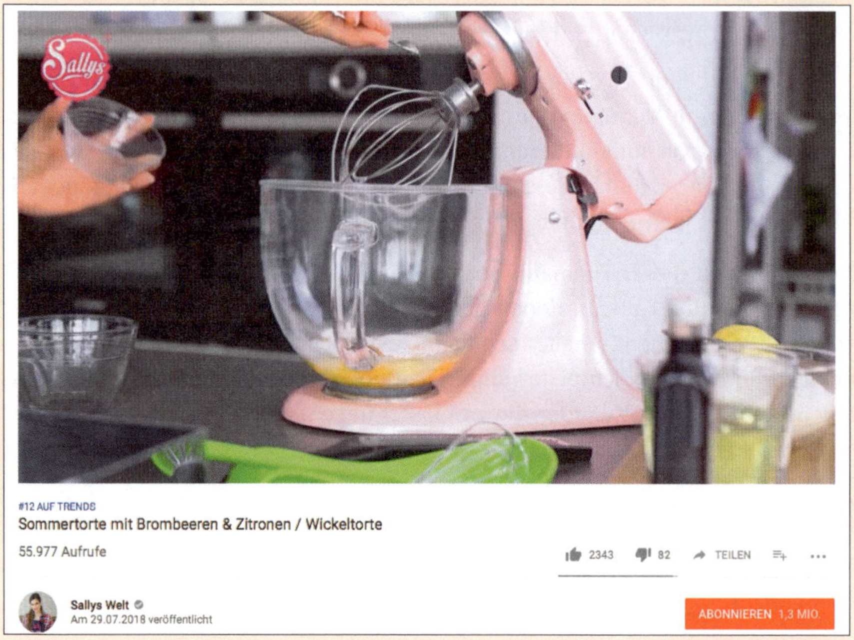

Abbildung 11.9 Die Influencerin »Sally« backt ihre Torte mit einem »KitchenAid«-Mixer.

Eine Kennzeichnung ist bei Produkthilfen dann nicht erforderlich, wenn diese nur zur Produktion des Beitrags verwendet werden, nicht aber im Vordergrund des Beitrags stehen. Gerade bei den Food-Bloggern stehen nicht die Küchengeräte im Vordergrund, sondern die Darstellung der Koch- oder Backanleitung, für deren Ausführung das Produkt nur Hilfe leistet. Das Küchengerät wird weder in den Vordergrund gestellt – anders wäre es, wenn zum Beispiel genau dieses Gerät getestet wird –, noch wird es von dem Influencer erwähnt.

Achtung

Influencer, die Videobeiträge mit Produkthilfen auf YouTube einstellen, sollten auch den nächsten Abschnitt genau lesen, da für Videos spezielle gesetzliche Regelungen gelten. So gilt zum Beispiel für den Fall der Produkthilfe eine Kennzeichnungsfreiheit nur bis zu einem Betrag von 1.000 €!

11.3.2 Art der Kennzeichnung von Werbung

Ebenso wichtig wie das »Ob« ist auch das »Wie« der Kennzeichnung. Auch wenn zu erkennen ist, dass immer mehr Influencer Werbeinhalte als solche auf die eine oder andere Weise kennzeichnen, gibt es immer noch eine große Zahl an Influencer-Kampagnen in Blogbeiträgen, Posts oder Videos, die entweder überhaupt nicht oder nur unzureichend als Werbung gekennzeichnet werden. Denn Kennzeichnung ist nicht gleich Kennzeichnung! Vielmehr haben der Gesetzgeber und darauf basierend die Rechtsprechung ganz konkrete Vorstellungen davon, an welcher Stelle und mit welchen Begriffen Influencer Werbung als solche kennzeichnen müssen.

Influencer verwenden bei der Kennzeichnung gern englische Begriffe wie »*Advertisement*«, »*Ad*«, »*sponsored*« oder »*sponsored by*« sowie »*promotion*« und versehen diese Begriffe je nach Verbreitungsmedium noch mit einem Hashtag (siehe Abbildung 11.10).

Abbildung 11.10 »trvl_memrs« kennzeichnet ihre Beiträge auf Instagram mit »#advertisement«.

Während diese Begriffe im englischsprachigen Raum natürlich üblich und auch richtig sind, werden diese Kennzeichnungsarten auch von deutschen Influencern vermehrt verwendet. Denn im Vergleich zu deutschen Begriffen wie »Werbung« treten englische Wörter nicht zu sehr in den Vordergrund. Dies liegt zum Teil auch daran, dass so mancher Nutzer der englischen Sprache gar nicht oder nur unzureichend mächtig ist und daher gar nicht weiß, was sich hinter diesen Begriffen verbirgt. Genau diese Unwissenheit ist jedoch der Grund, warum englischsprachige Kennzeichen in der deutschen Rechtsprechung keine Anerkennung finden.

Praxisbeispiel

Dies zeigt sich insbesondere mit Blick auf die Entscheidung des Bundesgerichtshofs in dem sogenannten »GOOD NEWS II«-Verfahren (Urteil vom 06.02.2014, Az. I ZR 2/11), in dem das Gericht entschied, dass die im streitgegenständlichen Fall verwendete Bezeichnung »sponsored by« den gesetzlichen Anforderungen nicht gerecht wird.

Zwar basierte diese Entscheidung einerseits auf dem Baden-Württembergischen Landespressegesetz, das ausdrücklich die Bezeichnung als »*Anzeige*« verlangte, jedoch hat auch das Landgericht München I (Urteil vom 31.07.2015, Az. 4 HK O 21172/14) entschieden, dass der englischsprachige Hinweis »*sponsored*« zur Kennzeichnung kommerzieller Inhalte auch aus wettbewerbsrechtlicher Sicht unzureichend sei. Denn da der Hinweis nicht in deutscher Sprache erfolgte, könnten ihn manche Leser schlicht nicht verstehen. Außerdem könne der Zusatz nicht zwingend so verstanden werden, dass es sich um eine Anzeige handle.

Auch die Landesmedienanstalten weisen in ihrer Infobroschüre »FAQs – Antworten auf Werbefragen in sozialen Medien« darauf hin, dass englischsprachige Kennzeichnungen nicht vorzugswürdig sind! Da es letztlich auch die Medienanstalten sind, die die Beiträge auf Rechtsverstöße kontrollieren oder Hinweisen nachgehen, sollten Werbetreibende deren Empfehlungen ernst nehmen! Einen PDF-Download finden Sie unter *http://wbs.is/rom106*.

Juristisch sicherer ist die Verwendung deutschsprachiger Hinweise wie »*Anzeige*« oder »*Werbung*« (siehe Abbildung 11.11).

Abbildung 11.11 »jackyxsecretx« kennzeichnet ihren Beitrag mit »Werbung/Anzeige«.

Dies empfehlen auch die Medienanstalten in ihrer Infobroschüre »FAQs – Antworten auf Werbefragen in sozialen Medien«.

11.3.3 Kennzeichnung von Produktplatzierungen

Wie bereits mehrfach angesprochen ist neben der Werbung auch die Produktplatzierung kennzeichnungspflichtig. Eine Produktplatzierung muss für den Nutzer erkennbar zu Beginn und zum Ende der Sendung sowie nach einer Werbeunterbrechung für mindestens 3 Sekunden mit der Abkürzung »*P*« als senderübergreifendes Logo gekennzeichnet werden. Ergänzend empfehlen die Medienanstalten die Verwendung von Hinweisen wie »*Produktplatzierung*« oder »*Unterstützt durch Produktplatzierung*« (siehe Abbildung 11.12) bzw. »*unterstützt durch* (Produktname)«.

Abbildung 11.12 Die YouTuberin »liveworthliving« verwendet in ihrem Video die Kennzeichnung »Unterstützt durch Produktplatzierung« und weist auch im Titel des Videos darauf hin.

Grundsätzlich spricht aus juristischer Sicht nichts dagegen, einen Beitrag mit deutschen Begriffen wie »Produktplatzierung« oder »Unterstützt durch Produktplatzierungen« zu versehen und dies im späteren Verlauf des Videos auf ein einfaches »P« herunterzukürzen.

Neben den bereits erwähnten Hinweisen haben Sie sicher in Sendungen auch schon die Kennzeichnung *»Dauerwerbesendung«* (siehe Abbildung 11.13) oder *»Werbevideo«* gesehen. Diese ist immer dann anzubringen, wenn der werbliche Teil des Beitrags nicht klar vom redaktionellen Teil zu trennen ist, weil das Produkt und der Werbecharakter der Sendung erkennbar im Vordergrund stehen und die Werbung einen wesentlichen Bestandteil der Sendung darstellt. Wie der Begriff schon erkennen lässt, handelt es sich also um eine Sendung, in der dauerhaft Werbung geschaltet wird.

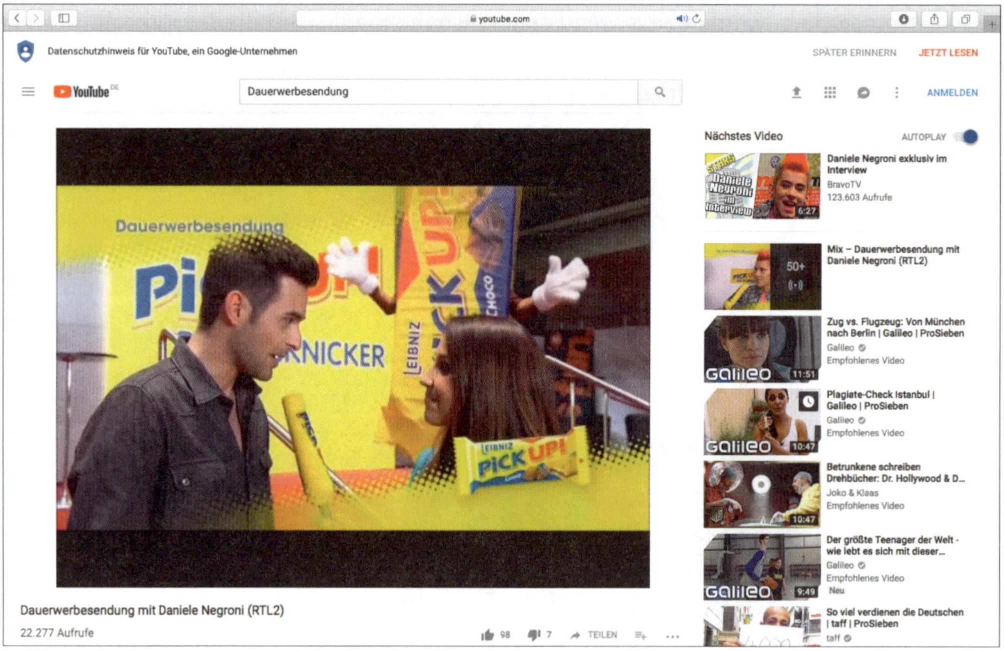

Abbildung 11.13 Die Abbildung zeigt die Kennzeichnung als »Dauerwerbesendung« für den »PICKUP«-Keks von Leibniz.

Achtung

Grundvoraussetzung für die Kennzeichnung als Produktplatzierung ist, dass es sich bei dem Beitrag auch tatsächlich um eine Produktplatzierung handelt und gerade nicht um Werbung, die auch ausdrücklich nur mit den Begriffen »Werbung« oder »Anzeige« gekennzeichnet werden darf. Zwar liegt in beiden Fällen eine Kennzeichnung vor; wer jedoch Werbung irrtümlich als Produktplatzierung kennzeichnet, der hat die Anforderungen an eine richtige Kennzeichnung nicht erfüllt und muss mit Abmahnungen und Unterlassungsklagen rechnen! Um auf der sicheren Seite zu sein, empfehle daher auch ich, den Beitrag als »Werbung« oder »Anzeige« zu kennzeichnen, jedenfalls dann, wenn eine vertragliche Verpflichtung zur Anpreisung des Produktes besteht.

11.3.4 Platzierung der Kennzeichnung

Dass auch der Ort der Kennzeichnung klar geregelt ist, verwundert nicht, da Werbetreibende insbesondere beim Influencer-Marketing den Werbecharakter nicht in den Vordergrund stellen möchten und daher in Versuchung geraten könnten, das Kennzeichen an einer etwas unauffälligeren Stelle zu platzieren.

Dies ist jedoch nicht im Sinne des Gesetzgebers und demnach auch nicht im Sinne der Medienanstalten, die sich in ihrer Infobroschüre »FAQs – Antworten auf Werbefragen in sozialen Medien« folgendermaßen dazu äußern: *»Verstecken solltest Du Deine Hinweise aber nicht. Also: #werbung oder #anzeige gehören vorne in Deinen Post, nicht irgendwo nach hinten und schon gar nicht versteckt in einen anderen Link.«* Doch was bedeutet das nun genau?

Fest steht ganz grundsätzlich, dass der Betrachter des Beitrags ohne Mühe leicht erkennbar über den Umstand aufgeklärt werden muss, dass der konkrete Inhalt Werbung darstellt bzw. eine Produktplatzierung enthält. Dazu müssen die Hinweise ohne großes Scrollen erreichbar und auf allen Endgeräten verfügbar sein. Dies ist auch bei der Einbindung auf Webseiten Dritter oder in sozialen Netzwerken zu beachten.

Wo nun genau gekennzeichnet werden muss, hängt vom konkreten Einzelfall und dem genutzten Kommunikationsmedium ab.

In Videos soll der Influencer laut Empfehlung der Medienanstalten entweder am Anfang eines Videos mündlich und schriftlich auf den Werbeinhalt hinweisen oder während des Videos klar und deutlich »Werbung« oder »Anzeige« einblenden. Dazu bietet sich die linke oder rechte Ecke im oberen Teil des Bildes an, da Schriftzüge dort regelmäßig einfacher erkennbar sind als im unteren Teil des Bildes (siehe Abbildung 11.14).

Hinweis

Ich empfehle, einerseits am Anfang des Videos auf den Werbecharakter hinzuweisen und andererseits auch während der gesamten Sendung einen textlichen Hinweis einzublenden. Weiterhin muss auch bei der Fortsetzung des Videos nach einer Werbeunterbrechung erneut die Kennzeichnung erfolgen.

Zusätzlich – jedoch keinesfalls alternativ – sollte der Hinweis auch in der textlichen Videobeschreibung auftauchen. Manche Influencer nehmen den Hinweis zudem auch in den Titel des Videos auf (siehe oben Abbildung 11.12). Eine Pflicht dazu besteht zwar nicht, schaden wird ein zusätzlicher Hinweis jedoch auch nicht.

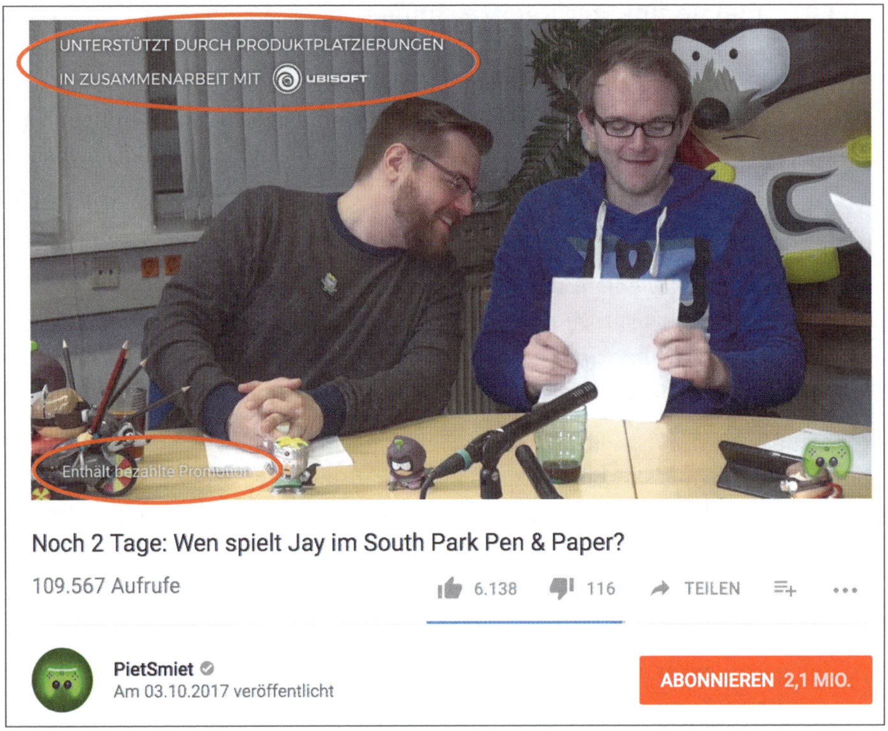

Abbildung 11.14 In dem Video der YouTuber »PietSmiet« sieht man deutlich, dass Kennzeichen am oberen Rand deutlich besser zu erkennen sind als am unteren Rand des Videos.

Veröffentlichen Influencer Beiträge in sozialen Medien, reicht der Hashtag bzw. die Kennzeichnung im Begleittext, solange der Hinweis leicht erkennbar ist. Diese Kennzeichnung muss jedoch in ausreichender Größe gehalten sein und sich nahe der Überschrift befinden. Nutzt der Influencer zur Kennzeichnung einen Hashtag, empfehle ich, die erste Stelle zu verwenden (siehe Abbildung 11.15).

Zwar gibt es noch keine dahingehende Rechtsprechung, dass der Hashtag an erster Stelle stehen muss, jedoch hat die Rechtsprechung bereits entschieden, dass in manchen Konstellationen bereits die zweite Stelle nicht ausreichend ist. Dass eine noch weiter hinten platzierte Kennzeichnung den Anforderungen erst recht nicht gerecht wird, versteht sich dann von selbst. Auch den Hinweis in einer *Hashtag-Wolke* – also inmitten einer Vielzahl von Hashtags – zu verstecken, entspricht nicht dem Sinn der Kennzeichnungspflicht.

Abbildung 11.15 In diesem Beitrag erfolgt der Hinweis auf den Werbeinhalt direkt an erster Stelle und ist damit nicht zu übersehen.

Praxisbeispiel

Die nicht ausreichende Kennzeichnung eines Influencer-Beitrags war im Jahr 2017 Gegenstand eines Verfahrens vor dem Oberlandesgericht Celle (Urteil vom 8.6.2017, Az. 13 U 53/17). Dem Verfahren lag das Verhalten eines Influencers zugrunde, der in einem seiner Instagram-Posts auf eine Angebotsaktion der Drogeriemarktkette »Rossmann« hingewiesen und hierfür von »Rossmann« eine Gegenleistung erhalten hatte. Diesen Beitrag hatte der Influencer nur mittels »*#ad*« an zweiter Stelle von insgesamt sechs verschiedenen Hashtags gekennzeichnet. Er wurde daraufhin von einem Verein, der die Rechte eines Mitbewerbers vertrat, wegen eines Verstoßes gegen das Gesetz gegen den unlauteren Wettbewerb auf Unterlassung verklagt – zu Recht!

Die Richter waren der Auffassung, dass gewerbliche Instagram-Posts »*auf den ersten Blick und ohne jeden Zweifel*« als solche erkennbar sein müssen, da nicht damit zu rechnen sei, dass ein durchschnittliches Mitglied der entsprechenden Zielgruppe den verwendeten Hashtag – zumindest an der platzierten Stelle – zur Kenntnis nehme. Zweifelhaft könne schon sein, ob Hashtags, die am Ende eines Beitrags stehen, überhaupt zur Kenntnis genommen werden oder ob sich der Leser des Beitrags auf den eigentlichen Text beschränke. Jedenfalls werde sich die überwiegende Zahl der Beitragsleser nicht beim ersten Betrachten der Seite die hier vorhandene Vielzahl an Hashtags ansehen und insofern auch nicht auf den Hashtag »*#ad*« aufmerksam werden. Auch wenn sich der kommerzielle Zweck womöglich unmittelbar aus den Umständen des Posts ergebe, sei eine Kennzeichnung des kommerziellen Zwecks dennoch nicht entbehrlich. Es genüge nicht, wenn der durchschnittliche Leser erst nach einer analysierenden Lektüre des Beitrags dessen werbliche Wirkung erkennen könne.

Als Reaktion auf die zunehmende Bedeutung des Influencer-Marketings bieten sozialen Netzwerke zunehmend eigene Möglichkeiten der Kennzeichnung. Denn Plattformbetreiber wissen um die Problematik der Umsetzung der Kennzeichnungspflichten innerhalb des beschränkten Designs von Plattformen. Aus diesem Grund haben soziale Netzwerke selbst in der letzten Zeit Tools entwickelt, mittels derer Werbekooperationen zwischen Influencern und Unternehmen einheitlich und transparent gekennzeichnet werden können. Damit kommen die Plattformen nicht nur rechtlichen Vorgaben nach, sondern auch dem Wunsch zahlreicher Influencer und werbender Unternehmen nach einer einfachen Möglichkeit der Kennzeichnung.

Praxisbeispiel

Ein Beispiel dafür ist die Kennzeichnung von Markeninhalten – sogenannter *Branded Content* – auf Facebook und Instagram. Dabei wird die hinter einem Beitrag stehende Geschäftsbeziehung zwischen dem Influencer und dem Unternehmen transparent gemacht, indem diese Beiträge mit den jeweiligen Kooperationspartnern verbunden und in den Metadaten im Fall von Facebook mit dem Hinweis »*Bezahlt*« (siehe Abbildung 11.16) und bei Instagram mit dem Kennzeichen »*bezahlte Partnerschaft mit*« (siehe Abbildung 11.17) versehen werden. So soll es Influencern erleichtert werden, ihr bezahltes Engagement in ihren Beiträgen und Storys transparent darzustellen und so den rechtlichen Anforderungen gerecht zu werden.

Abbildung 11.16 Die Schauspielerin Janina Uhse nutzt Branded Content auf Facebook, um ihre Kooperation mit dem Eishersteller »Magnum« zu kennzeichnen.

Abbildung 11.17 Auf Instagram kennzeichnet Janina Uhse ihre Kooperationen mit dem Hinweis »bezahlte Partnerschaft«.

Verstoßen Influencer gegen die sich aus dem Gesetz oder aus Branchenvereinbarungen ergebenden Kennzeichnungspflichten, können sowohl diese selbst als auch die mit ihnen kooperierenden Unternehmen abgemahnt oder mit einem Bußgeld sanktioniert werden.

Achtung

Im Falle eines Wettbewerbsverstoßes können Konkurrenten, berechtigte Verbände wie zum Beispiel Wettbewerbsverbände oder Verbraucherschutzvereine sowie die Wettbewerbszentrale Unterlassungsansprüche geltend machen. Eine solche rechtliche Streitigkeit kann – insbesondere, wenn das Ganze vor Gericht geht – teuer werden und leicht den Wert übersteigen, den der Influencer als Gegenleistung erhalten hat. Liegt ein Verstoß gegen die Vorschriften des Rundfunkstaatsvertrages vor, so können Aufsichtsbehörden Untersagungsverfügungen und Bußgeldbescheide erlassen oder mögliche Kompensationszahlungen verlangen. Hier drohen Bußgelder von bis zu 500.000 €. Auch nach dem Telemediengesetz können bei Rechtsverstößen Bußgelder in Höhe von bis zu 50.000 € verhängt werden.

11.4 Die Impressumspflicht

Ein Thema, das im Rahmen des Influencer-Marketings neben der Diskussion um die bedeutende Kennzeichnungspflicht etwas in den Hintergrund gerät, ist die Impressumspflicht, auch *Anbieterkennzeichnung* genannt. Obwohl nicht minder wichtig und auch nicht weniger rechtsfolgenreich, halten noch immer viele Influencer nicht die nötigen Informationen und Kontaktinformationen auf ihren Kanälen auf Plattformen wie Facebook, Twitter, Instagram oder YouTube bereit.

Die Anbieterkennzeichnung ist jedoch eine rechtliche Pflicht, die grundsätzlich alle zu nicht ausschließlich persönlichen oder familiären Zwecken dienenden Online-Angebote betrifft. Dabei finden sich Regelungen zur Impressumspflicht sowohl im Telemediengesetz als auch im Rundfunkstaatsvertrag. Influencer, die mit ihrem Kanal Werbeeinnahmen erzielen, trifft einerseits die Impressumspflicht nach § 5 Abs. 1 TMG, da deren Profil oder Kanal dann unter Umständen einen Telemediendienst gegen Entgelt anbietet. Darüber hinaus kann sich eine eingeschränkte Pflicht zur Anbieterkennzeichnung auch aus § 55 Rundfunkstaatsvertrag ergeben. Dies ist dann der Fall, wenn es sich um nicht geschäftsmäßige Telemedien im Sinne des § 55 Abs. 1 RStV oder um journalistisch-redaktionelle Angebote nach § 55 Abs. 2 RStV handelt. Letzteres ist dann der Fall, wenn eine Presseähnlichkeit aufgrund des Ziels der Leistung eines Beitrags zur öffentlichen Meinungsbildung und Information angenommen werden kann. Ob die Beiträge bzw. der Kanal des Influencers tatsächlich unter diesen sehr weit gefassten Begriff fallen, muss im konkreten Einzelfall entschieden werden.

Hinweis

Wenn Sie sich nicht sicher sind, was alles in Ihr Impressum gehört, so können Sie sich auch des Rechtstexters bedienen, den die Rechtsanwaltskanzlei Wilde Beuger Solmecke in Kooperation mit Trusted Shops entwickelt und auf der Webseite *http://wbs.is/rom-rechtstexter* online gestellt hat.

11.4.1 Inhalt des Impressums

Trifft den Influencer nun eine Impressumspflicht, stellt sich in der Folge die Frage, welche Bestandteile das Impressum mindestens enthalten muss. Ist der Influencer zur Anbieterkennzeichnung nach § 5 Abs. 1 TMG verpflichtet, dann muss er die folgenden Informationen bereithalten:

- Name
- Anschrift
- E-Mail-Adresse
- Telefonnummer
- Angabe der Umsatzsteueridentifikationsnummer

Influencer, die journalistisch-redaktionell gestaltete Kanäle betreiben, trifft die Pflicht, einen Verantwortlichen mit Angabe von

- Namen und
- Anschrift

zu benennen.

Hinweis

Je nach Art und Weise der Gestaltung der Beiträge und des Kanals können Influencer sowohl zur Einhaltung der Angaben nach dem Telemediengesetz als auch nach dem Rundfunkstaatsvertrag verpflichtet sein. Wer sich nicht sicher ist, ob ihn neben der »normalen« Impressumpflicht auch die für journalistisch-redaktionell gestaltete Webseiten trifft, der ergänzt einfach sein Impressum um die Angabe eines Verantwortlichen. Denn ein Verstoß gegen die Impressumspflicht kann als Ordnungswidrigkeit mit einer Geldbuße von bis zu 50.000 € geahndet werden und Abmahnungen von Konkurrenten zur Folge haben.

11.4.2 Platzierung des Impressums

Der Gesetzgeber hat auch klare Vorstellungen von der genauen Platzierung und Erreichbarkeit des Impressums. Verlangt wird, dass die Anbieterkennzeichnung ohne wesentliche Zwischenschritte abgerufen werden kann. Sorgen Sie deshalb dafür, dass die Informationen zu der Person, die den YouTube-Kanal, die Facebook-Seite oder das Instagram-Profil betreibt, für den Nutzer leicht erkennbar, unmittelbar erreichbar und ständig verfügbar gehalten werden.

Doch was so einfach klingt, ist in der praktischen Umsetzung häufig nicht ganz leicht. Gerade innerhalb der Social-Media-Auftritte stellt sich aufgrund der beschränkten gestalterischen Möglichkeiten regelmäßig die Frage, wo das Impressum rechtssicher platziert werden kann.

Aufgrund dieser Problematik gilt grundsätzlich, dass das Impressum nicht vollständig auf dem Profil des sozialen Netzwerks abrufbar sein muss, sondern dass es möglich sein muss, die Informationen ohne wesentliche Zwischenschritte abzurufen. Der Bundesgerichtshof (Urteil vom 20.7.2006, Az. I ZR 228/03) geht davon aus, dass die gesetzlichen Voraussetzungen erfüllt sind, wenn das Impressum über zwei Klicks erreicht werden kann – sogenannte *Zwei-Klick-Lösung*.

Praxistipp

Für die Umsetzung gibt es verschiedene Möglichkeiten:

- Es kann ein sprechender Link verwendet werden: »www.musterseite.de/impressum«.

- Weiterhin gibt es die Möglichkeit, vor den Link einen aufklärenden Zusatz zu setzen: »Impressum: www.musterseite.de«.
- Der Link kann auf das Wort »Impressum« gelegt werden.

Der Vorteil an einem Link zur Homepage besteht ganz grundsätzlich darin, dass Sie Änderungen oder Aktualisierungen im Impressum nur auf Ihrer Webseite vornehmen müssen und nicht zusätzlich auf jeder einzelnen Plattform, die Sie nutzen.

Das soziale Netzwerk Facebook bietet Influencern zudem eine eigene Impressums-Rubrik, die relativ einfach bedient werden kann: Sie können in das Feld IMPRESSUM alle erforderlichen Angaben eintragen (siehe Abbildung 11.18). Der Vorteil besteht darin, dass Sie damit ein rechtssicheres Impressum erstellen können.

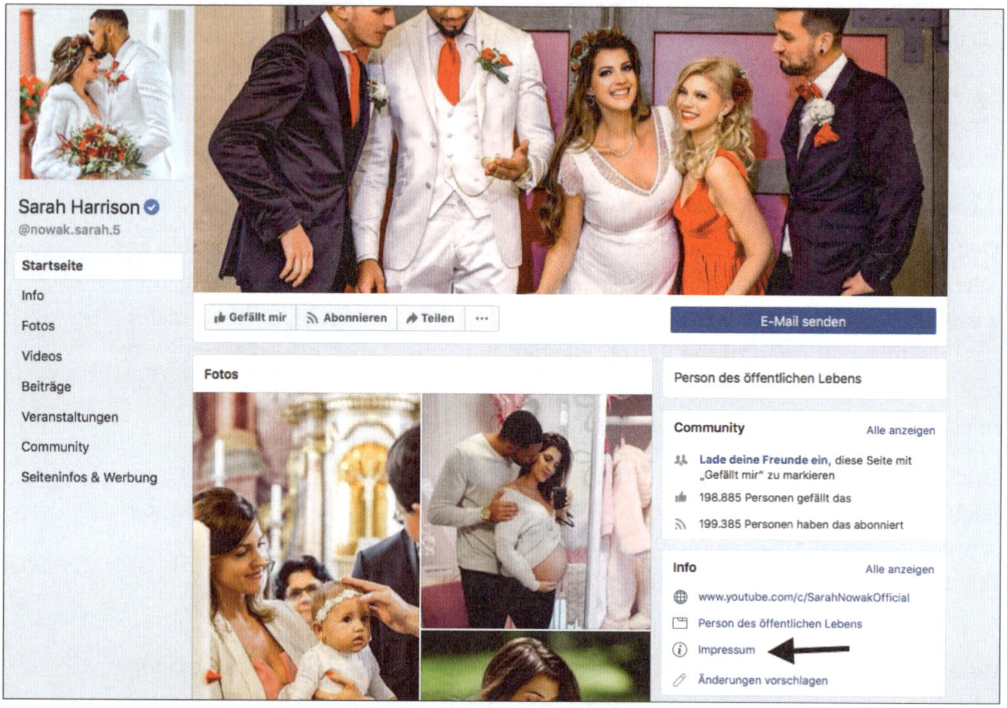

Abbildung 11.18 Das Facebook-Profil der Influencerin Sarah Harrison enthält eine eigene Rubrik für das »Impressum«.

Influencer, die einen Videokanal auf der Plattform YouTube betreiben, können das Impressum unter der Rubrik KANALINFO als Link eingeben und die URL zu ihrer Homepage hinterlegen. Der Nutzer klickt also beim ersten Mal auf KANALINFO, beim zweiten Mal auf IMPRESSUM und bekommt die Anbieterinformationen dann auf der Homepage angezeigt.

Achtung

Für Verwirrung sorgte im Jahre 2017 ein Urteil des Landgerichts Trier (Urteil vom 21.7.2017, Az. 11 O 258/16), wonach es zur Erfüllung der Impressumspflicht nach § 5 TMG ausreichen solle, wenn man auf YouTube einen normalen, »nicht sprechenden« Homepage-Link setzt. Dieser dürfte dann z. B. *www.wbs-law.de* heißen und müsste nicht deutlich machen, dass er zu einem Impressum führt. Nach Ansicht des Gerichts sei es mit Blick auf die Zwei-Klick-Lösung des Bundesgerichtshofs (Urteil vom 20.7.2006, Az. I ZR 208/03) ausreichend, wenn *»die youtube-Seite über einen Link mit der Homepage der Beklagten verbunden ist, auf der wiederum unter mit höchstens einem Link die Anbieterkennzeichnung zu erreichen ist«*.

Dieses Urteil erstaunte doch sehr, da die Gerichte bisher davon ausgegangen waren, dass ein Link, der zum Impressum führt, auch deutlich als Link zum Impressum gekennzeichnet sein muss – etwa durch die URL, das Wort »Impressum« oder einen Zusatz vor dem Link. Ob das Gericht bewusst von der bisherigen Rechtsprechung abgewichen ist, ist noch unklar. Gerade im Hinblick darauf, dass dieses Urteil im Widerspruch zur Zwei-Klick-Lösung des Bundesgerichtshofs steht, sollten Influencer sich nicht auf diese Ansicht verlassen.

Auf der häufig von Influencern genutzten Plattform Instagram gibt es verschiedene Möglichkeiten der Einbindung des Impressums. Einerseits könnte das Impressum in der Rubrik Biographie hinterlegt werden. Die Problematik besteht dabei jedoch darin, dass diese Rubrik auf 150 Zeichen beschränkt ist und dies in der Regel nicht dazu ausreicht, die geforderten Informationen zu hinterlegen.

Achtung

Eine Alternative besteht zwar darin, in der Biografie statt des vollständigen Impressums nur einen Link bereitzuhalten, der zur Homepage mit einem ausführlichen Impressum weiterleitet. Dies kann ich jedoch nicht empfehlen, da die in der Biographie ausgewiesenen Links nicht anklickbar sind und die Erreichbarkeit dadurch erschwert wird.

Deutlich rechtssicherer ist daher die Variante, einen Link in den Profilinformationen unter der Rubrik Webseite zu platzieren, der dann zum Impressum auf der Webseite des Influencers führt (siehe Abbildung 11.19). Denn nur an dieser Stelle kann der Link dann von den Nutzern auch angeklickt werden.

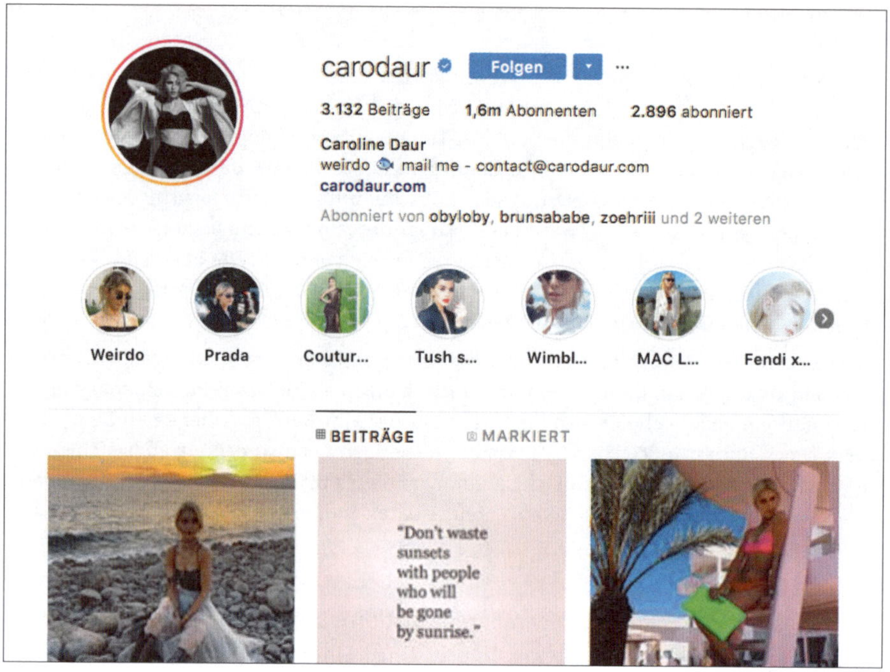

Abbildung 11.19 Das Impressum der Influencerin Caro Daur erreicht man über einen Klick auf den Link zu ihrer Website.

11.5 Fazit

Influencer-Marketing gerät vermehrt in den rechtlichen Fokus. Wie Sie nun gesehen haben, bietet dabei die Pflicht zur Kennzeichnung als Werbung oder Produktplatzierung das höchste Konfliktpotenzial. Das liegt daran, dass das Influencer-Marketing noch sehr jung ist und es daher noch nicht genug Rechtsprechung gibt, in der die allgemeinen gesetzlichen Regelungen auf den praktischen Influencer-Fall angewandt wurden. Dies bedeutet für Influencer einerseits, dass sie bei der Entscheidung über eine Kennzeichnung in unklaren Fällen großzügig sein und lieber einmal zu viel als zu wenig kennzeichnen sollten. Andererseits müssen sie die weitere Entwicklung der Rechtsprechung mitverfolgen und rechtzeitig darauf reagieren. Influencer sollten jedoch nicht nur die Kennzeichnungspflicht als Werbung befolgen, sondern auch der Impressumspflicht nachkommen und darauf achten, dass die Zusammenarbeit mit Unternehmen auf einem soliden Vertrag basiert. Zu tun gibt es also einiges – ich wünsche viel Erfolg dabei!

Index

D

E

F

G

H

I

J

K

L

M

S

T

U

V